风廓线雷达探测与应用

胡明宝 著

气象出版社
China Meteorological Press

内容简介

本书系统地介绍了风廓线雷达的探测原理、雷达探测模式设置、信号处理方法、目标谱峰检测、风廓线计算、数据质量控制方法等内容,并利用雷达长期的连续观测数据,研究分析了风廓线雷达的实际探测性能及其在天气监测中的应用。本书内容丰富,可供大气科学各专业本科生学习使用,也可供气象工作者参考。

图书在版编目(CIP)数据

风廓线雷达探测与应用/胡明宝著. —北京:气象出版社,2015.1
ISBN 978-7-5029-6089-6

Ⅰ.①风…　Ⅱ.①胡…　Ⅲ.①气象雷达-研究
Ⅳ.①TN959.4

中国版本图书馆 CIP 数据核字(2015)第 018149 号

出版发行:气象出版社

地　　址:北京市海淀区中关村南大街 46 号	**邮政编码:**100081
总 编 室:010-68407112	**发 行 部:**010-68409198
网　　址:http://www.qxcbs.com	**E-mail:** qxcbs@cma.gov.cn
责任编辑:杨泽彬	**终　　审:**黄润恒
封面设计:博雅思企划	**责任技编:**吴庭芳
责任校对:华鲁	
印　　刷:三河市鑫利来印装有限公司	
开　　本:720 mm×960 mm　1/16	**印　　张:**13
字　　数:262 千字	**彩　　插:**2
版　　次:2015 年 1 月第 1 版	**印　　次:**2015 年 1 月第 1 次印刷
定　　价:48.00 元	**印　　数:**1~3000

前　言

　　本书系统地介绍了风廓线雷达的探测原理、雷达探测模式设置、信号处理方法、目标谱峰检测、风廓线计算、数据质量控制方法等内容，并利用雷达长期的连续观测数据，研究分析了风廓线雷达的实际探测性能及其在天气监测中的应用。本书内容丰富，可供大气科学各专业本科生教学使用，也可供气象工作者参考。

　　本书的主要内容是作者与其团队，解放军理工大学气象海洋学院贺宏兵、李妙英、张鹏、艾未华、陈楠等老师和研究生肖文建、缪创、吴晶晶、张桠桠等，多年来针对风廓线雷达开展的研究成果。

　　特别感谢中国气象局郑国光研究员和南京信息工程大学张培昌教授，在作者攻读博士学位期间所给予的指导。两位老师帮助作者对研究内容进行了理论分析和结果凝练，给作者提出了很多好的建议，对论文进行了认真的审阅和修改。

　　江苏省气象局科研所夏文梅研究员、徐芬高工提供了多普勒天气雷达探测数据和地面观测资料。中国航天科工集团二院 23 所气象雷达事业部的贾晓星研究员、中电科集团 14 所李忱研究员、安徽四创电子股份有限公司陈少应研究员、北京敏视达雷达有限公司张建云研究员、北京爱尔达电子股份有限公司马大安研究员、何晓晶高工，提供了风廓线雷达的有关图片和指标。在开展气球比对观测试验时，得到了航天科工集团二院 23 所、四创公司有关人员和解放军某部张玉存、程杰等的支持和帮助，在此一并表示感谢。

　　本书不是关于风廓线雷达的全面论述，只是我们研究工作的总结和介绍，由于水平所限，不足和偏颇难免，欢迎读者批评指正。

作者

2015 年 1 月

目　　录

第 1 章　风廓线雷达的发展

1.1　风廓线雷达的分类

风廓线雷达(wind profiling radar)又称风廓线仪(wind profiler),是一种新型的测风雷达,能够无人值守 24 h 连续提供大气水平风场、垂直气流、大气折射率结构常数等气象要素随高度的分布,具有时空分辨力高、连续性和实时性好的特点,是进行高空气象探测的重要设备,是当前常规气球测风体制的重要补充,是开展天气预报和气象保障的新手段。

风廓线雷达的研究始于 20 世纪 60 年代(Atlas,1990),美国是最早开始风廓线雷达研究的国家。表 1.1 为较早出现的一些研究晴空大气的相干脉冲雷达系统(马振骅 等,1986)。

表 1.1　早期部分风廓线雷达的主要参数

设备名称	安装位置	频率(MHz)	波长(m)	功率孔径积(W·m²)	波束宽度(°)	天线结构	探测高度范围(km)
Jicamarca	秘鲁	49.9	6.01	2.0×10^{10}	1.0	偶极子阵列	≤100
Arecibo	波多黎各	430	0.75	7.0×10^{9}	0.17	馈源转动	≤30,60~100
SOUSY	德国	53.5	5.61	1.3×10^{8}	10	八木天线阵	
Chatanika	阿拉斯加	1290	0.23	2.6×10^{7}	0.6	可操纵圆盘	≤25
Millstone	马萨诸塞州	1290	0.23	2.6×10^{7}	0.6	可操纵圆盘	≤25
Sunset	科罗拉多	40.5	7.36	9.0×10^{6}	5×9	偶极子阵列	≤30,60~100
Platteville	科罗拉多	49.9	6.01	5.0×10^{6}	3×3	偶极子阵列	≤20,70~80
Wallops	弗吉尼亚	430	0.75	3.1×10^{6}	2.9	可操纵圆盘	
Poker Flat	阿拉斯加	49.9	6.01	5.1×10^{9}	1.5	偶极子阵列	≤100

在几十年的发展过程中,风廓线雷达的名称和分类有多种。早期依据探测高度一般分为两类,即 MST(Mesosphere Stratosphere Troposphere)风廓线雷达和 ST(Stratosphere Troposphere)风廓线雷达。MST 雷达主要用来探测中层、平流层和

对流层的风廓线,也有的文献中称 MST 雷达为 MU(Middle and Upper)雷达,而 ST
雷达则用于探测平流层和对流层的风廓线。按发射频率又分为 UHF(Ultra High
Frequency)雷达和 VHF(Very High Frequency)雷达。目前比较统一的分类为:平
流层风廓线雷达、对流层风廓线雷达和边界层风廓线雷达,其中对流层风廓线雷达根
据最高探测高度又可分为对流层(Ⅰ型,12~16 km)和低对流层(Ⅱ型,6~8 km)。
表 1.2 给出了各型风廓线雷达的大致的指标情况。

表 1.2　风廓线雷达分类和主要指标

	边界层风廓线雷达	对流层风廓线雷达	平流层风廓线雷达
工作频率(MHz)	900~1300	400~500	50~90
发射功率(kW)	≤5	≤40	≤500
天线尺寸(m×m)	≤3×3	≤12×12	≤100×100
高度范围(km)	0.05~3	0.25~16	1~30
高度分辨力(m)	50	250	1000
雨雪影响	大	有影响	小
可移动性	好	可以移动	差

1.2　风廓线雷达的发展

1.2.1　美国风廓线雷达

20 世纪 60 年代,美国开始对风廓线雷达理论进行研究,经过近 20 年的不断发
展,到 20 世纪 80 年代初逐步趋于成熟。1980 年,美国国家海洋大气局环境研究院
在科罗拉多州中北部建立了一个风廓线雷达试验网(Strauch,1984),共安装了 6 部
风廓线雷达,其中 4 部为 49.5 MHz,可以探测到平流层;一部为 405 MHz 用于探测
对流层;另一部为 915 MHz 的边界层风廓线雷达。经过 8 年的试运行和大量的对比
试验,完善了雷达技术和数据处理方法,取得了第一手资料。在此基础上,1989 年
NOAA 环境研究院决定在美国中部建立一个由 31 部对流层风廓线雷达组成的业务
实验网,布网采用 404 MHz 风廓线雷达(Weber,1990)。

美国的风廓线雷达不仅用于民用气象或机场天气监测等,还广泛用于军事领域。
1988—1990 年,在新墨西哥州白沙导弹靶场组建"大气廓线探测设备研究中心"时,
不仅建有气象铁塔和气球探空雷达,还建立了平流层、对流层和边界层的 4 部风廓线
雷达,组成了一个完整的风廓线雷达高空气象探测体系,用于导弹试验的军事气象保
障和相应的科学研究。这 4 部风廓线雷达的主要指标见表 1.3(Hinses,1993):

表 1.3　白沙靶场风廓线雷达装备情况

	平流层	对流层	边界层	近地面层
发射频率(MHz)	49.25	404.37	924.0	2900
发射功率(kW)	250	12	1	0.22
占空比(%)	5	5	5	100
天线面积(m^2)	15657	170	40	7×2
波束数	3	3	3	扫描
波束宽度(°)	3.3	4	10	2.7
测量参数	C_n^2、风、温	风、温	风、温	C_n^2、风、温
最大探测高度(km)	20	16	6	2
最小探测高度(km)	2	0.5	0.12	0.05
高度分辨力(m)	150	375	100	32

经过几十年的发展,美国的风廓线雷达技术日趋成熟,已经是商业化的产品。比较有代表性的是 LAP 系列风廓线雷达,最早是由 NOAA 的波传播实验室(WPL)开发的,研制成功后技术转让给雷声(Radian)公司生产,雷声公司是洛克希德－马丁公司的子公司,后来维萨拉(Vaisala)公司通过参股,成立维萨拉美国公司风廓线雷达分部,拥有 LAP 注册商标,成为风廓线雷达主要的生产和商业推广者,产品统一标识为 LAP－XM,XM 表示最大探测高度。主要产品为 LAP－3000、LAP－12000 和 LAP－16000 等(Vaisala,2004)。

LAP－3000 是边界层风廓线雷达,可选配无线电声探测系统(Radio Acoustic Sounding System,简称 RASS)。该风廓线雷达可无人值守对地面上方 3 km 高度范围内的水平风速和风向,以及垂直气流进行测量。图 1.1 所示为配备有 RASS 的 LAP－3000 边界层风廓线雷达,图中为风廓线雷达天线,天线阵四边上的圆柱形物体为声波发射装置,共同组成 RASS,除了可探测风廓线外,还可附加探测气温廓线。

LAP－3000 风廓线雷达可工作在 915 MHz 和 1290 MHz 两种频率。915 MHz 天线系统由四个天线面板组成,这四个天线面板水平排成一正方形阵列。每个天线面板由微带单元构成,其尺寸为 1.23 m×1.23 m。1290 MHz 天线系统由九块 0.87 m×0.87 m 天线面板组成。微带单元数目根据频率而有所变化。全部天线面板用一玻璃纤维天线罩保护起来,天线阵四周装有杂波屏蔽挡板,从而减轻了地杂波的影响。

LAP－3000 代表了 20 世纪 90 年代中期边界层风廓线雷达的先进水平,不仅为 NOAA、NCAR(美国国家大气研究中心)、NASA(美国国家航空航天局)、DOD(美国

图 1.1　LAP－3000 边界层风廓线雷达

国防部)、DOE(美国能源部)等采用,而且出口到了世界很多国家。欧洲英、德等国家的风廓线雷达网中也采用了很多套 LAP－3000 风廓线雷达系统。

目前 LAP－3000 已销售 200 部左右,是 LAP 系列中销量最大的。中国科学院大气物理研究所、上海市气象局、香港国际机场和中国大陆民航机场都有引进。其中架设于北京中科院大气所的 LAP－3000 工作在 915 MHz,而架设在上海市气象局的则工作在 1290 MHz。

LAP－12000 是一种低对流层风廓线雷达,用于在晴空条件下探测地面以上 12 km 或更高高度的风廓线。LAP－12000 的 144 个八木天线以正方形方阵排列,不锈钢立柱埋在混凝土底座中,天线就安装在立柱之上,天线被排列成一个 12×12 的矩阵。图 1.2 是 LAP－12000 风廓线雷达,工作频率 50 MHz,天线阵占地 50 m× 50 m。

LAP－16000 是对流层风廓线雷达,主要用于对地面上 500 m 至 16 km 高空的风速和风向进行测量。根据需要,LAP－16000 风廓线雷达可配置无线声探测系统来探测约 6 km 高的温度廓线。图 1.3 所示为配备有 RASS 的 LAP－16000 风廓线雷达系统,图中天线阵四边上的圆柱形物体为声波发射装置。

该系统主要由天线阵、设备方舱及四个 RASS 声源组成。天线为同轴共线(CO-CO)相控阵天线,它由 120 个单元(2400 个偶极子)构成,天线面积约 12.4 m× 12.4 m。

系统的发射机、接收机、数据处理系统等装在一个便于机动的设备方舱内。采用固态功率放大器,能够提供 6 kW 的峰值功率,具有 3.3 μs(低模式)和 20 μs(高模式)两种发射脉宽。接收机将大气回波信号进行数字化,然后送至数据处理系统。

　　　　(a)天线阵　　　　　　　　　　　　　　(b)室内机柜

图 1.2　LAP－12000 低对流层风廓线雷达

图 1.3　配备 RASS 的对流层风廓线雷达

　　LAP－16000 具有 449 MHz 和 482 MHz 两种工作频率,两种频率下工作参数一致。LAP－16000 已为 NOAA、NCAR(美国国家大气研究中心)、NASA(美国国家航空航天局)、DOD(美国国防部)、DOE(美国能源部)以及多所大学广泛使用。美国国家海洋与大气局在美国中部地区和阿拉斯加组建了一个风廓线雷达网,其中中部地区部署了 32 部 404 MHz 风廓线雷达,阿拉斯加部署了 3 部 449 MHz 风廓线雷达。另外还出口到了德国(频率为 482 MHz)和日本。表 1.4 为 LAP 系列风廓线雷达主要指标一览表(Vaisala,2004)。

表 1.4　LAP 系列风廓线雷达主要指标一览表

	LAP－3000	LAP－16000
最小探测高度(m)	120	250
最大探测高度(km)	3～5	12～16
最高高度分辨力(m)	60 (400ns 脉冲)	100 (700ns 脉冲)
风速精度(m/s)	<1	<1
风向精度(°)	<10	<10
平均时间(min)	3～60	3～60
发射功率(kW)	0.6	16
天线形式	微带	同轴共线
天线孔径(m²)	2.7 (4 块天线板) 6.1 (9 块天线板)	143
波束宽度(°)	<4	<4
天线增益(dB)	26	35
测温最小高度(m)	120	250
测温最大高度(km)	1～2	2～6
测温精度(℃)	1	1
声源形式	抛物反射体	抛物反射体
声桶孔径(m)	1.2	1.8

1.2.2　日本风廓线雷达

日本在风廓线雷达方面开展的研究也很有特色,它们研制的 46.5 MHz 平流层风廓线雷达天线波束指向比较灵活,可以在 360°方位范围内每隔 5°、天顶角 30°以内每隔 1°可选(Fukao,1985)。该设备建于 1985 年,为日本京都大学所有,号称是 VHF 频段风廓线雷达中最昂贵和最复杂的系统。图 1.4 为风廓线雷达俯视图。

风廓线雷达天线为一圆形八木天线阵,共有十字形八木天线段 475 个。1993 年,该雷达安装了实时数据处理系统,大大提高了设备的数据采集能力,可对高度在 80～110 km 的风速进行测量。

日本从 2000 年开始,建立了由 31 部边界层风廓线雷达组成的探测网,分布如图 1.5 所示,其主要技术参数见表 1.5。

图 1.4　日本平流层风廓线雷达俯视图

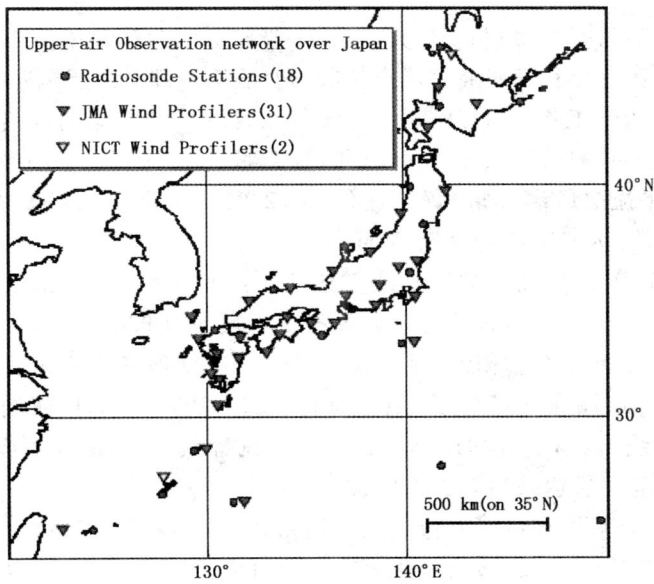

图 1.5　日本边界层风廓线雷达网（取自日本气象厅官网）

表 1.5   日本布网风廓线雷达主要参数

名称	参数值
发射频率（MHz）	1357.5
发射功率（kW）	1.8
天线增益（dB）	33
旁瓣电平（dB）	−40
波束宽度（°）	4
波束数	5
脉冲重复频率（kHz）	5、10、15、20
脉冲压缩（个）	8
高度分辨力（m）	100、200、300、600
主要输出数据	每 1 min 1 次谱矩，每 10 min 1 次 u,v,w、SNR

1.2.3   中国风廓线雷达

我国风廓线雷达技术研制工作开始于 20 世纪 80 年代。"七五"期间，航天部二院第 23 所与中国气象科学研究院联合研制出我国第一部对流层风廓线雷达（马大安等，1989），该雷达的工作频率为 365 MHz，采用八木天线，探测高度范围为 350～13000 m，风速测量精度为 1 m/s。同时期，航天部二院 23 所还和中国科学院大气物理所联合研制平流层风廓线雷达（吕达仁 等，2003），也采用八木天线阵，天线占地 100 m×100 m，雷达工作频率为 78 MHz。

航天部二院第 23 所研制的风廓线雷达还有：1996 年为北京市气象局科研所研制的车载式低空边界层风廓线雷达。该设备工作频率为 930 MHz，采用微带平板式天线，主要用于城市大气边界层气象探测。1999 年，23 所又为广东省气象局研制了 926 MHz 的边界层风廓线雷达，采用抛物面天线。1999 年，23 所研制了组合式边界层/平流层风廓线雷达，其中 918 MHz 边界层风廓线雷达采用平板微带天线，48 MHz 平流层风廓线雷达采用 CO-CO 天线。

21 世纪初，23 所又研制了对流层风廓线雷达，系统采用低副瓣交叉极化半波振子固态有源相控阵天线、发/收模块化分布式发射机（下文简称 T/R 模块）、数字式中频接收机。工作频率为 445 MHz，天线为 9.6 m×9.6 m。采用低、中、高三种工作模式，提供 150～16000 m 高度范围内的风廓线。

2005 年，23 所为北京市气象局研制的低对流层风廓线雷达，提供 120～8000 m 高度范围内的风廓线，该设备的战技指标和技术体制与对流层风廓线雷达相当，只是天线要小一些，为 7 m×7 m。该设备为 2008 年北京奥运会气象保障系统的组成部分,现已安装在延庆使用。2007 年,23 所为青岛市气象局研制了采用微带天线的边界层风廓线雷达,用于奥运会帆船赛的气象保障。

目前,23 所已研制有边界层、低对流层、对流层、平流层风廓线雷达,图 1.6 为其研制的部分雷达产品图片。

图 1.6　23 所研制的风廓线雷达部分图片(贾晓星提供)

中电科集团公司 38 所 1995 年开始研制风廓线雷达,并于 2001 年研制成功的边界层风廓线雷达系统是一套综合性低空气象探测系统,由风廓线雷达、RASS、微波辐射计和地面观测仪组成,可同时进行边界层风速/风向、温度、湿度和气压的测量(作者从事风廓线雷达的研究,就是从参与该雷达研制工作开始的)。该风廓线雷达主要由微带平面相控阵天线、固态发射机、接收机、监控系统、数字信号处理器和数据处理终端组成,可形成 3 个或 5 个固定波束指向,天线口径为 2.4 m × 2.4 m。采用全固态发射机,可工作于极窄脉冲宽度。接收机为一次混频超外差全相参体制。信号处理由通用超大规模集成电路完成,参数设置灵活,处理模式多样。

2005 年,38 所和安徽四创电子股份有限公司为中国气象局研制了低对流层风廓线雷达,提供 120～8000 m 高度间的风廓线,为 2008 年奥运会青岛帆船比赛提供气象保障。系统采用分块式二维相控 CO-CO 阵列天线、分布式全固态发射机、数字中频接收机、单 PCI 插卡信号处理器、光纤数据传输和控制。

目前,38 所和安徽四创电子股份有限公司已研制有固定式边界层、机动式边界层、舰载型边界层风廓线雷达和低对流层风廓线雷达,图 1.7 为其研制的部分雷达产品图片。

中电科集团公司 14 所在 20 世纪 90 年代开始风廓线雷达的研制工作。从 2001 年起采用有源相控阵体制为中国气象局研制风廓线雷达。2004 年为中国气象局研

图 1.7　38 所研制的风廓线雷达部分图片(陈少应提供)

制成功低对流层风廓线雷达,可以连续提供高度范围 300～8000 m 的水平风廓线、垂直风廓线、大气折射率结构常数等气象要素。2005 年,车载边界层风廓线雷达参加"十运会"气象保障。

2007 年,14 所为中国飞行试验研究院研制对流层风廓线雷达,用于机场飞行气象保障。2009 年,14 所为中国气象局暴雨所(武汉)研制三台边界层风廓线雷达,组成国内第一个区域探测网,用于对暴雨的监测研究。2011 年,14 所又为武汉大学及中国科学院大气物理研究所研制平流层风廓线雷达,采用数字阵列体制和数字波束形成(DBF)技术。该雷达天线占地 100 m×100 m,用于观测 30 km 以下的风廓线,同时也具有对高度 60～100 km 的电离层风场、电子密度的观测模式。2012 年,对流层风廓线雷达出口到文莱斯里巴加湾国际机场。

目前,14 所已研制有边界层、低对流层、对流层、平流层风廓线雷达共 40 余套,图 1.8 为其研制的部分雷达产品图片。

北京爱尔达电子设备有限公司 1997 年交付第一套固定式边界层风廓线雷达,2002 年研制成功车载边界层风廓线雷达,五波束天线架设在车顶上,具有自动定北和倾斜订正功能,机动性好,适于应急气象保障。

目前,北京爱尔达公司已研制有边界层、低对流层风廓线雷达、对流层风廓线雷达、边界层风廓线雷达既有固定式,也有车载式和船载式。图 1.9 为其研制的部分雷达产品图片。

北京敏视达雷达有限公司 2006 年开始研制低对流层风廓线雷达(TWP8),采用无源、密封良好和可扩充的 CO-CO 天线,2007 年 5 月通过试验考核。2008 年 12 月

图 1.8　14 所研制的风廓线雷达部分图片(李忱提供)

图 1.9　爱尔达研制的风廓线雷达部分图片(何晓晶提供)

北京敏视达公司竞标成功上海市气象局边界层风廓线雷达系统项目,开始研制固定式边界层风廓线雷达(TWP3),2009 年 5 月完成交付验收。图 1.10 为敏视达研制的边界层风廓线雷达和低对流层风廓线雷达天线。

　　南京大桥机器股份有限公司 2004 年开始研制车载式边界层风廓线雷达,后来又研制了低对流层风廓线雷达,两型雷达均采用抛物面天线和集中式发射,主要差别在于天线大小。边界层风廓线雷达天线口径为 1.6 m,而低对流层风廓线雷达天线口径达 4 m,运输前必须先折叠,到达阵地实施展开后探测。中电集团成都第 784 厂于

(a) TWP3　　　　　　　　　　　　　(b) TWP8天线

图 1.10　敏视达公司研制的风廓线雷达(取自敏视达公司官网)

2010 年也开始研制边界层风廓线雷达,采用 CO-CO 天线。

依据不完全统计,目前我国已有边界层、低对流层、对流层、平流层等各型风廓线雷达 250 多台,其中绝大部分为国内生产,另有少量进口的 LAP－3000 和 LAP－12000。

1.3　风廓线雷达的技术现状

1.3.1　技术现状

近年来,我国在风廓线雷达的研制和生产方面,有了明显的进步,已形成边界层风廓线雷达、对流层风廓线雷达、平流层风廓线雷达系列化的研制和生产能力,其中边界层风廓线雷达和对流层风廓线雷达技术已经成熟。

作者收集到的国内各厂家边界层风廓线雷达、对流层风廓线雷达主要指标汇总分别见表 1.6 和表 1.7。(注:表中数值为各厂家提供,非作者实测值。不同生产批次的雷达指标会有变化,具体应以随机说明书为准。)

表 1.6　我国部分边界层风廓线雷达主要指标一览表

研制单位	23 所	38 所	14 所	爱尔达	敏视达
天线形式	微带 抛物面	微带	交叉极化 微带天线	微带 八木	微带
发射机体制	集中式	集中式	T/R 模块	集中式	集中式
接收机体制	数字中频	数字中频	数字中频	数字中频	数字中频
最低探测高度(m)	100	50	50	50	100
最高探测高度(m)	3000～5000	3000～7000	3000～5000	5000	3000～5960
高度分辨力(m)	60	50	30	50	60

续表

研制单位	23 所	38 所	14 所	爱尔达	敏视达
时间分辨力(min)	6	2	6	2	3 或 6
发射频率(MHz)	1290～1360	1230	1280	1290	1290
发射功率(kW)	≥2	1.19(低模) 1.22(高模)	2	2	2.0
脉冲宽度(μs)	0.4(低模) 0.4×n(高模)	0.33(低模) 1.64(高模)	0.18(低模) 3.20(高模)	0.33(低模) 2.67(高模)	0.4/3.2
波束数(个)	5	5	6	5	5
驻波系数	1.3	1.27	1.3	1.3	1.3
波束宽度(°)	6	7.3	4.5	4.5、9	4.5
旁瓣电平(dB)	−20	−22.93(左) −27.24(右)	−20	−25	−20～−40
接收机带宽(MHz)	5	3	5	3	1.25

表 1.7　我国部分对流层风廓线雷达主要指标一览表

型号	I 型				II 型				
最高探测高度 (km)	12～16				6～8				
研制单位	23 所	14 所	爱尔达	敏视达	23 所	38 所	14 所	爱尔达	敏视达
天线形式	交叉极化	交叉极化 微带天线	八木 CO-CO	CO-CO	交叉极化 微带天线	CO-CO	交叉极化 微带天线	微带	CO-CO
发射机形式	T/R 模块	T/R 模块	分布式	集中式	T/R 模块	集中式	T/R 模块	分布式	集中式
接收机体制	数字 中频	数字 中频	数字 中频	数字 中频	数字 中频	数字 中频	数字 中频	数字 中频	数字 中频
最低探测高度 (m)	150	150	150	300	150	300	150	100	150
高度分辨力 (m)	75/150 /300	120/240 /480	150/300 /750	120/240	120/240	240	120/240 /480	100/200	120/240
时间分辨力 (min)	6	6	6	6/10	6	6	6	5	6/10

续表

型号	Ⅰ型				Ⅱ型				
最高探测高度(km)	12～16				6～8				
研制单位	23所	14所	爱尔达	敏视达	23所	38所	14所	爱尔达	敏视达
发射频率(MHz)	445	445	445	445	445/L波段	445	445	445	445
发射功率(kW)	20	20	20	16	10.6	6	4.1	10	≥6
天线尺寸(m×m)	9.6×9.6	10×10	12×12	12×12	7×7	6×6	6.5×6.5	7×7	12×12
波束数(个)	5	6	5	5	5	5	6	5	5
波束宽度(°)	7	4.5	4	4.5	7	7	7	6	4.5
接收机带宽(MHz)	6	1.25	1	2.5	6	2.5	1.25	1.5	2.5

综合我国风廓线雷达的技术现状可以看出：不同厂家的雷达技术指标已非常接近，都采用了高增益低副瓣天线、高隔离度天线屏蔽网、全固态发射机、大动态高灵敏度数字中频接收机、可编程信号处理器等。主要区别是：

（1）天线形式上有较大差别

边界层风廓线雷达的天线目前有微带天线、交叉极化半波振子天线、抛物面天线三种，一般认为：微带天线价格高一点，但是可靠性好，所以国内外目前一般倾向于边界层风廓线雷达用微带天线。

而对流层风廓线雷达的天线目前有：CO-CO天线、交叉极化半波振子天线、八木天线三种，低对流层风廓线雷达的天线也有采用微带天线的，一般认为：交叉极化半波振子天线价格高，但是可靠性好，长久耐用。

（2）发射机体制上也有差别

发射机分集中式发射、T/R模块分布式发射两种。一般认为：T/R模块分布式发射价格高，但是单个模块发射功率小，所以可靠性好，且可以采用自然风冷。

但是，由于T/R模块分布式发射需要与天线就近放置，一般位于室外，环境恶劣，因此可靠性和寿命还需要经过实际工作的检验。而集中式发射机一般放置在室内，可配空调，环境因素影响小，因此采用CO-CO天线和集中式发射机的对流层风廓线雷达，可靠性也很好，而且价格相对便宜。

在中国气象局《气象事业发展规划（2001－2015）》《我国高空探测系统发展规划（1996－2010）》《国家风廓线仪监测网发展计划》中，都明确提出要建设我国的风廓线雷达示范区和观测网。风廓线雷达将广泛应用于天气预报、城市大气污染监测、飞机起降、航天发射等气象保障工作。

1.3.2　主要问题

根据对风廓线雷达的使用和调研了解,作者认为,我国风廓线雷达的主要问题和未来工作应主要集中在以下方面:

(1)提高设备可靠性和远程监控能力,实现全天候无人值守

风廓线雷达有别于天气雷达,没有季节性关机,需要长期连续工作,提高设备软硬件的可靠性是技术保证。

(2)加强信号处理方法和质量控制方法研究,不断改善数据质量

我国风廓线雷达硬件技术已达到国外的先进水平,而在信号分析与谱矩处理、风廓线反演与质量控制方面与国外差距较大,对软件和算法研究的投入不足、重视不够、验收标准不统一,因此有些风廓线雷达提供的数据质量不高,还有很多工作要做。

与天气雷达探测降雨粒子散射的情形不同,风廓线雷达主要探测晴空湍流造成的回波,通常这种信号非常微弱,信噪比很低,雷达回波信号极易受到噪声的污染。因此,在信号处理部分采取一些特殊算法,并对处理结果进行质量控制是必要的。

(3)加强二次产品开发和应用研究,拓展应用领域

风廓线雷达资料的时空分辨力很高,连续探测时的数据量很大,为了减轻预报员和用户的压力,需加强从风场资料中提取多种气象信息的应用研究工作,开发风切变、大气污染、湍流状况、过境天气系统识别等综合分析的二次产品。

(4)发展组网技术,提高监测效率

由于单点风廓线雷达测量的只是当地上空的风随高度的变化,只有当天气系统经过测站时,才会显现出变化,对强烈天气预警的提前量很小,因此需要加强区域天气特点与雷达布点方案研究。而且最好将风廓线雷达进行组网,将探测资料同化进入数值模式,才能更有效地发挥作用。

第2章　风廓线雷达探测原理与工作模式

很早人们就发现,使用具有较高灵敏度的雷达,在没有云和降水的晴天,有时仍能探测到回波。这些回波按其形态来分,大致上可以分为点状、线状和层状。点状回波在雷达的 PPI 显示时表现为离散的小亮点,线状回波在 PPI 显示时表现为一条长达数十千米的细线,层状回波在 PPI 显示时大都表现为水平伸展的不接地的、薄而弱的回波层。早期人们不能解释这些回波的起因,称之为"鬼波"或"仙波"(Angle echo)。

通过大量的观测和研究,人们认识到这类回波的起因主要有三个(张培昌等,2001):一是昆虫、飞鸟对雷达电磁波的散射;二是大气中的湍流运动造成大气折射指数的不均匀结构对雷达电磁波的散射。三是大气中折射指数存在水平分层不均匀,如在对流层顶附近可以出现较大的大气折射指数垂直梯度,造成对雷达垂直入射波的部分镜式反射而形成回波。现在一般将第二、第三种原因所造成的雷达回波称为"晴空回波"。对于风廓线雷达探测的回波信号而言,主要是由第二种原因造成的。

风廓线雷达在晴天测风,利用的就是晴空回波散射机制,即湍流大气对雷达电磁波的散射,因此了解一些湍流理论,对开展风廓线雷达的探测和应用是必要的,本章前两节介绍的湍流理论主要参照王永生等(1987)、周秀骥等(1991)和石丸(1986)等书编写的。

2.1　湍流简介

2.1.1　湍流的发生

层流和湍流是流体运动的两种基本形态,层流是一种有序的确定性的流体运动,流体物理量在宏观尺度上都是确定性的,而湍流则是一种宏观尺度上无序的非确定性的流体运动。湍流的最主要特征是运动的不规则性,各种物理量是时间和空间的随机函数。根据"频谱分析法",湍流是由于大小尺度不同的众多湍涡综合作用的结果。湍涡是湍流运动中的流体元量,是一个抽象的理论模型。其含义是在周围介质中运行一定时段,能保持其固有特性的流体质块。

　　流体的运动是以层流为主，还是以湍流为主，雷诺（Reynolds）通过研究，提出了由层流运动转换到湍流运动的判据——雷诺数：

$$Re = LU/\gamma \tag{2.1}$$

其中 L 是运动的特征尺度，U 是运动的特征速度，γ 是流体的黏性系数。

　　雷诺数是无量纲量。凡流体的雷诺数大的，属弱黏性流，雷诺数小的，属强黏性流，雷诺数近于 1 的，属一般黏性流。对同一黏性的流体来说，大尺度、大速度时的雷诺数大于小尺度、小速度时的雷诺数。凡黏滞流体相对于几何形状相似的物体流动时，只要其雷诺数相同，其流体情况就相似。

　　当雷诺数小于某个临界值时，流体运动非常稳定，即使遇到扰动，也会趋于衰减而难以发展，使得流体总是处于稳定的层流状态，该临界值被称为下临界雷诺数。而当雷诺数大于某一临界值时，流体总是处于湍流状态，该临界值被称为上临界雷诺数。

　　当雷诺数处于下临界雷诺数和上临界雷诺数之间时，流体运动呈不稳定状态，可以是层流，也可以是湍流。如果处于层流状态，则遇到一定振幅的扰动就可以发展，最后由层流转为湍流。在任何实际的流体运动中，扰动是不可避免的，它既可以是来自任何外界环境对流体系统的随机干扰，也可以是流体内在的起伏扰动，因此临界雷诺数通常是指下临界雷诺数。当流体运动的雷诺数足够大时，湍流获得充分发展，各种大小尺度的湍涡都会被激发产生。

　　雷诺在圆管水流实验中得到的临界雷诺数为 2300（周秀骥 等，1991），根据这一数值可以判定：大气运动具有相当明显的湍流特征，尤其是在大气边界层内。这是因为，在常温常压下，大气流体的黏性系数 γ 约为 $1.44 \times 10^{-5} \ \mathrm{m^2/s}$，即使大气运动特征尺度为几米、特征速度为 1 m/s，雷诺数也达到了 10^5 的量级。所以，在大气边界层内，纯粹的层流很少见，湍流普遍存在。随着高度的增加，湍流逐渐减弱，层流特征逐渐加强，到平流层时以层流为主。

　　造成大气湍流的原因有：一是当风速足够大并有切变时，产生切变不稳定，导致湍流；二是白天地面太阳加热，空气获得浮力，大气层结不稳定，扰动发展成湍流。一般认为，急流区域内垂直风切变超过 $2 \ \mathrm{m \cdot s^{-1}}/100 \ \mathrm{m}$，水平风切变超过 $6 \ \mathrm{m \cdot s^{-1}}/100 \ \mathrm{km}$ 的地方，是大气湍流最易产生的区域。

　　出现在近地面层的大气湍流的特性受下垫面的影响较大，称为"边界层"湍流。而将离地面较高的大气中的湍流称为"自由大气"湍流。由于大气湍流的尺度非常宽广（从几毫米到上百千米），不同尺度的湍流运动之间具有显著的非线性效应（即存在相互作用），同时大气湍流具有非常复杂的边界条件（如海洋、高山、冰雪、森林、城市等），产生的原因又多种多样（如对流、风切变、大气波动等），因此，大气湍流运动比一般的流体湍流要复杂得多。

2.1.2　湍流的描述

湍流是大小尺度不同的众多湍涡综合作用的结果,湍涡仍包含大量分子,每个湍涡运动特征是大量分子运动在宏观尺度上的平均结果,因此湍流运动仍是一种宏观的流体运动,仍可假设满足流体力学的 Navier-Stokes 方程。

研究湍流时,通常采用湍流脉动量,即该物理量与其平均值之差来研究,它代表了湍流的涨落。以风速为例,设 $u(t)$ 表示 t 时刻的观测值,$\bar{u}$ 表示平均值,则其脉动量为

$$u'(t) = u(t) - \bar{u} \tag{2.2}$$

风速脉动量的统计均方根差(RMS)为:

$$\sigma_u = \sqrt{\overline{(u')^2}} \tag{2.3}$$

σ_u 可以用来表示风速的变化,其与风速平均值的比值表示湍流强度,而其平方值表示湍流能量。

2.1.2.1　相关函数

湍流相关函数是用来表征湍流场两个脉动变量相关程度的统计数学表示式。在湍流场的观测与研究上有两种方法,即对一段空间点进行同时观测的欧拉方法和固定空间点进行连续观测的拉格朗日方法。因此,以速度为例,欧拉空间相关函数定义为:

$$f(r) = \overline{u'(x_0)u'(x_0 + r)} \tag{2.4}$$

(2.4)式为速度相关函数,速度方向相同叫做自相关,速度方向不同叫做互相关。

而欧拉空间相关系数定义为

$$R(r) = \frac{\overline{u'(x_0)u'(x_0 + r)}}{\overline{u'^2}} \tag{2.5}$$

拉格朗日时间相关函数为

$$f(\tau) = \overline{u'(t)u'(t + \tau)} \tag{2.6}$$

而拉格朗日相关系数定义为

$$R(\tau) = \frac{\overline{u'(t)u'(t + \tau)}}{\overline{u'^2}} \tag{2.7}$$

(2.7)式表示两个流体微团速度脉动之间的相关,它与(2.5)式表示的空间两点位置上流体微团速度脉动之间的相关,在含义上是不相同的。

湍流量的测量通常是在空间的某一固定点进行一段时间的测量,因而用时间平均和时间相关比较方便。但是为了说明湍流的结构,常常需要说明不同空间尺度的湍涡对整个湍流的贡献,又需要许多测站在同一时刻沿某一方向同时测量而得到。为了从时间序列上的湍涡时间尺度中得到湍涡空间尺度的大小,泰勒提出了"冰冻"

湍流的概念,他认为当湍流运动的形式变化比较慢时,可以将湍流当作是"冰冻"的一样,即变化形式固定,并以定常的平均速度向前移动,某点涨落的时间变化是"冰冻"湍流依次通过该点引起的,这样从时间上的连续观测和从空间上的同时测量,两者结果存在简单的关系。图 2.1 为两者相互关系示意图。

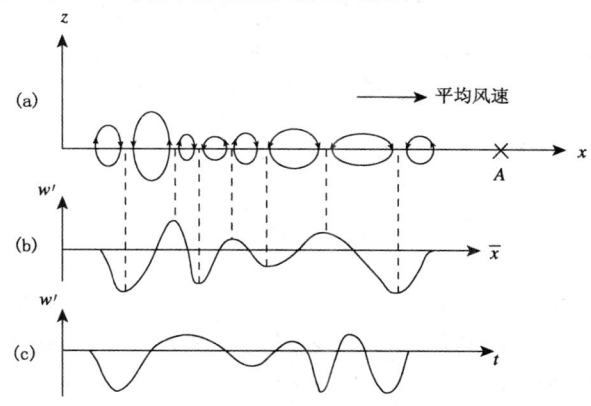

图 2.1　冰冻湍流时空变换示意图(王永生 等,1987)

图 2.1(a)表示空间上从零点到 A 点之间某时刻包含的不同尺度不同涨落变化的"冰冻"湍涡,湍涡的箭头向上表示涨,造成正的脉动量,箭头向下表示落,造成负的脉动量。图 2.1(b)表示湍流引起的某时刻空间上各点垂直速度的涨落 $w'(x)$,它和图 2.1(a)之间的虚线连线表示在对应空间点处,如果该点两边相邻的两个湍涡的箭头都朝下时,该点脉动量为波谷,如该点两边相邻湍涡的箭头都朝上时,该点脉动量为波峰。图 2.1(c)表示各"冰冻"湍涡依次通过 A 点时,观测到的垂直速度脉动随时间的变化 $w'(t)$。对比各图可见,如果将图 2.1(b)调一下方向,则和图 2.1(c)的变化形式是相同的,即时间上测量结果和空间上测量结果具有可互换性(只是方向反了)。因此,在实际工作中,常假设欧拉空间相关系数与拉格朗日时间相关系数的函数形式相同,两者之间只差一个比例常数。

2.1.2.2　湍流尺度

湍流中包含了很多不同尺度的湍涡,按照科尔莫哥罗夫(Kolmogolov)的理论,湍涡可以用两个尺度来表征,一是湍流外尺度 L_0,它是指最大尺度的扰动的长度,它相当于平均场宏观不均匀尺度,受边界影响明显。外尺度扰动的雷诺数远大于 1,此时黏性作用可以忽略。另一个是湍流内尺度 l_0,在此尺度上,流体惯性力和黏性力作用相当,黏性力作用非常显著。大气湍流内尺度的量级约为 1 mm 到 1 cm,大气湍流的外尺度据估计最高可达 2500 km。图 2.2 为两个湍流尺度示意图。

当流体运动的雷诺数足够大,湍流获得充分发展,这时湍流就由具有连续尺度谱

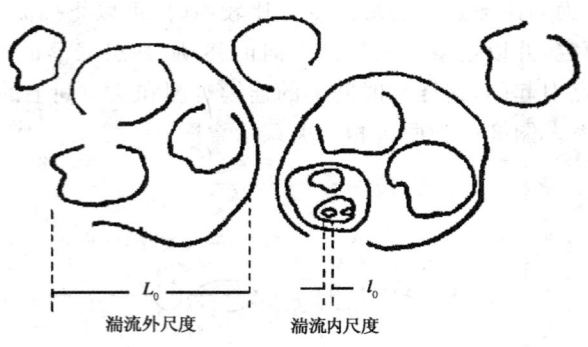

L_0
湍流外尺度

l_0
湍流内尺度

图 2.2　湍涡尺度示意图（石丸，1986）

的一系列脉动所组成。每一尺度的扰动都具有其自身的特征尺度和特征速度。

根据相关系数的定义(2.5)式可知：若湍流尺度大，则两点容易落入同一湍涡中，相关系数就大。而小尺度湍流，总使得 $u'(x_0)$ 与 $u'(x_0+r)$ 不相关，故相关系数小。因此，相关系数可以反映湍流的尺度和结构。根据相关函数与功率谱密度函数互为傅氏变换的关系，因此湍涡相关函数的傅氏变换即为湍流能谱，它反映了每种尺度的湍涡对湍能的贡献。设 l 为某湍涡尺度，$k=2\pi/l$ 为波数，$E(k)$ 表示能谱，则：

$$E(k) = \frac{2}{\pi} \int_0^\infty \overline{u'^2} R(r) \cos(kr) \mathrm{d}r \tag{2.8}$$

$$\overline{u'^2} R(r) = \int_0^\infty E(k) \cos(kr) \mathrm{d}k \tag{2.9}$$

而总的湍流能量为：

$$\sigma_u^2 = \overline{u'^2} = \int_0^\infty E(k) \mathrm{d}k \tag{2.10}$$

根据热力学第二定律，在不存在外力的情况下，任何系统必然趋向越来越混乱无序的状态。对大气湍流来说，这种最终的状态是：流体中原来包含的有序运动的全部动能都分散成不规则的无序运动。也就是说，湍流的能量主要来自大尺度运动，而能量逐级向湍涡输送，直到分子黏性不能忽略的小涡旋将动能耗散成热能为止。这种过程称为湍涡的逐级破碎过程。

当雷诺数足够大时，湍流充分发展，这种一级一级能量输送的级别就会比较多，因此就可以按湍涡尺度进行分区，受大尺度运动影响明显的尺度较大（频率低）的区为含能涡区（又称输入区），受分子黏性影响的区为黏性子区（又称耗散区或黏性副区），界于这两者之间的湍涡，其性质既与大尺度湍涡的能量供给方式无关，又与分子黏性无关，而仅与湍流能量输送率有关，称该区为惯性子区（又称惯性副区）。对于惯性子区内的扰动，分子黏性作用可以忽略，湍流统计特征只依赖于扰动能量耗散率

ε。示意图如 2.3 所示。

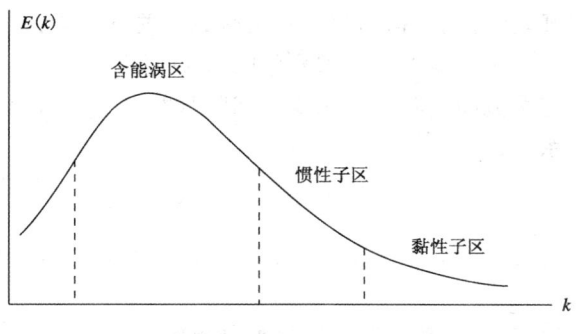

图 2.3　惯性子区示意图

　　惯性子区中的湍涡充分混合,湍流特性量的统计平均值不随时间和空间变化,可以当成均匀各向同性湍流。若湍流不随时间变化,称为"稳恒(定常)湍流",不随空间变化,称为"均匀湍流"。而各向同性湍流的严格定义是:当坐标系旋转或翻转时,由湍流脉动量及其导数构成的任何统计平均值保持不变,此时,在一定时空点上,任何方向的湍流动能分量均相等。湍流运动各向同性时,可以用较少的变量和方程来描述湍流结构和运动情况。

　　均匀各向同性湍流是指同时满足均匀性和各向同性的湍流,即湍流脉动量及其导数所构成的统计平均值,既与空间位置无关,也与坐标轴的方向无关。这样的情况比较少见,通常只在局部小范围内可以这样考虑,称为局地均匀各向同性湍流。

　　近地层大气可近似作均匀湍流处理,但是因受地表影响,一般不满足各向同性条件,呈明显的各向异性。而在大气边界层,湍流特性量统计平均值随高度变化远大于水平变化,一般可以当作局地均匀各向同性湍流来处理。

2.1.2.3　结构函数

　　由于相关函数主要反映大湍涡的特征,大湍涡必然造成 $u'(x_0)$ 和 $u'(x_0+r)$ 的差别小,而小湍涡几乎使两者不相关,因此用相关函数来研究局地均匀各向同性湍流就不太合适。于是科尔莫哥罗夫就提出用湍流的某个物理量在空间两点的差的统计量来描述,并称其为结构函数。

　　以速度为例,若假定沿 X 轴观测,A、B 两点间距为 r,则速度的结构函数为:

$$D(r) = \overline{\left[u'(x_0+r) - u'(x_0)\right]^2} \tag{2.11}$$

　　科尔莫哥罗夫指出(石丸,1986),在湍流介质中由于不同位置上其速度的平均场并不是常数,因此湍流的速度场不是严格均匀的,但是两个不同位置上的速度差在很大的空间范围内几乎都是均匀的。在数学上,把这样的过程称为时间上的平稳增量随机过程,或空间上的局地均匀随机过程。在这种情况下,相关函数与结构函数有一一对应的关系。

将(2.11)式展开,就得到结构函数和相关函数的关系式为:

$$D(r) = 2\,\overline{u'^2}[1 - R(r)] \tag{2.12}$$

由于相关函数与湍流能谱互为傅氏变换,利用(2.9)~(2.12)式可以导得结构函数与能谱之间的关系为:

$$D(r) = 2\int_0^\infty E(k)[1 - \cos(kr)]\mathrm{d}k \tag{2.13}$$

利用经验资料适宜于计算结构函数,而不适宜于计算相关函数,结构函数能给出随机场更精确的信息。

对于惯性子区湍流,科尔莫哥罗夫用量纲分析的方法得出:在湍流惯性区内两点间的结构常数只与两点间的距离 r 的 2/3 次方有关,与两点的位置和相对方向无关,这就是著名的"2/3"定律,即

$$D(r) = C\varepsilon^{\frac{2}{3}} r^{\frac{2}{3}} \tag{2.14}$$

式中 ε 为扰动能量耗散率。称 C 为结构常数,其值由实验测定。

2.2 湍流散射理论

风廓线雷达探测的基础是大气中的湍流运动造成的大气折射率的不均匀结构对雷达电磁波的散射,因此湍流散射理论就是要建立大气折射率的结构常数与雷达回波功率之间的关系式。

2.2.1 大气折射率结构常数

对可见光波段,大气折射率 n 只依赖于波长 λ、温度 T 和气压 P,与水汽无关。即

$$n - 1 = 77.6(1 + 7.52 \times 10^{-3}\lambda^{-2})(P \times T^{-1}) \times 10^{-6} \tag{2.15}$$

则

$$D_n(r) = \left[\frac{77.6 \times 10^{-6}}{\overline{T}^2}(1 + 7.52 \times 10^{-3}\lambda^{-2})\,\overline{P}\right]^2 D_T(r) \tag{2.16}$$

式中 $D_n(r)$ 和 $D_T(r)$ 分别为大气折射率结构函数和温度结构函数,其中大气折射率结构函数定义为

$$D_n(r) = \overline{[n'(x_0 + r) - n'(x_0)]^2} \tag{2.17}$$

而温度结构函数定义为

$$D_T(r) = \overline{[T'(x_0 + r) - T'(x_0)]^2} \tag{2.18}$$

因此,在可见光波段大气折射率结构常数 C_n^2 与温度结构常数 C_T^2 的关系是

$$C_n^2 = \left[\frac{77.6 \times 10^{-6}}{\overline{T^2}}(1 + 7.52 \times 10^{-3}\lambda^{-2})\,\overline{P}\right]^2 C_T^2 \tag{2.19}$$

对于波长超过 1 cm 的电磁波,大气折射率 n 显著地依赖于大气水汽压 e,而与波长的关系不密切,其表达式为

$$n - 1 = \frac{77.6}{T}\left(P + \frac{4810e}{T}\right) \times 10^{-6} \tag{2.20}$$

由此,可导得

$$D_n(r) = b^2 D_e(r) + a^2 D_T(r) - 2ab D_{Te}(r) \tag{2.21}$$

式中,a、b 为系数。$D_e(r)$ 是水汽结构函数,定义为

$$D_e(r) = \overline{[e'(x_0 + r) - e'(x_0)]^2} \tag{2.22}$$

$D_{Te}(r)$ 是温湿结构函数,定义为

$$D_{Te}(r) = \overline{|e'(x_0 + r) - e'(x_0)||T'(x_0 + r) - T'(x_0)|} \tag{2.23}$$

对局地均匀各向同性湍流,依据(2.14)式和(2.21)式,则有

$$C_n^2 = a^2 C_T^2 + b^2 C_e^2 - 2ab C_{Te}^2 \tag{2.24}$$

式中,a、b 的大小与天气状态有关。对于热带海洋气团有 $a^2 = 2.24 \times 10^{-12}$,$b^2 = 17.8 \times 10^{-12}$,$2ab = 12.6 \times 10^{-12}$。对于暖性大陆气团有 $a^2 = 1.25 \times 10^{-12}$,$b^2 = 16.2 \times 10^{-12}$,$2ab = 9.01 \times 10^{-12}$。而且微波波段的 C_n^2 比光波段要大 1~2 个量级(周秀骥等,1991)。

大气中 C_n^2 值随季节、地区、天气的不同而有很大变化,至今尚无较全面的测量资料。Doviak(1984)根据在美国科罗拉多州冬半年测出的资料得出 C_n^2 值随高度的变化可用下式来表示:

$$C_n^2 = 3.9 \times 10^{-15} e^{-\frac{H}{2000}} \tag{2.25}$$

其中 H 为高度(单位:m)。C_n^2 随气候条件和季节的起伏非常大,冬季和夏季最大可以有几个数量级的差别,即使在同一天里,其变化也是比较大的。夏季测到的 C_n^2 值可以增加一个量级。当海洋性气团控制时,低层大气中 C_n^2 值将有更大幅度的增加,可达 $10^{-12} \sim 10^{-13}$($\text{m}^{-2/3}$)。

2.2.2　大气折射率脉动的谱密度

在均匀各向同性湍流条件下,由结构函数与相关函数的定义,可以导出折射率结构函数 $D_n(r)$ 与其相关函数 $B_n(r)$ 之间的关系:

$$D_n(r) = 2[B_n(0) - B_n(r)] \tag{2.26}$$

相关函数 $B_n(r)$ 的谱展开为

$$B_n(r) = \frac{4\pi}{r}\int_0^\infty k\Phi_n(k)\sin(kr)\,\mathrm{d}k \tag{2.27}$$

因此,折射率结构函数 $D_n(r)$ 的谱展开为

$$D_n(r) = 8\pi \int_0^\infty k^2 \Phi_n(k) \left(1 - \frac{\sin(kr)}{kr}\right) \mathrm{d}k \tag{2.28}$$

其逆变换为

$$\Phi_n(k) = \frac{1}{4\pi^2 k^2} \int_0^\infty \frac{\sin(kr)}{kr} \frac{\mathrm{d}}{\mathrm{d}r}\left(\frac{r^2 D_n(r)}{kr}\right) \mathrm{d}r \tag{2.29}$$

$\Phi_n(k)$ 的物理意义是大气折射率脉动的谱密度。

在湍流惯性子区内,折射率结构函数满足 2/3 定律,即

$$D_n(r) = C_n^2 r^{\frac{2}{3}} \tag{2.30}$$

将 (2.30) 式代入 (2.29) 式中,得到

$$\Phi_n(k) = 0.033 C_n^2 k^{-\frac{11}{3}} \tag{2.31}$$

式中,$k = 2\pi/l$ 为波数,l 为湍涡尺度。

(2.31) 式只在惯性子区尺度范围内成立,在黏性区,由于黏性耗散作用显著,湍流能谱随波数的衰减要超过 $k^{-11/3}$。而在含能涡区,大尺度湍流起作用,尚无普遍公式。根据外尺度 L_0 和内尺度 l_0 的含义,可以给出大气折射率脉动的谱分布如图 2.4 所示。

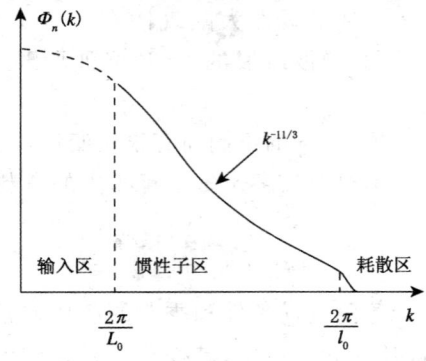

图 2.4　大气折射率脉动的谱密度

2.2.3　湍流散射理论

Tatarski 应用科尔莫哥罗夫的局地各向同性湍流概念,导出了电磁波在湍流介质中散射的公式,结果与实验极为符合,因此他的理论被许多科学家用来解释晴空回波现象。简要介绍如下(张培昌 等,1995)。

微波和光波在大气湍流中的传播可以当作视线传播,当电磁波入射到湍流上时,由于介质折射指数的起伏,引起波的振幅和相位的起伏,对风廓线雷达探测大气而言,可以采用平面波的弱起伏理论来处理,因此可以采用单次散射近似。

对中层以下晴空大气来说,其导电性与磁性可忽略,湍流大气中的电磁波传播依然满足 Maxwell 方程组。假定大气湍流介质的介电常数只是空间 r 的函数,与时间无关,因此散射波将保持单一频率传播,不考虑散射波的频率起伏或频谱变化。因此 Maxwell 方程组为:

$$\nabla \times \boldsymbol{E} = \mathrm{i}k\,\boldsymbol{H} \tag{2.32}$$

$$\nabla \times \boldsymbol{H} = -\mathrm{i}k\varepsilon\,\boldsymbol{E} \tag{2.33}$$

$$\nabla \cdot \varepsilon \boldsymbol{E} = 0 \tag{2.34}$$

式中 $k = 2\pi/\lambda$ 为电磁波波数,ε 为介电常数。此时,波传播特性依赖于大气介质的介电常数,大气的介电常数与折射率 n 的关系为

$$\varepsilon = n^2 \tag{2.35}$$

在入射电磁波为单色平面波的情况下,忽略湍流引起的电磁波的能量耗散,在均匀折射率起伏场的条件下,采用小扰动法,通过对传播方程求解,可以求得与入射电矢量成 χ 角的散射方向 $\boldsymbol{m}$ 的散射波平均能流密度的表达式为

$$\overline{S_m} = \frac{ck^4 V A_0^2 \sin^2\chi}{4r^2}\varPhi(\boldsymbol{k} - k\,\boldsymbol{m}) \tag{2.36}$$

该式为平均能流密度表达式。平均的含义是指在 $\boldsymbol{m}$ 方向由于折射率脉动造成随机起伏的能流密度 S_m 对散射体进行的积分平均。式中 c 为电磁波传播速度,V 为散射体体积,A_0 为入射电磁波振幅,r 为散射体目标到接收点之间的距离,$\boldsymbol{m} = \boldsymbol{r}/r$ 表示指向散射方向的单位矢量,$\varPhi(\boldsymbol{k} - k\,\boldsymbol{m})$ 表示波数为 $(\boldsymbol{k} - k\,\boldsymbol{m})$ 的折射率起伏的三维空间谱密度函数,χ 为入射波的电矢量方向与散射方向 $\boldsymbol{m}$ 之间的夹角,如图 2.5 所示。

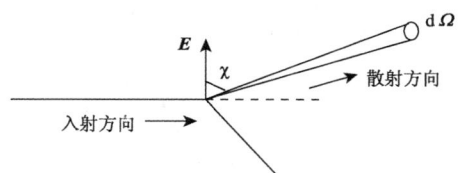

图 2.5　χ 角度示意图

根据 (2.36) 式,进一步可以推导得到内含折射率随机起伏的散射体 V,向 $\boldsymbol{m}$ 方向的立体角元 $\mathrm{d}\Omega$ 内散射能量的有效散射截面元公式

$$\mathrm{d}\sigma = 2\pi k^4 V \sin^2\chi \cdot \varPhi(\boldsymbol{k} - k\,\boldsymbol{m})\mathrm{d}\Omega \tag{2.37}$$

雷达探测时,接收到的散射波是后向散射波,故有 $k\,\boldsymbol{m} = -\boldsymbol{k}$,且 $\chi = \pi/2$,则由 (2.37) 式可以给出后向有效散射截面元公式

$$\mathrm{d}\sigma = 2\pi k^4 V \varPhi(2\,\boldsymbol{k})\mathrm{d}\Omega \tag{2.38}$$

当湍流为各向同性时,$\varPhi(2\,\boldsymbol{k})$ 与波矢量 $\boldsymbol{k}$ 的方向无关,于是上式可写成

$$\mathrm{d}\sigma = 2\pi k^4 V \varPhi(2k)\mathrm{d}\Omega \tag{2.39}$$

雷达反射率 η 定义为单位体积内的后向散射截面值之和,则由(2.39)式得

$$\eta = \frac{\pi^2}{2} k^4 \Phi(k) \tag{2.40}$$

这里已令(2.40)式中的 k 等于(2.39)式中 k 的两倍,因此与雷达波长 λ 之间的关系为 $k = 4\pi/\lambda$。

将(2.31)式代入(2.40)可得

$$\eta = 0.39 C_n^2 \lambda^{-\frac{1}{3}} \tag{2.41}$$

(2.41)式表明,折射率起伏的大气对电磁波的反射率正比于大气折射率结构常数,且与雷达波长的 $-1/3$ 次幂成正比。

2.2.4 Bragg 散射条件

依据(2.36)式,$\boldsymbol{m}$ 方向的散射波平均能流密度只与波数为 $(\boldsymbol{k}-k\boldsymbol{m})$ 的折射率起伏的三维空间谱密度有关,而与此波数 $(\boldsymbol{k}-k\boldsymbol{m})$ 相对应的折射率不均匀尺度为:

$$l(\theta) = \frac{2\pi}{|\boldsymbol{k}-k\boldsymbol{m}|} = \frac{\lambda}{2\sin(\theta/2)} \tag{2.42}$$

θ 为 $\boldsymbol{m}$ 散射方向与入射波方向的夹角,如图2.6所示。

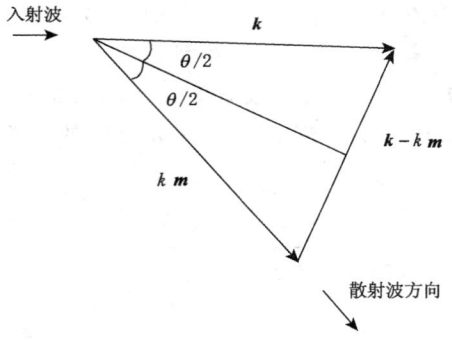

图 2.6　散射角示意图

(2.42)式说明:对于给定的角度 θ 上的散射,只取决于折射率不均匀性的一个狭窄谱段,而谱中其余尺度的湍流对结果的影响很小。对于后向散射 $\theta=\pi$,则由(2.42)式可得 $l(\pi)=\lambda/2$,即有效散射的湍流尺度为雷达波长之半,这就是湍流散射的 Bragg 条件。

因此,对于波长为 λ 的雷达,只有尺度相当于其波长 $1/2$ 的湍涡,其后向散射能量才起主要作用。当雷达接收到足够强的后向散射能量时,就可能显示出晴空回波。

根据湍流理论,大气中湍流内尺度的量级为 $l_0 \sim (\gamma^3/\varepsilon)^{1/4}$,其中 γ 为大气黏性系数,ε 为湍流能量耗散率。Balsley 等根据标准大气中的 γ 值和不同高度上可能存在

的典型 ε 值, 采用 $l_0 = 5.92(\gamma^3/\varepsilon)^{1/4}$, 计算出了大气层在 100 km 以下各高度上的最小湍流尺度随高度的分布图, 如图 2.7 所示。从图中可以看出, 在对流层下部, 湍流内尺度约 1 cm; 在 70~80 km 的大气中层, 湍流内尺度可达几米。

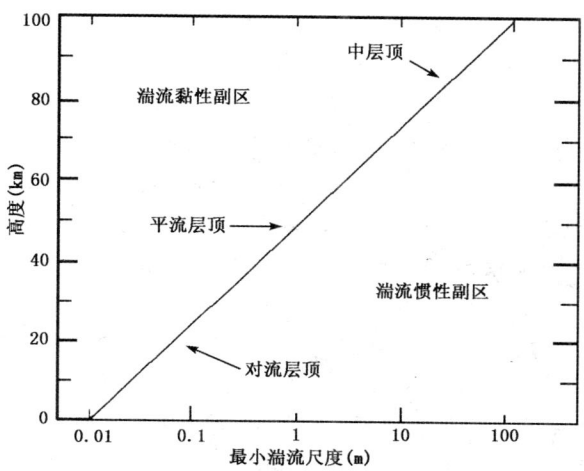

图 2.7　最小湍流尺度随高度的变化(张培昌 等, 1995)

根据惯性子区的定义和 Bragg 散射条件, 在选择风廓线雷达波长时应大于所需探测高度区间内的湍流内尺度, 因此, 探测边界层的风廓线雷达可以选择厘米波, 探测对流层宜选用分米波雷达, 探测平流层及其以上时宜选用分米波至米波的雷达。

2.3　风廓线雷达探测

2.3.1　探测方程

当大气湍流介质充满雷达照射体积时, 借助于一般气象雷达方程的推导思想, 可得风廓线雷达回波功率表达式为

$$P_r = \frac{\alpha^2 P_t A_e \Delta r}{4\pi r^2}\eta \tag{2.43}$$

式中, P_t 为发射功率, A_e 为天线有效面积, r 为距离, Δr 为距离分辨力, α 为馈线传输效率, η 为反射率。

将(2.41)式代入可得:

$$P_r = \frac{0.39 C_n^2 \lambda^{-\frac{1}{3}} \alpha^2 P_t A_e \Delta r}{4\pi r^2} \tag{2.44}$$

　　根据前面讨论的湍流散射 Bragg 条件,只有尺度为雷达波长之半的那种湍流气块,才会在后向方向上形成强的散射,因此必须根据所要探测的高度范围,来选择雷达波的波长。换言之,探测高度上主要湍流块的尺度决定了雷达的波长。

　　根据图 2.7,边界层风廓线雷达探测高度 3～5 km,波长 0.2 m 左右(1280 MHz);对流层风廓线雷达探测高度 8～16 km,波长 0.6 m 左右(445 MHz);中层雷达探测高度 70～80 km,波长 5～7 m 左右(40～50 MHz)。

　　由于晴空大气的 C_n^2 一般较小,为了能够接收到微弱的晴空回波,根据(2.44)式,风廓线雷达一般应具有较大的 $P_t \times A_e$ 之积,由于采用较长波长,为了达到天线增益要求,天线面积一般较大。在阵列天线情况下,天线的有效面积 A_e 是天线阵的实际面积 A 与波束指向天顶角 γ 的余弦的乘积。波束越偏离垂直方向,天线有效面积越小。

2.3.2　测风原理

　　风廓线雷达是采用多普勒效应原理来测量高空风向风速的,因此风廓线雷达也要采用多普勒收发体制。风廓线雷达通过依次发射三个(或五个)指向的波束,其中一个为垂直指向(以下简称中波束),另两个(或四个)为方位正交的倾斜指向,分别测出各波束指向的多普勒速度,在风场水平均一假设前提下联立解得三个风分量。

　　风廓线雷达通常采用相控阵电扫描天线,顺序产生五个波束,除中波束外,还有偏离天顶的东、南、西、北四个斜波束,其天线波束位置分布见图 2.8。

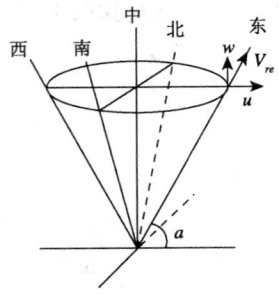

图 2.8　天线波束位置分布示意图

　　实际工作中,风廓线雷达可以采用三个波束完成测风,也可以采用五个波束来测风。以偏东、偏北和天顶方向三波束测风为例,设斜波束的仰角为 α,雷达在偏东、偏北和中波束指向测得的径向速度分别为 V_{re},V_{rn} 和 V_{rz},以 u 和 v 分别代表东方向和北方向上的风速分量,w 为垂直气流速度,u 以向东为正,v 以向北为正,w 以向上为正,各波束测得的径向速度以远离雷达为正,则可得如下方程式:

$$\begin{cases} V_{re} = u\cos\alpha + w\sin\alpha \\ V_m = v\cos\alpha + w\sin\alpha \\ V_{rz} = w \end{cases} \tag{2.45}$$

通过解上述方程式,可以得到风向和风速:

$$\begin{cases} V_{风速} = \sqrt{u^2 + v^2} \\ \beta_{风向} = \arctan(u/v) \end{cases} \tag{2.46}$$

斜波束仰角的取值范围通常在 $60°\sim75°$。以仰角 $75°$ 为例,可以算得不同波束之间的距离随高度的变化,如表 2.1 所示:

表 2.1　波束之间的空间距离随高度的变化

高度(km)	0.1	0.5	1	2	3	5	7	10	12
斜波束和中波束间的距离(m)	25	127	253	506	759	1265	1771	2530	3036
方位正交的两个斜波束间的距离(m)	36	180	358	716	1073	1789	2505	3578	4294
方位成180°的两个斜波束间的距离(m)	50	254	506	1012	1518	2530	3542	5060	6072

在用风廓线雷达测风时,有一个重要前提假定,就是要求空气运动至少要在波束取样的空间范围内是"水平分层均匀"的。即在同一个探测高度上,风廓线雷达各波束指向点位置处的风向风速应相同。从表 2.1 可见,风廓线雷达测量所要求的"大气水平分层均匀"的空间范围随测量高度的升高而增大。但是直到 12 km,波束之间的最大空间距离也不超过 7 km,这与气球探空从施放到结束会漂移几十千米甚至上百千米相比,几乎可以忽略,因此风廓线雷达探测时所要求的"大气水平分层均匀"条件是易于满足的。

2.3.3　回波特点

2.3.3.1　回波信号弱

在 5000 m 以下,η 一般为 $10^{-14}\sim10^{-16}$ m^{-1},而降水粒子对 10 cm 波长雷达的反射率一般为 $10^{-11}\sim10^{-8}$ m^{-1},因此湍流散射回波信号一般比降雨回波信号要弱得多。表 2.2 是 Crozier 等(1989)归纳的不同天气现象时晴空后向散射特性的典型值和降雨、冰雹等的反射率的比较。从表中所列的数据可见,有些天气条件下的 Ze 值是很小的,只有大功率高灵敏的雷达才能探测到它们引起的晴空回波,或者在距雷达很近时才能被探测到。

表 2.2　不同天气现象时后向散射特性的典型值

现　象		参考文献	$C_n^2(\mathrm{m}^{-2/3})$	$\eta(\mathrm{m}^{-1})$	Ze $(\mathrm{mm}^6 \cdot \mathrm{m}^{-3})$	$Z(\mathrm{dBZ})$	降水率 I (mm/h) $Z=295I^{1.43}$
湍流 (晴空)	弱	Doviak and Zrnic (1984)	6×10^{-17}	6×10^{-17}	10^{-6}	-58	
	中等		2×10^{-15}	2×10^{-15}	5.7×10^{-5}	-42	
	强		3×10^{-13}	7×10^{-13}	2×10^{-3}	-21	
对流泡		Hardy and Ottersten (1969)	7×10^{-12}	7×10^{-12}	2×10^{-1}	-7	
海风		Atlas and Hardy (1966)	2×10^{-12}	2×10^{-12}	5.7×10^{-2}	-22	
边界层(海上)		Doviak and Zrnic (1984)	$10^{-12}\sim$ 10^{-13}	$10^{-12}\sim$ 10^{-13}	2.9×10^{-2}	$-15\sim25$	
稳定层（对流层低层）		Doviak and Zrnic (1984)	$10^{-15}\sim$ 10^{-17}	$10^{-14}\sim$ 10^{-15}	2.9×10^{-4}	$-35\sim45$	
对流层顶		Atlas $et\ al.$, (1966)	7.5×10^{-15}	7.5×10^{-15}	2.2×10^{-4}	-37	
雨	毛毛雨					$15\sim25$	$0.2\sim1.0$
	小雨					$21\sim30$	$0.5\sim2.5$
	中雨					$30\sim37$	$2.5\sim7.5$
	大雨					>37	>7.5
冰雹(高概率)						55	>120

2.3.3.2　干扰因素多

由于回波信号弱,所以风廓线雷达探测时易受外界影响。雷达探测时的各种影响可以分为:干扰、杂波、噪声,有时也统称为噪声。

雷达信号中的噪声按来源分,有内部噪声和外部噪声。外部噪声有天电干扰和人为干扰等,人为释放的干扰在气象雷达探测中一般不予讨论。内部噪声主要是机器产生的热噪声,如由导体中电子的热震动引起的热噪声存在于所有电子器件和传输介质中,它是温度变化的结果,但不受频率变化的影响。热噪声在所有频谱中以相同的形态分布,是不能够消除的。对雷达测量而言,天线热噪声影响最大。

按噪声性质又可分为白噪声和有色噪声两种,电路等产生的热噪声在时间上是连续的,振幅和相位是随机的,噪声的功率谱密度与频率无关,这种噪声称白噪声。

天线热噪声并非真正的白噪声，但在接收机通频带内可近似为白噪声。

热噪声在很宽的频率范围内具有均匀的功率谱密度，通常可以认为它们是高斯白噪声。高斯白噪声是指它的幅度分布服从高斯分布，而它的功率谱密度又是均匀分布的。所谓高斯白噪声中的高斯是指概率分布是正态函数，而白噪声是指它的一阶矩为常数、二阶矩不相关。

理想的白噪声具有无限带宽，因而其能量是无限大，这在现实世界是不可能存在的。实际上，研究工作中常常将有限带宽的平整讯号视为白噪声，因为这样可以在数学分析上更加方便。一般来说，只要一个噪声过程所具有的频谱宽度远远大于它所作用系统的带宽，并且在该带宽中其频谱密度基本上可以作为常数来考虑，就可以把它作为白噪声来处理。相对的，其他不具有这一性质的噪声信号被称为有色噪声。

实际工作中常常遇到的噪声和干扰（如各类杂波干扰等）是有色噪声，其频谱较窄。另外，由于雷达工作不稳定等原因，雷达回波信号频谱中则会出现较多的随机分量，从而使雷达回波信号多呈现奇异性和非平稳特性。

在气象雷达探测中所遇到的杂波，主要是地杂波的影响。地杂波通常是由于雷达附近的静止目标的散射信号进入雷达天线旁瓣造成的，地杂波产生的多普勒功率谱常常在零频附近，且能量常常比湍流回波信号能量高出几个数量级，当杂波谱和湍流信号谱交叠时，就会淹没湍流信号，使有用的气象回波信号淹没在杂波之中。

地杂波相对于湍流信号是缓慢变化的，有很长的相关时间，并且能量很大，而噪声是不相关的随机信息。因此，为获得真实的风场信息，可根据不同信号的特征，研究如何有效去除或抑制风廓线雷达信号中的噪声和地杂波。

2.3.4　提高回波信噪比的方法

2.3.4.1　相干平均处理

相干平均又叫相参积累，在雷达原理教材中也称为检波前积累，即在回波信号包络检波前完成，此时回波脉冲之间有着严格的相位关系。将 M 个回波脉冲相互累加时，由于相邻周期的中频回波信号按严格的相位关系同相相加，因此累加结果使信号电压提高为原来的 M 倍，相应的功率提高为原来的 M^2 倍。而噪声是随机的，相邻脉冲间的噪声满足统计独立条件，积累的效果是平均功率相加而使总噪声功率提高为原来的 M 倍，因此相干平均的结果使输出信噪比改善了 M 倍。

在实际工作中，由于探测目标的运动造成回波信号的起伏变化，这将明显破坏相邻回波信号之间的相位相干性，使相干平均后信噪比改善的收益小于 M 倍，回波的起伏越大，信噪比改善收益越小。

风廓线雷达探测的湍流目标的运动比汽车、飞机等要慢得多，比降雨粒子的运动也要慢，而且风廓线雷达是指向一个固定方向进行驻留探测的，不是边扫描边探测，因此回波信号起伏小,采用相干平均后信噪比改善收益大,可以提高雷达对目标信号的检测能力,所以目前风廓线雷达信号处理中都要采用较大的相干平均数(M 值)。但是,M 值不能无限大,必须受以下因素的约束:

(1)受信号带宽的限制。M 次平均后信号的带宽将变窄 M 倍,最大测速范围将变小。为了不丢失多普勒信息,M 的选择要保证合成信号的带宽要比回波信号中所包含的最大多普勒频移要大。

经过 M 次平均后,最大多普勒速度 V_m 为:

$$V_m = \frac{\lambda}{4MT} \tag{2.47}$$

于是:

$$M \leqslant \frac{\lambda}{(4V_mT)} \tag{2.48}$$

(2)受独立取样时间的约束。波长为 λ 的雷达(单位 cm),在与谱宽为 1 m/s 相当的湍流中,介质移动 λ 距离后,有效照射体积内湍涡做完全无关的重新排列所需要的时间,即为独立取样时间。计算式为:

$$\tau_{0.01} = 1.71\lambda \times 10^{-3} \text{s} \tag{2.49}$$

为了保证平均是相干的,M 个连续回波信号的总采样时间应小于独立取样时间,即:

$$M \leqslant \tau_{0.01} \times f_{rep} \tag{2.50}$$

式中 f_{rep} 为脉冲重复频率,可以根据最大探测高度的要求来确定。因此,利用图 2.7,根据探测高度范围内湍流尺度统计值确定雷达波长 λ 后,M 值就由(2.48)式和(2.50)式共同决定,M 取两者中的小值。

2.3.4.2　增加 FFT 点数

风廓线雷达是多普勒体制的雷达,是通过提取回波信号的相位变化来探测目标运动信息的,因此回波信号谱分析必须在检波前进行,增加 FFT 点数,也就增加了回波信号样本数,可以提高信噪比。

事实上,前已述及,风廓线雷达是指向一个固定方向进行驻留探测的,增加 FFT 点数也就是增加了波束对目标的"照射"时间,根据"照射"雷达方程(Skolnik,2003)和多脉冲雷达方程,都说明回波功率与照射时间成正比。

从数学的角度来说,频谱分析的基础是傅氏变换,而傅氏变换的数学式就是对区间的积分累加,而且是在检波前进行的累加,也属于相干积累,FFT 点数增加 N 倍,理论上也可以提高信噪比 N 倍。

但是,FFT 点数的增加,不仅要占用更多的内存资源,而且会极大地增加计算量。因此,风廓线雷达中采用的 FFT 点数应适度(参见本章 2.5.2)。对来自同样距

离处的一长串连续的回波脉冲,先进行分段相干平均后,得到新的信号序列,再作
FFT 处理。

2.3.4.3　谱平均处理

一次 FFT 处理后可以得到一条谱。重复上述相干平均和 FFT 处理过程,可以
依次得到 P 个功率谱密度分布。对这 P 个功率谱密度函数在每一个对应频率处进
行功率谱密度值平均,即为谱平均。

$$\overline{S(f_i)} = \frac{1}{P} \sum_{j=1}^{P} S_j(f_i) \tag{2.51}$$

谱平均也称非相干平均,在雷达原理教材中也称为检波后积累。非相干平均也
可以改善信噪比,但是达不到 P 倍。这是因为包络检波具有非线性作用,信号加噪
声通过检波器时,这种非线性作用会使它们结合在一起,不能再认为信号与噪声是两
个完全独立的实体,从而造成信噪比的损失。非相干平均后的信噪比改善在 P 和
$\sqrt{P}$ 之间,当谱平均数 P 很大时,信噪比的改善趋近于 $\sqrt{P}$ 倍。

当然,谱平均次数也不能很大,否则会降低雷达探测的时间分辨力。

2.4　风廓线雷达信号与数据处理流程

Strauch(1984)介绍的风廓线雷达信号与数据处理流程,是比较经典的,也是目
前风廓线雷达的基本处理思路。

2.4.1　信号处理

雷达的信号处理分系统从接收机得到正交的 I、Q 视频信号后,依次对 I、Q 信号
进行滤波、时域平均、加窗处理、FFT 谱分析、频域滤波、谱平均等处理。其流程如图
2.9 所示。

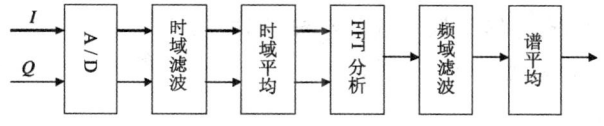

图 2.9　风廓线雷达信号处理流程图

2.4.1.1　A/D 转换

A/D 转换完成 I、Q 视频信号的数字采样。信号处理系统在进行处理之前,首先
需要对从 A/D 变换器送来的数据进行信号是否饱和判别,如果信号已经饱和,则需
要加大中频或高频接收机中的衰减器衰减量,确保送到信号处理的数据不在处理之

前被饱和。

2.4.1.2　时域滤波

在实际测量过程中信号回波除了探测距离范围内有用信号外,还包含该距离范围之外的气象回波、飞机回波等干扰信号造成的二次距离折叠回波,降雨回波和飞机回波强度一般要远强于湍流回波。远处干扰的存在一方面对近处回波形成干扰,不利于有用信号检测,另一方面增加了信号动态范围,因此,在对有用信号处理前,首先需要对远处干扰回波进行有效的抑制工作。

从发射脉冲的角度看,远处回波和近处有用回波在频率轴上是分开的,即属于两个不同的发射脉冲造成的回波,为了不影响后续信号滤波及信号检测,时域滤波器应设计成线性相位滤波器。

2.4.1.3　时域平均

时域平均又称相干平均,2.3.4.1节已经解释了,在独立取样时间内对风廓线雷达连续测量的回波信号进行时域平均,可以提高回波信噪比。

2.4.1.4　谱分析

对时域平均后的信号加窗处理,并将 I、Q 信号组合成复信号,再进行谱分析。频谱分析一般采用的是 FFT 分析。目前一般对信号处理提出的径向速度测量精度要求为 $0.2\ \mathrm{m/s}$,折算到多普勒频率约为 $1.6\ \mathrm{Hz}$,此即为多普勒频谱上的谱线间隔要求。然后必须根据信号的有效带宽 $\Delta\omega$ 来确定 FFT 点数,即 FFT 点数要大于有效带宽与多普勒频谱间隔之比值。

2.4.1.5　频域滤波

进行频域滤波的主要目的是为了消除地杂回波。地物回波频谱主要位于零频附近,它同湍流回波的频谱常常相互重叠,不过湍流回波一方面速度比较大,另一方面谱宽比较宽,而地物回波仅仅位于零频附近一个相当窄的范围内。为了能够对地物回波进行有效抑制,同时尽量保留气象回波,则要求滤波器的矩形系数比较好,同时,滤波器凹口宽度要比较小。

2.4.1.6　谱平均

2.3.4.3节已经说明了,将波束驻留期间得到的若干个信号谱进行平均处理,可以提高信号信噪比。

谱平均处理在 FFT 运算完,并作求模运算之后进行。

2.4.2　数据处理

对信号处理部分输出的回波功率谱进行目标检测,在得到谱的各阶矩之后,就可

以求风廓线,然后再进行质量控制后输出显示,主要流程如图 2.10 所示:

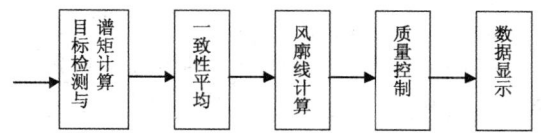

图 2.10　风廓线雷达数据处理流程图

2.4.2.1　目标检测与谱矩计算

从整个回波信号功率谱上识别出哪个峰是信号谱峰,在确定出噪声电平的基础上,通过对高出噪声电平以上的信号谱进行累加,可计算出一阶矩(即多普勒速度)、二阶矩(即多普勒速度谱宽)和信噪比。

2.4.2.2　一致性平均

对同一指向波束在同一距离门处多次测量的多普勒速度进行的平均处理。一致性平均方法是去除飞机、汽车等短时间存在的孤立干扰的简单、实用、有效的方法。

2.4.2.3　风廓线计算

用风廓线雷达三波束指向或五波束指向,在同一高度处探测的多普勒速度,联合反演出该高度处风的 u、v、w 三个分量。

2.4.2.4　风廓线质量控制

采用风切变检查、连续性检查、二维中值性检查等手段,对计算得到的风廓线数据的可信程度进行判断和标注。数据显示时,对判断可疑和无效的数据可以不显示,也可以采用不同的颜色予以显示说明。

2.5　风廓线雷达探测模式分析与设计

风廓线雷达探测时可选参数比较多,不同的参数组合会影响风廓线雷达的探测性能。因此,探测模式设计就是从雷达需要满足的性能要求出发,进行综合考虑,选择一组合适的雷达工作参数。分析如下:

2.5.1　测量性能分析

2.5.1.1　高度分辨力的分析

从理论上来说,高度分辨力取决于发射脉冲宽度,脉冲宽度小则高度分辨力高,脉冲宽度大则高度分辨力差,但是根据公式(2.44)可见,最大探测高度和高度分辨力有关。事实上,脉冲宽度小时,可以获得较高的高度分辨力,但是脉冲宽度小,雷达发射的能量小,最大探测高度也就受影响。采用脉冲压缩技术可以解决这一对矛盾,但是又会影响最小探测高度,因此采用一种探测模式是很难兼顾的。

风廓线雷达通常采用多种观测模式,其中一种模式采用短脉冲发射,以获得好的高度分辨力和最小探测高度,但是最大探测高度比较有限,称为低模式;另一种模式采用长脉冲发射(也可以采用脉冲压缩技术),以获得较高的最大探测高度,但是高度分辨力稍差,且第一探测高度较高,称为高模式。只要不同模式间做到探测高度范围有重叠,就可以实现风廓线的连接。如图 2.11 所示。

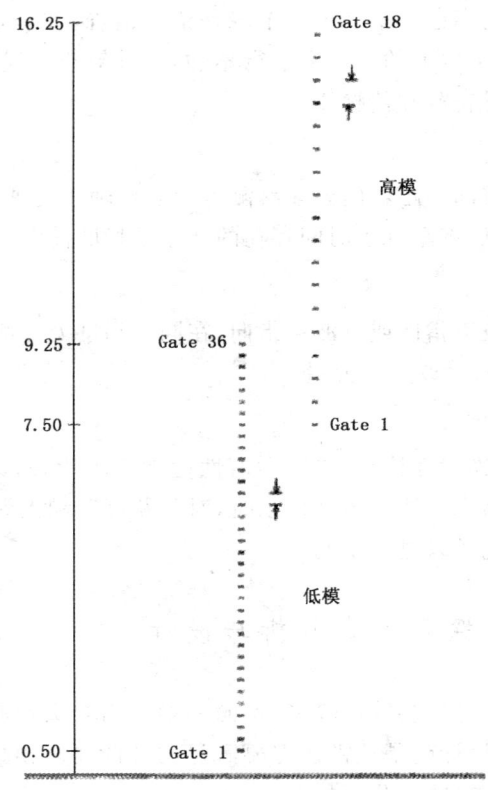

图 2.11 风廓线雷达探测模式组合示意图

以某型对流层风廓线雷达为例,为了获得较好的低空性能和高度分辨力,要求最低探测高度从 150 m 开始,高度分辨力为 75 m。为了保证这两项指标,低空模式必须采用宽度为 0.5 μs 以下的射频调制脉冲。但由于脉冲宽度小,其最大探测高度将受较大影响。根据实际探测试验,在 0.5 μs 探测脉冲宽度条件下,最大探测高度在 3 km 上下。而在 6 km 以上的高度,由于 C_n^2 随高度呈指数下降,探测威力成为突出问题,需要采用较大的探测脉宽。为此,选择了低、中、高三个探测模式,分别采用 75 m、150 m 和 300 m 的高度分辨力,比较好地解决探测高度和距离分辨力这对矛盾带来的问题,确保了雷达整体性能最优。

需要说明的是,不同模式下的探测高度范围随着季节、天气条件等因素的变化会发生变化,因此可以根据实际情况对不同模式之间的衔接高度作适当的调整,使探测结果能够相互连接。

2.5.1.2　最大不模糊多普勒速度的分析

根据(2.47)式,最大不模糊多普勒速度取决于脉冲重复周期和相干平均次数。为了减少出现速度模糊的概率,最大不模糊多普勒速度不宜过小。下面先来分析一下风廓线雷达探测时,可能测到的多普勒速度值。

风廓线雷达斜波束的天顶角一般为 15°,则 80 m/s 的最大风速在斜波束上的投影值为 20 m/s。降雨雨滴落速一般小于 10 m/s(可用经验公式估计),所以风廓线雷达垂直波束测量的多普勒速度一般小于 10 m/s,而斜波束测量的多普勒速度一般小于 30 m/s。事实上这是极限情况,因为降雨雨滴落速一般从 8 km 高度开始随着高度的降落逐渐增大,到 3 km 以下才会达到基本稳定的下落末速度,而低空的水平风速一般小于 30 m/s,所以综合这两种情况,一般在 5 km 以下探测模式中,最大不模糊多普勒速度设置为 15 m/s,而 5 km 以上设置为 20 m/s,绝大多数情况下都不会出现速度模糊现象了,就是个别出现速度模糊时也只是一次模糊,可以在数据处理时识别出来。

2.5.1.3　速度分辨力的分析

速度分辨力直接影响测速精度。其数值必须小于风速测量精度的数值,才有可能保证风速测量精度的要求。风廓线雷达风速测量精度的要求一般为 1 m/s 左右,则在天顶角为 15°的风廓线雷达斜波束上的投影值为:1 m/s × sin15°= 0.25 m/s。这是速度分辨力的基本要求,考虑到谱线间隔小时,有利于目标检测,一般建议速度分辨力的数值最好小于 0.2 m/s。

风廓线雷达的径向速度分辨力为最大不模糊多普勒速度与 FFT 点数之半的比值,由此便可以确定对 FFT 点数的要求。

2.5.1.4　时间分辨力的分析

风廓线雷达可能采用低、中、高等多模式探测,而每个模式又要采用三波束、五波束甚至六波束指向探测,因此风廓线雷达探测时最高的时间分辨力为:

$$t = \sum_{j=1}^{Mode} \sum_{i=1}^{Beam} (T_{ij} N_{tij} N_{FFTij} N_{Sij}) \tag{2.52}$$

i 表示波束序号,j 表示模式序号,N_t 为时域累加数,N_{FFT} 为 FFT 点数,N_S 为谱平均数,T 为脉冲重复周期。

目前雷达在工作时序安排上,已经可以做到数据处理与发射脉冲和信号处理并行运算,所以时间分辨力计算时可以不考虑数据处理所用的时间。

需要指出的是,为了提高风廓线反演结果可信度,要对一段时间的连续观测值进行平均,因此时间分辨力实际上应是平均的时间段,如 15 min、0.5 h 或 1 h 等。有的风廓线雷达软件对连续观测值进行滑动平均,能在(2.52)式计算的时间间隔内给出一条风廓线,但实际上相邻时刻的风廓线数据之间有一定的相关性。

2.5.2　探测模式设计

根据以上分析,风廓线雷达探测模式设计的基本思路和步骤是:

(1)首先确定脉冲宽度和脉冲重复周期

根据 2.5.1.1 的分析,脉冲宽度根据高度分辨力来确定。

在确定脉冲重复周期时,为了尽可能地减少二次回波出现的概率,脉冲重复周期 T 所对应的探测量程 $R = C \times T/2$,最好是所需最大探测高度的 1.5 倍以上。

(2)确定相干平均次数 M

增大相干平均次数,有助于提高信噪比,但会降低最大测速范围。根据 2.5.1.2 所分析的最大不模糊多普勒速度值,结合第一步已选定的脉冲重复周期 T,利用(2.48)式,可以确定 M。

(3)确定 FFT 点数

根据 2.5.1.3 的分析,FFT 点数大,有利于提高测速精度,但会增大计算量,因此在选择 FFT 点数时,只要能够满足速度分辨力的要求就可以了。

(4)确定谱平均数

采用较大的谱平均次数也有利于提高信噪比,但是谱平均次数太大,会影响时间分辨力,而且根据大气的稳定时间,在某一波束指向上波束的驻留时间一般 20～30 s,可以此来确定谱平均数。

根据上面的分析,结合对流层风廓线雷达指标要求,作者设计了以下的探测模式,见表 2.4。经实际工作考核,取得了较好的应用效果。

表 2.4　探测模式设计结果

	低模式	中模式	高模式
最小探测高度(m)	150	2100	4950
最大探测高度(m)	3825	7950	16650
高度分辨力(m)	75	150	300
脉冲宽度(μs)	0.5	1.0	2.0

续表

	低模式	中模式	高模式
脉冲重复周期(μs)	50	75	200
相干平均次数	224	112	34
FFT 点数	256	256	512
谱平均数	10	14	8
最大多普勒速度(m/s)	15.04	20.06	24.78
速度分辨力(m/s)	0.11	0.15	0.09
波束一次驻留时间(s)	28.672	30.1056	27.8528
三波束探测时间(s)	86.01	90.3	83.6
五波束探测时间(s)	143.4	150.5	139.3

因此,风廓线雷达采用三波束工作时,完成一次探测的时间约为 4.4 min,采用五波束探测时,完成一次探测的时间约为 7.3 min。

第3章　风廓线雷达谱分析方法

与多普勒天气雷达相似,风廓线雷达探测的目标物也是弥散目标。由于风廓线雷达的波束比较宽,在水平和垂直方向都有较大的伸展范围,有效照射体积也就比较大。因此在雷达探测的每一个距离库内,会有很多个尺度满足 Bragg 条件的湍流微团,风廓线雷达回波信号是由它们对雷达波共同"散射"的结果,而每个湍流微团的移动速度未必一样,造成的多普勒频率也不一样,因此需要对回波信号进行多普勒频谱分析。只有得到具有一定信噪比的频谱,才有利于开展对目标的检测和矩数据的计算,也才有可能进一步计算风廓线。

3.1　谱分析方法的发展

谱分析的发展历史,可以一直追溯到 1671 年,牛顿在物理学中首次引进"波谱"的概念,从而产生了对光谱和其他物理振动的模拟分析方法(胡广书,2009)。J. Fourier 在 1807 年提出了函数展开定理,使得对谱进行数值计算分析成为可能。但是,真正使谱分析理论得以迅速发展,并进入实际应用的是从 1928 年开始的。维纳在研究布朗运动时,建立了广义谐波分析法,并证明了自相关函数与功率谱互为傅氏变换对。正是基于这一点,Blackman 和 Tukey 在 1958 年提出了计算功率谱的间接法——BT 法。它的基本思想是:对一组时间序列的数据,首先计算出不同延迟的自相关函数值,再选用某一合适的窗函数,对自相关函数值开窗加权,以使得超出最大延迟的自相关函数值等于零。对加权后的自相关函数进行傅氏变换,便得到功率谱密度估值。这种方法成了传统谱分析法的代表。直到 1965 年出现了快速傅氏变换算法之后,由 Corley 提出了计算功率谱的直接法——周期图法,该法是首先将数据(也可先进行加权处理)进行周期延拓,然后对其作傅氏变换,再对结果取幅度的平方便得到信号的功率谱密度估值。这两种方法一起构成了传统谱分析法的骨架。由于两者都涉及傅氏变换,都用快速傅氏变换(FFT)来简化计算,所以常统称为 FFT 法。

目前风廓线雷达主要采用的就是经典信号谱分析技术,在用 FFT 法分析出功率谱之后,采用去直流、谱积累、谱对消和滤波等处理方法,对雷达噪声干扰进行抑制,但在很多情况下作用效果很有限。例如,消除零频附近的对称谱成分,有时会将重叠的信号部分也去除；用均值代替直流谱的方法会产生频率偏移问题（Sato，1982）。利用 FFT 变换将信号由时域变换到频域，一旦噪声频谱与雷达回波信号的频谱混杂在一起时，谱分析的结果就会是它们的集体呈现。当噪声较强时就难以得到有用的雷达回波信息，影响了谱的分析结果。而在 2.3.3 一节中，作者提到风廓线雷达探测时由于回波信号弱，容易受到各种杂波和噪声的干扰。因此，为提高数据质量，需要研究如何有效去除或抑制风廓线雷达信号中的噪声和地杂波，提高回波信号的信噪比。

　　小波变换（wavelet transform）是在傅氏变换分析基础上发展起来的一种信号处理手段，可实现信号的多尺度分析，被誉为信号处理中的"数学显微镜"，广泛应用于数据压缩、信号去噪、图像融合等领域。1994 年，Standford 大学的 Donoho 等提出了小波阈值去噪算法，并从渐进意义上证明了它的最优性；此后，国内外的许多学者对小波阈值去噪算法提出了各种改进方案。

　　由于小波分析在信号去噪性能方面的优越性，国内外的学者都开始研究如何将小波技术应用于风廓线雷达信号的杂波去除中。1997 年，Jordan 等提出利用小波变换技术去除风廓线雷达信号中的地杂波和间歇性杂波，并用 Daubechies 小波获得较理想的效果。2001 年，Lehmann 等将小波技术应用于风廓线雷达的信号处理中，利用阈值法去除雷达回波信号中的杂波，取得较好的实验结果。2006 年，丁敏等利用提升小波和阈值法抑制风廓线雷达地杂波，提升小波运算速度，适合硬件实现。2008 年，王勇等提出利用小波变换抑制风廓线雷达间歇性杂波；2008 年，Lehmann 等提出利用加窗傅里叶变换去除风廓线雷达间歇性杂波。

　　应用小波分析的主要困难在于需要找到一组合适的小波基，能够适应风廓线雷达的连续运行和无人值守式的工作，也就是要对环境具有自适应性，如果针对性太强，那就会限制其推广使用。

　　20 世纪 70 年代发展起来的现代谱估计技术，如最大熵法，就具有一定的自适应性。最大熵谱分析法最早是 1967 年由 J. P. Burg 提出的（Burg，1967），他根据长期从事地震波信号分析的经验，借助信息论的发展成果，著文提出：在已知自相关函数前（$N+1$）个值的前提下，不采用补充零或乘以窗函数的办法，来增加样本的长度，而是在保证每一步都取得熵最大的条件下，对自相关函数未知延迟点上的值进行外推，理论上可以一直递推到所需要的样本长度，然后再用这些已知值和递推值所组成的整个自相关函数序列去计算该过程的功率谱密度函数。这种方法称为最大熵谱分析法。由此得到的估计谱称为最大熵谱。

　　在递推过程中采用最大熵准则，意味着在预测的未知点上功率谱具有最大的不确定性，因此，这样的递推过程对导出的结果不增添任何强加的信息。与传统的谱分析方法相比较，避免了数据的周期扩展或对未测量的值乘以零的假设，这就使得最大熵法有更高的谱分辨力和估计精度。

本章通过采用实测的风廓线雷达(I,Q)信号,对比分析了 FFT 法、小波分析法、最大熵法的效果,研究提高风廓线雷达谱分析质量的方法。

3.2　FFT 法谱分析

3.2.1　原理

设 $S(t)$ 为从相位检波器输出的只含有多普勒频率的低频信号,即

$$S(t) = \sum_{j=1}^{N} e_j e^{i\Phi_j(t)} = e_r e^{i\Phi_r(t)} \tag{3.1}$$

则同一有效照射体积的相继脉冲回波信号的相关函数定义为

$$R(T) = \int_{-\infty}^{\infty} S(t) S^*(t+T) \mathrm{d}t \tag{3.2}$$

式中 T 为雷达相继脉冲的时间间隔。

由于相关函数和信号的功率谱密度互为傅氏变换,则可得回波信号功率谱为

$$S(f) = \int_{-\infty}^{\infty} R(T) e^{-i2\pi fT} \mathrm{d}T \tag{3.3}$$

由于功率谱密度为振幅谱的平方,因此在实际工作中,可以不经过求相关系数这个中间环节。而且风廓线雷达为脉冲式发射,回波信号是在有限时间段内的离散采样,也无法如(3.3)式所示在$(-\infty, +\infty)$区间积分。因此,实际工作中是对有限样本进行周期延拓后,运用离散傅氏变换进行分析处理的。设某距离上的回波信号为 $S(nT)$,T 为两相邻脉冲之间的时间间隔,n 为回波信号的序号。运用离散傅氏变换,可以得到回波信号的振幅谱为

$$F(kF) = \sum_{n=0}^{N-1} S(nT) e^{-i2\pi nkFT} \tag{3.4}$$

式中 $k = 0, 1, 2, \cdots, N-1$。因为时域信号是离散的,所以频域上也是离散的。时域上有 N 个样本参与离散傅氏变换,则得到的振幅谱也有 N 条谱线,且谱线间隔 $F = 1/(NT)$。

功率谱密度为振幅谱的平方,于是可由 $F(kF)$ 求得功率谱密度函数 $S(kF)$ 为

$$S(kF) = |F(kF)|^2 \tag{3.5}$$

所以

$$S(kF) = \left| \sum_{n=0}^{N-1} S(nT) e^{-i2\pi nkFT} \right|^2 \tag{3.6}$$

直接采用(3.6)式进行离散傅氏变换,计算量太大,无法满足雷达信号实时处理要求。20 世纪 70 年代开发出的快速傅氏变换算法(FFT),在当前计算机速度的情

况下已可以做到实时处理,因此风廓线雷达已采用 FFT 方法对信号进行实时处理。

3.2.2　时域数据采集

在航天科工集团二院 23 所的协助下,作者从对流层风廓线雷达的信号处理分系统中,采集了 I、Q 信号。图 3.1 显示的是中模式第一个距离库的 (I,Q) 采样序列,图中上面一排为 I 信号,下面一排为 Q 信号,信号强度显示时进行了归一化处理,为相对于整个采样序列中信号强度最大值的百分数,I 和 Q 的最大值分别显示在相应的图中。

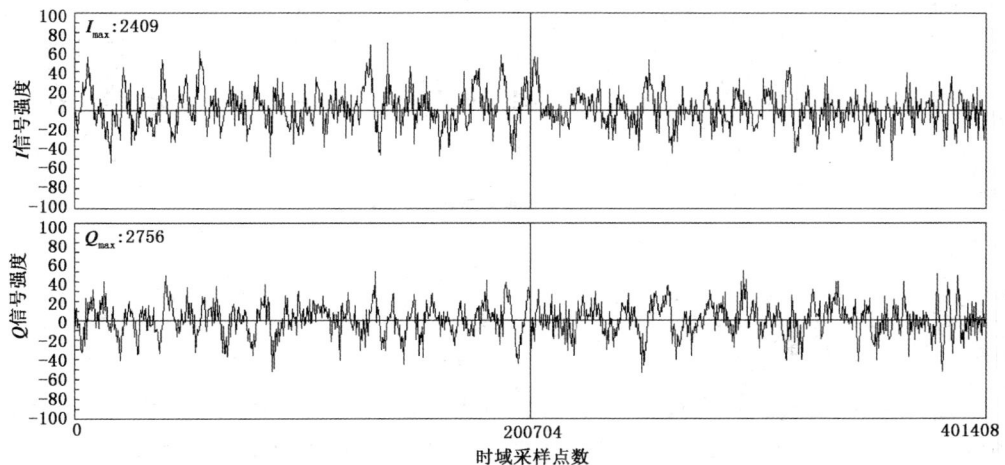

图 3.1　对流层风廓线雷达一次实测的 I、Q 信号

在图 3.1 中,时域数据采样点数共有 401408 点,这是因为:根据表 2.4 可知,中模式要进行 112 点的时域相干平均,一次相干平均得到一个新的时域数据,在得到 256 个这样的(经过相干平均后的)新的时域数据后,组成新的序列进行 FFT,得到一幅回波功率谱,重复这一相干平均和 FFT 的过程,在得到 14 幅功率谱后,进行谱平均,作为该距离库的平均谱。因此,对流层风廓线雷达在中模式每一个波束指向的驻留探测时,每一个距离库共需采样 401408($112 \times 256 \times 14$)点脉冲序列。由于采样点数太多,图 3.1 显示时中间很多点无法显示出来。

图 3.2 给出了用于求第一幅谱的 (I,Q) 数据,共 256 点,它是图 3.1 中的前 28672 点(112×256)经过时域分段(每段 112 点)相干平均后,所形成的新的时域序列。

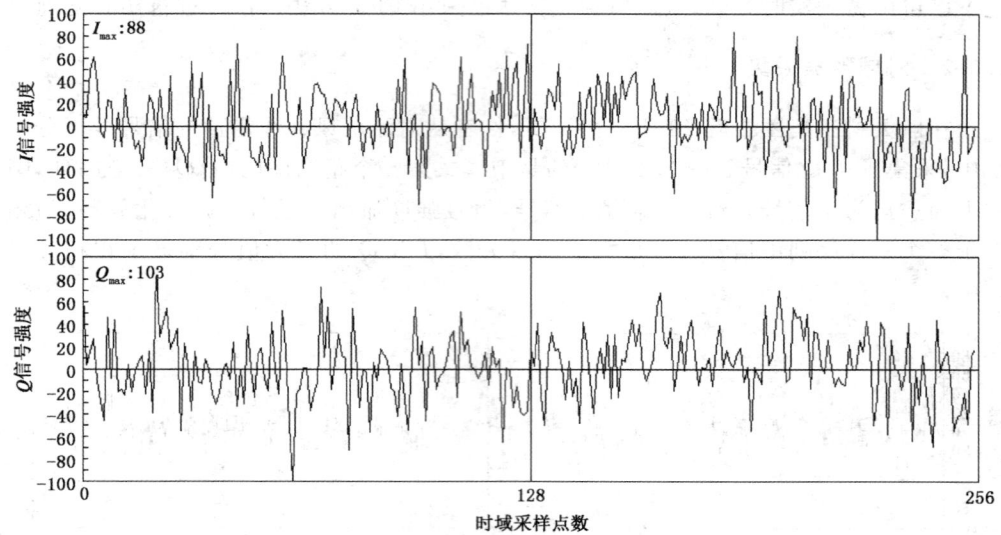

图 3.2　时域平均后的 I、Q 信号

3.2.3　谱分析结果

针对时域平均后的 (I,Q) 信号,进行 FFT 分析可求得功率谱,如图 3.3 所示。图 3.3 给出了同一个波束指向探测时连续测量的六个谱,可以看出在多个高度上信号谱峰都不明显,这是由于回波信号比较弱,使得信号与噪声、杂波混在了一起。

对连续测量的 14 个谱进行平均后,得到的平均谱如图 3.4 所示。对照图 3.3 和图 3.4,可以看出经过谱平均后谱分布有所改善,在多个高度层上都出现了比较明显的谱峰包络,这说明谱平均确实可以提高信噪比。但是在 3150 m 高度至 4350 m 高度,信号谱峰仍不明显。

图 3.5 给出了对图 3.4 的谱(称原谱)进行零频两边对应频道相减和对谱线作 3 点滑动平均后谱的变化情况。

所谓对应频道相减是指以零频为中点,向两端逐点进行,将 $-fn$ 与 $+fn$ 两点的功率谱值中大的减去小的,将减后的值赋给大值点,而将小值点的功率谱值用整个谱的最小值代替。从图 3.5 可以看出采用对应频道相减对谱没有明显改善,而采用 3 点滑动平均后谱有所改善。作者分析认为对应频道相减只当出现电源频率干扰或镜频干扰时,进行这样的处理可部分将其抑制,才会有点效果,如果接收机前端高放做得比较好,则一般不会出现镜频干扰,此时进行对应频道相减也就看不出什么变化。而采用 3 点滑动平均时,由于谱线之间的速度分辨力为 0.11 m/s,因此对于具有一

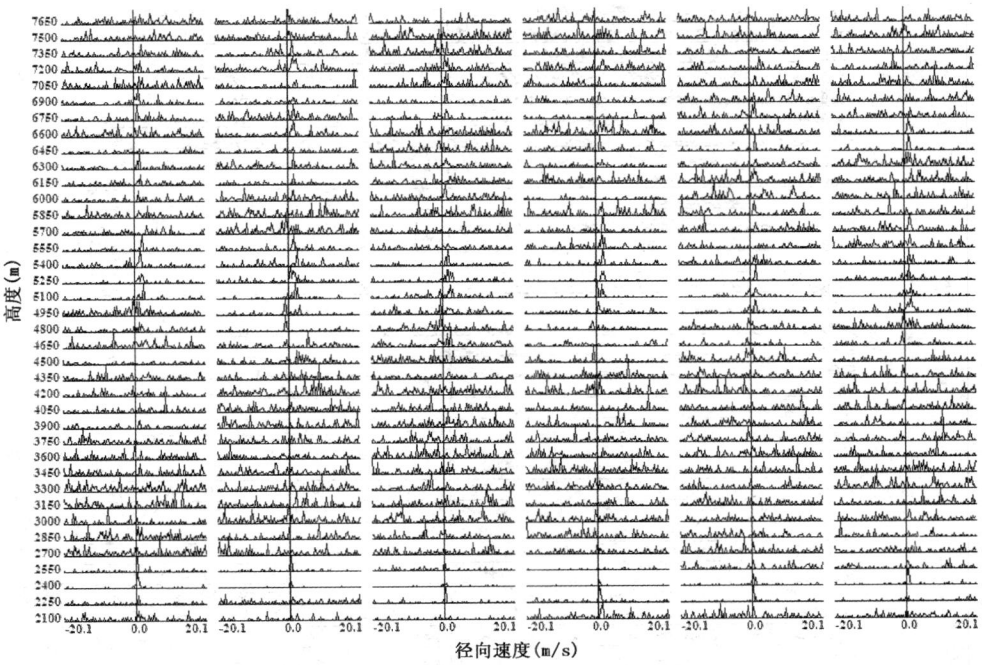

图 3.3　对流层风廓线雷达实测的经过时域平均后 FFT 法求得的功率谱（未进行谱平均）

定谱宽的湍流信号（通常在 1 m/s 以上），谱峰受 3 点滑动平均的影响很小，而对于谱宽很小的地杂波等尖峰干扰，3 点滑动平均会使其幅度受到抑制，有利于次极大值的信号峰出现。

3.3　小波技术应用研究

3.3.1　小波技术原理

用传统的傅氏变换分析信号的频谱，只能对信号在整个时域内的频谱作分析，难以做到局部的时—频分析。虽然可以通过加窗函数对信号作局部化分析处理，但会带来频谱泄漏，也存在局部化格式固定的缺点，难以自适应地处理奇异信号和非平稳信号。小波变换则克服了上述缺点，具有能够平移和伸缩的特性，可以在时域和频域上同时进行局部化处理。

在小波变换中，由于变换的积分核不是固定的，因而，对于小波基函数的选择既不是唯一的，也不是任意的，必须满足一定的条件。假设函数 $h(t)$ 为一平方可积函

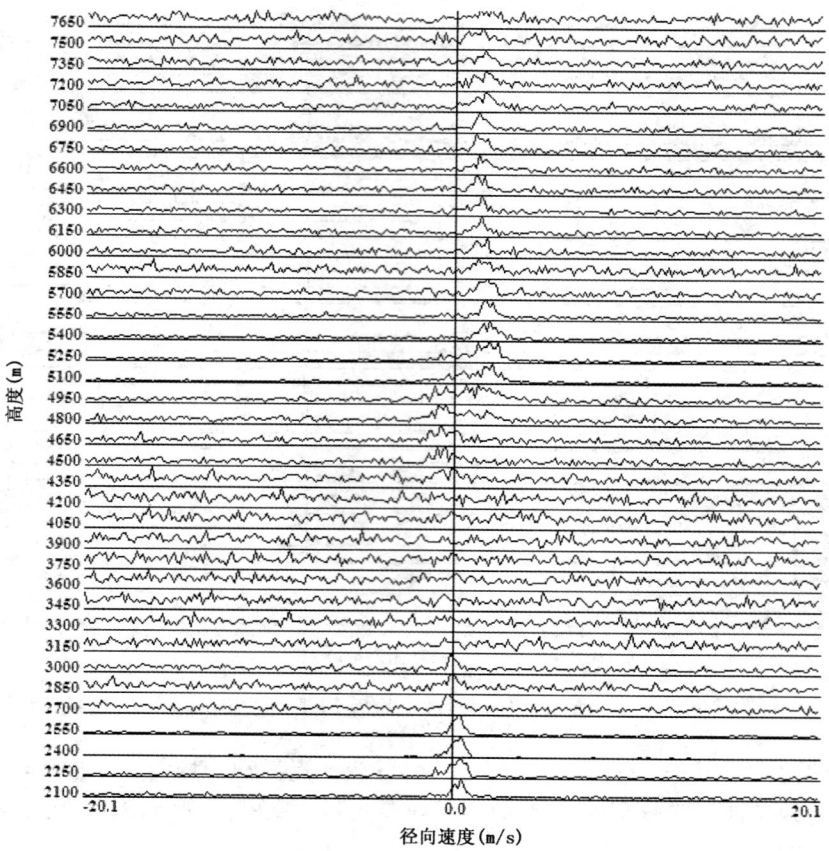

图 3.4　谱平均后的功率谱

数，其傅里叶变换 $h(\omega)$ 满足

$$C_R = \int_{-\infty}^{\infty} \frac{|h(\omega)|^2}{|\omega|} \, \mathrm{d}\omega < \infty \qquad (3.7)$$

C_R 为积分值，必须有界。则函数 $h(t)$ 可作为小波函数，(3.7)式称为小波的容许条件。

相应的小波基函数可表示为

$$h_{a,b}(t) = \frac{1}{\sqrt{|a|}} h\left[\frac{t-b}{a}\right] \qquad (3.8)$$

其中，a 为尺度因子，b 为位移因子，$a,b \in R,a \neq 0$。利用这组小波基函数可以对任意的信号 $f(x)$ 进行分解，即将函数 $f(x)$ 投影到整个函数族，这一处理称为小波变换。

函数 $f(x)$ 的小波变换为

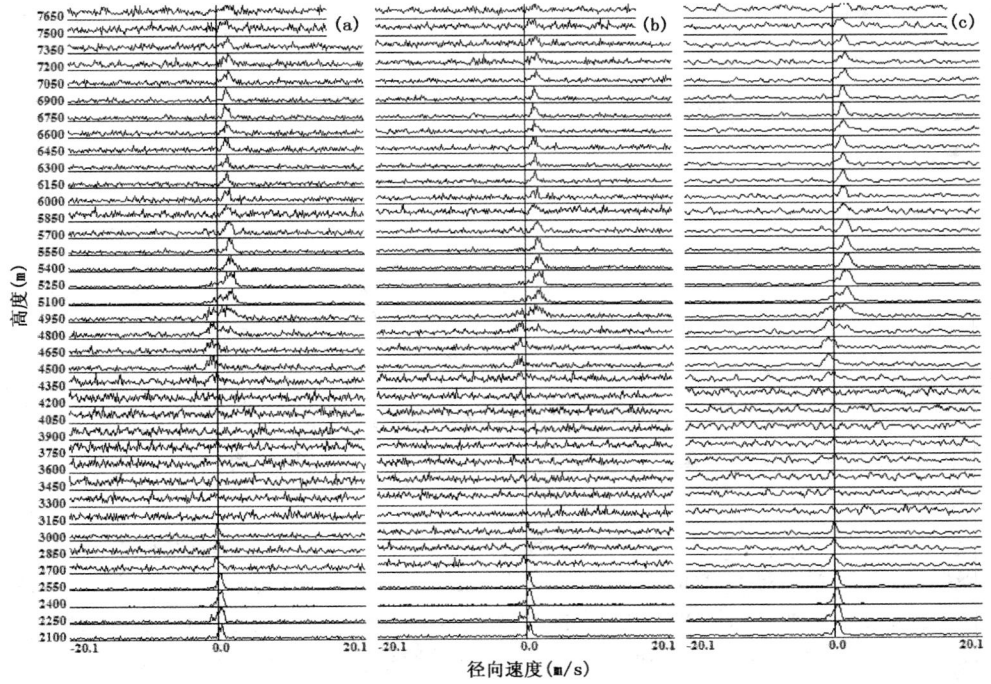

图 3.5　对谱进行不同处理后的结果比较

(a)原始谱；(b)对应频道相减后的谱；(c)3 点滑动平均后的谱。

$$(W_R f)(a,b) = \frac{1}{\sqrt{c_R}} \cdot \frac{1}{\sqrt{|a|}} \int_{-\infty}^{+\infty} f(x) \cdot h\left(\frac{x-b}{a}\right) \mathrm{d}x \qquad (3.9)$$

$(W_R f)(a,b)$ 表示连续小波变换后得到的小波系数。

相应的逆变换公式为

$$f(x) = \frac{1}{\sqrt{c_R}} \int (W_R f)(a,b) \cdot \frac{1}{\sqrt{|a|}} \cdot h\left|\frac{x-b}{a}\right| \cdot \frac{1}{a^2} \cdot \mathrm{d}a \cdot \mathrm{d}b \qquad (3.10)$$

从(3.9)式不难看出，小波变换可以在任意尺度下分解信号 $f(x)$，即对不同尺度进行积分变换。小波分析与傅里叶分析的实质都是将信号 $f(x)$ 投影到一组标准正交基上，与傅里叶变换得到的是全时域的频率信息不同，小波变换得到的是不同尺度下某段时域上的频域信息，即小波系数体现出一种信号的时—频局部化特性。

因为连续小波变换的冗余性较大，为了能在计算机中实现数值计算，常采用离散形式，即实际应用中需要对参数 a 和 b 进行离散化处理，取 $a = a_0 (a_0 > 1)$，$b = nb_0 a_0$，$(b_0 \in R)$，m、n 均为整数，则有相应的离散小波变换为

$$\{W_R f(a_0^m, nb_0 a_0^m) | m, n \in R |\} \qquad (3.11)$$

　　小波变换对不同频率成分(相应 a_0)在时域上的取样步长(a_0,b)具有可调节性,高频者(对应于小的 m 值)小,低频者(对应于大的 m 值)大。正是由于小波变换具有时—频局部化特性,因此可以用于对雷达噪声和杂波进行去除。

3.3.2　小波去杂方法

　　设雷达接收到的回波信号为

$$X(t) = S(t) + N(t) \tag{3.12}$$

$S(t)$ 为目标的回波信号,通常频率较低,常含有奇异点。$N(t)$ 为干扰和噪声(此处作高斯白噪声处理)。采用离散正交小波对 $X(t)$ 作多级小波变换,因为噪声的影响表现在小波系数的各个尺度上,而目标信号的主要特征却分布在较大的小波系数上,地杂波在零频附近的能量很大,在小波域中则体现为低频部分中小波系数最大的几个值。因此,信号的小波系数的幅值要大于噪声的小波系数的幅值,而小于地杂波的小波系数幅值。可通过对小波变换后的系数作切削、缩小幅度、置零或者阈化等处理,分离出有用信号、噪声和杂波,再利用处理后的小波系数进行小波反变换以重构信号,从而达到消噪和去地杂波的目的。

　　设 $w_{i,j}$ 为小波变换后低频部分的小波系数,λ_1 为去地杂波阈值,K 为调整系数(为不同天气条件下得到的经验值)。则去地杂波的方法如(3.13)式所示:

$$w_{i,j} = \begin{cases} \text{sgn}(w_{i,j})(K\lambda_1) & (|w_{i,j}| \geqslant \lambda_1) \\ w_{i,j} & (|w_{i,j}| < \lambda_1) \end{cases} \tag{3.13}$$

在(3.13)式中 $\text{sgn}(w)$ 函数表示只获取该变量的正负号。

　　去噪处理与去杂是不同的,因为噪声是随机的,可分布于整个小波域,对应于大量小数值的小波系数。经过小波分解后,信号的小波系数的幅值一般大于噪声的小波系数的幅值,于是可以对去地杂波处理后的小波系数进一步处理,去除其中包含的噪声。采用阈值 λ_2 的办法去噪,即把高于阈值 λ_2 的小波系数保留,而将小于阈值 λ_2 的小波系数减小为零。阈值 λ_2 的确定方法为(Donoho,1995):

$$\lambda_2 = \sigma \times \sqrt{2\lg(N)} \tag{3.14}$$

　　(3.14)式中 σ 为噪声信号的标准差,N 是信号长度。实际工作中 σ 是未知的,可利用小波系数进行估计

$$\hat{\sigma} = \frac{\text{Median}|x|}{0.6745} \tag{3.15}$$

其中 $\text{Median}|x|$ 为小波分解系数的中值。

3.3.3　应用效果分析

　　作者采用数值模拟的方法(参见本章 3.5 节),得到位于零频附近的地杂波谱(图

3.6a),反傅氏变换后得到所对应的时域信号(图 3.6b),从图 3.6(b)可见信号变化缓慢,有很长的相关时间,且能量很大。利用上述小波分析技术,进行五级小波变换,得到小波系数,在低频附近小波系数的值比较大(尤其是前几个点),用于抑制地杂波信息。而在高频附近的小波系数则较低,保留的是湍流回波信号。进行小波变换后得到的时域数据见图 3.6(c),再进行傅氏变换便得到去杂后的功率谱见图 3.6(d)。

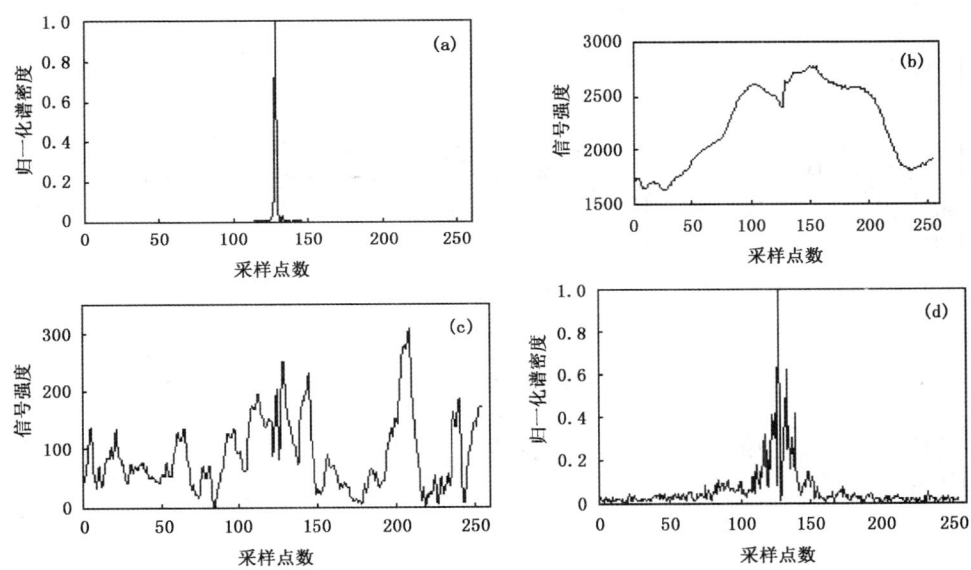

图 3.6 小波去杂效果的模拟试验结果

(a) 含地杂波的模拟谱;(b) 相应于(a)的时域信号;(c) 小波分析后的时域信号;(d) 小波去杂后的谱。

对比图 3.6(a)和(d),可以看出,原谱中因地杂波太强,零频两边的功率谱值不能显示出来,而在小波处理之后,对地杂波进行了抑制,强度降低使得两边的信号功率谱值显示出来了。

根据试验结果,对图 3.2 的时域信号进行了小波变换分析,得到了去杂后的时域数据,如图 3.7 所示。

对比图 3.2 和图 3.7,波形没有明显变化,只在 I、Q 的最大值上有反映。对经过小波去杂后的时域数据,再应用 FFT 法进行谱分析,得到图 3.8。

对比图 3.4 和图 3.8,可以看出在各高度层的零频附近谱都被抑制,其中 2850、4800、4950 m 高度信号峰位于零频附近也被抑制,而 3150~4350 m 高度范围的谱峰仍未显示出来。这一结果说明,所用小波基不一定是最佳的。事实上,作者对小波分析花费了相当长的时间,试图找到去地杂波效果更好的小波基。在经过反复试验后,

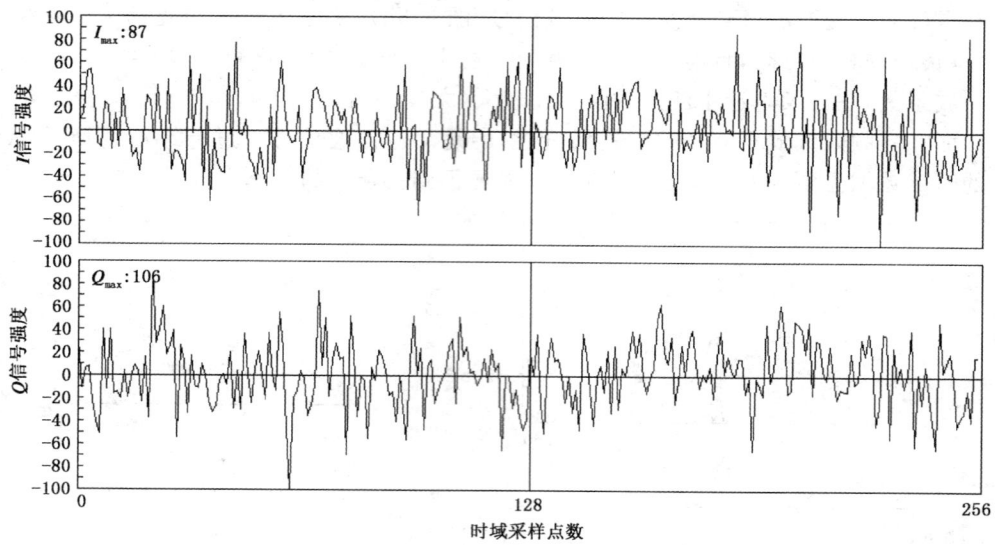

图 3.7　对风廓线雷达实测的时域信号进行小波变换后的时域数据

最后认为要找到适用于实测风廓线雷达信号谱分析的小波基,比较困难,还需要今后继续努力。

3.4　最大熵法应用研究

3.4.1　基本原理

1864 年,克劳修斯在《热的唯动说》一书中,首次引入了熵的概念,用它来度量热量转变为功的情况,称之为热力学熵(用 S 表示),它是系统的状态函数,具有单值性、可加性和极值性。

1898 年,波耳兹曼把宏观概念的熵与系统的最可几微观状态数 Ω 联系了起来,建立了著名的波耳兹曼关系式:

$$S = K_B \ln(\Omega) \tag{3.16}$$

式中 K_B 为波耳兹曼常数,上式表明,系统的微观状态数目越多,熵值越大,因此热力学熵是系统内部分子热运动无序性的量度。

1948 年,C. E. Shannon(香农)把波耳兹曼熵的概念引入信息论之中,奠定了现代信息论的科学理论基础。香农认为,当信息源发出的消息,每次可能包含有不同的信号,而不同的信号又有着不同的出现概率时,则所含有的信息就是一个随机事件。

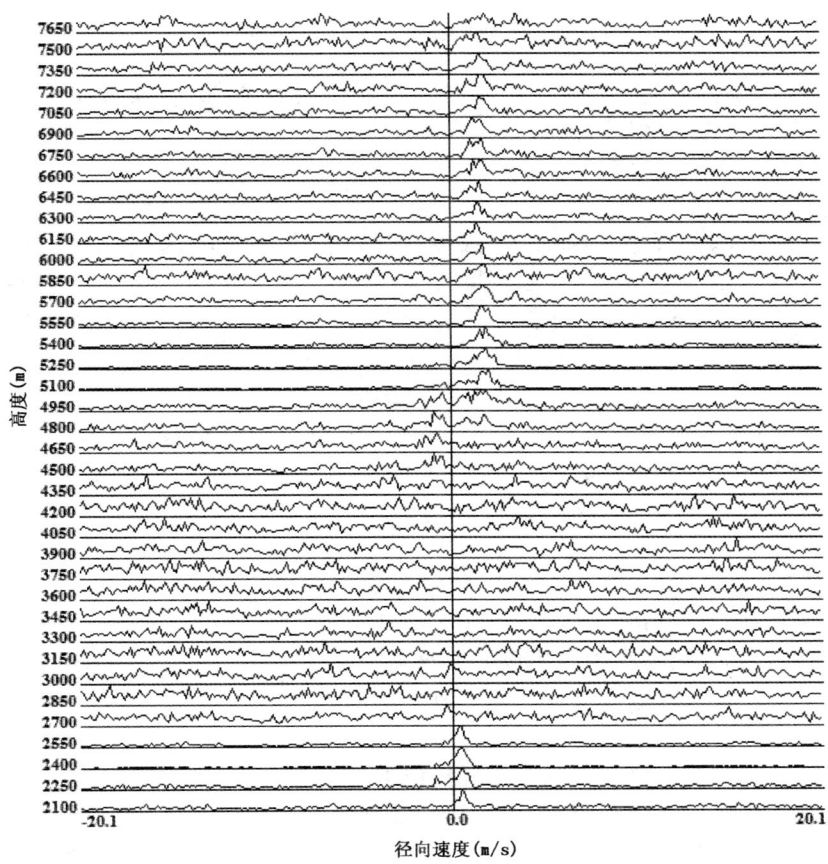

图 3.8　对风廓线雷达实测信号应用小波分析去杂波后的功率谱

设它有 n 个可能的结局,每一个结局出现的几率分别是 $P_i, i=1, \cdots, n$。香农定义函数:

$$H = -C \sum_{i=1}^{n} P_i \ln(P_i) \tag{3.17}$$

作为该随机事件所含有的平均信息量,称为信息熵。其中 C 是大于零的常数。若所有的信号出现的几率都相等,则此时信息熵 H 取得极大值:

$$H = C\ln(n) \tag{3.18}$$

(3.18)式与(3.16)式的形式一致,表明信息熵与热力学熵在本质上是一致的,都用于表征出现各种状态的丰富程度。推广到一般情况,设 $f(x)$ 表示随机变量 x 的概率密度函数,某次试验对该随机过程连续观测采样后,所得到的该随机过程的平均信息量为:

$$H = -C \int_{-\infty}^{\infty} f(x) \ln[f(x)] \mathrm{d}x \qquad (3.19)$$

当过程的持续时间无限长时,(3.19)式计算结果就可能是发散的,为此改用熵率 h 来度量随机过程的平均信息量:

$$h = \frac{\mathrm{d}H}{\mathrm{d}t} \qquad (3.20)$$

若用 $S(f)$ 表示某次试验样本 $\{X(n)\}$ 的谱密度函数,则熵率 h 与谱分布的关系为:

$$h = \frac{1}{2}\ln(2B) + \frac{1}{4B} \int_{-B}^{B} \ln[S(f)] \mathrm{d}f \qquad (3.21)$$

这里假设时间序列 $\{X(n)\}$ 的频带限制在 $-B \leqslant f \leqslant B$ 之中。

最大熵法实际上是在一定条件下的求解谱分布,所用的约束条件是:

(1)所求得的谱分布函数 $S(f)$ 必须与已知观测样本 $\{X(n)\}$ 所构建的自相关函数值保持一致,即满足下列关系式:

$$R_x(n) = \int_{-B}^{B} S(f) \exp(j2\pi f n \Delta t) \mathrm{d}f \qquad (3.22)$$

其中 Δt 为取样时间间隔,$n = 0, 1, 2, \cdots, N-1$。

(2)谱分布 $S(f)$ 所确定的熵率 h 取得极大值,即:

$$\frac{\mathrm{d}h}{\mathrm{d}S(f)} = 0 \qquad (3.23)$$

因此,最大熵法求谱分布是个条件极值下的泛函求解问题,它可以利用(3.21)和(3.23)式,在(3.22)式的约束下,用拉格朗日乘子法求解。从上述三式可以看出,谱分布应具有下列形式:

$$S(f) = \frac{1}{\sum\limits_{n=0}^{N} \lambda_n \exp(j2\pi f n \Delta t)} \qquad (3.24)$$

式中 λ_n 为拉格朗日乘子,确定了 λ_n,便可以得到谱分布 $S(f)$。遗憾的是,λ_n 的求解涉及非线性方程,比较困难,因此通常使用下面的 Burg 递推算法。

3.4.2　Burg 递推算法

Burg 经过研究,著文指出(Burg,1972),最大熵谱分析法相当于一个具有最小相位的预测误差滤波器,该滤波器的各阶系数 $a(1,M), a(2,M), \cdots, a(M,M)$ 和滤波器的输出功率 P_M,共同确定了输入数据序列 $\{X(n)\}$ 的功率谱密度函数 $S(f)$

$$S(f) = \frac{P_M \Delta t}{\left| 1 - \sum\limits_{m=1}^{M} a(m,M) \exp(-j2\pi f m \Delta t) \right|^2} \qquad (3.25)$$

"预测误差"是指用前次一个或多个观测值，采用某种预测模型对现时值做出的估计值 $\hat{X}(n)$ 与现时实际观测值 $X(n)$ 之差。所谓"预测误差滤波器"就是将现时观测值 $X(n)$ 作为输入，而输出预测误差 $[X(n)-\hat{X}(n)]$ 的滤波器。预测误差滤波器一般由预测滤波器、延时器和减法器组成，预测滤波器采用历史观测值产生现时估计值 $\hat{X}(n)$，经延时一个采样周期后，与输入的现时观测值 $X(n)$ 相减，然后输出预测误差 $[X(n)-\hat{X}(n)]$。所谓"最小相位滤波器"是指该滤波器传递函数 $H(f)$ 的所有零点都落在单位圆内，在单位圆外和圆上无极点和零点。因此，最小相位滤波器是一种使输出信号的相位延迟达到最小的线性滤波器，这种滤波器只改变信号的相位谱，不改变信号的振幅谱，也就不改变信号分析的功率谱密度函数。

Burg 在使滤波器的前向与后向预测误差能量之和为最小的约束下，给出了各阶滤波系数的递推算法。该算法不仅具有简单的解析求算形式，而且直接利用观测数据序列 $\{X(n)\}$ 来计算滤波器系数，所需计算时间少，因此获得了广泛应用。介绍如下：

对一阶预测误差滤波器，如使用前向的数据序列，且不超出观测数据序列，则预测误差输出为

$$f_1(n) = X(n+1) - a(1,1)X(n) \tag{3.26}$$

其中 $n=0,1,2,\cdots,N-2$。若使用后向的数据序列，则预测误差输出为

$$b_1(n) = X(n) - a^*(1,1)X(n+1) \tag{3.27}$$

则一阶预测误差滤波器的前后向输出能量之和为

$$e_1 = \frac{1}{2}\sum_{n=0}^{N-2}(\,|\,f_1(n)\,|^2 + |\,b_1(n)\,|^2\,) \tag{3.28}$$

最大熵法要求滤波器的输出能量为最小，则 e_1 对 $a(1,1)$ 求最小，得

$$a(1,1) = \frac{2\sum\limits_{n=0}^{N-2}X^*(n)X(n+1)}{\sum\limits_{n=0}^{N-2}(\,|\,X(n)\,|^2 + |\,X(n+1)\,|^2\,)} \tag{3.29}$$

再来研究二阶预测误差滤波器情况，此时预测误差输出分别是

$$f_2(n) = X(n+2) - a(1,2)X(n+1) - a(2,2)X(n) \tag{3.30}$$

$$b_2(n) = X(n) - a^*(1,2)X(n+1) - a^*(2,2)X(n+2) \tag{3.31}$$

其中 $n=0,1,2,\cdots,N-3$。前后向输出能量之和为

$$e_2 = \frac{1}{2}\sum_{n=0}^{N-3}(\,|\,f_2(n)\,|^2 + |\,b_2(n)\,|^2\,) \tag{3.32}$$

为了能够确定出两个系数 $a(1,2)$ 和 $a(2,2)$，Burg 应用了莱文森(Levinson)约束关系，即

$$a(1,2) = a(1,1) - a(2,2)a^*(1,1) \tag{3.33}$$

可以解得

$$a(2,2) = \frac{2\sum\limits_{n=0}^{N-3} b_1^*(n)f_1(n+1)}{\sum\limits_{n=0}^{N-3}(\,|\,b_1(n)\,|^2 + |\,f_1(n+1)\,|^2)} \tag{3.34}$$

若令 $f_0(n)=b_0(n)=X(n)$，代入(3.29)式后，可以发现与(3.34)式很相似。于是可以将其推广到一般情况，得到如下递推公式

$$f_K(n) = f_{K-1}(n+1) - a(K,K)b_{K-1}(n) \tag{3.35}$$

$$b_K(n) = b_{K-1}(n) - a^*(K,K)f_{K-1}(n+1) \tag{3.36}$$

$$a(k,K) = a(k,K-1) - a(K,K)a^*(K-1,K-1) \tag{3.37}$$

$$a(K,K) = \frac{2\sum\limits_{n=0}^{N-1-K} b_{K-1}^*(n)f_{K-1}(n+1)}{\sum\limits_{n=0}^{N-1-K}(\,|\,b_{K-1}(n)\,|^2 + |\,f_{K-1}(n+1)\,|^2)} \tag{3.38}$$

其中 $K=1,2,\cdots,M$。$K=1,2,\cdots,K-1$。K 阶预测误差滤波器的输出功率的递推公式为

$$P_0 = \frac{1}{N}\sum\limits_{n=0}^{N-1} |X(n)|^2 \tag{3.39}$$

$$P_K = P_{K-1}[1 - |a(K,K)|^2] \tag{3.40}$$

(3.35)式至(3.40)式组成了 Burg 递推算法的计算公式，随着 K 从 1 逐渐递推到某个合适的最高阶 M，用上述公式便可以计算出所有的预测滤波器系数，然后用(3.25)式计算出最大熵谱。

3.4.3 滤波器阶数的确定

在最大熵谱分析中，预测误差滤波器阶数(亦称递推阶数)的确定是一个很重要的问题，它不仅影响计算时间，还关系到谱估计的质量。阶数小，计算时间短，但是谱会被严重平滑，降低了谱的分辨力；而阶数过大，谱分辨力会提高，但是计算时间长，而且可能会带来虚假的谱线分裂。所以有个最佳确定的问题。目前一般有下列三种方法(缪锦海,1979)来确定最大预测误差滤波器阶数值。

(1)最终预测误差准则(FPE 准则)：由 Burg 提出的，定义式为

$$FPE(K) = \frac{N+K+1}{N-K-1}P_K \tag{3.41}$$

式中 P_K 为预测误差滤波器的输出功率，由(3.40)可知 P_K 随 K 的增加而减少，而(3.41)式中右边前半部分随 K 的增加而增加，则 $FPE(K)$ 必在某个 K 值处取得最

小值,此时的 K 值就为所要确定的阶数。

（2）信息论准则（ALC 准则）：由 Akaike 提出的,定义式为

$$ALC(K) = \ln(P_K) + \frac{2K}{N} \tag{3.42}$$

同样取使 $ALC(K)$ 为最小的 K 值作为最后的阶数。

（3）自回归传输函数准则（CAT 准则）：由 Parzen 提出的,定义式为

$$CAT(K) = \frac{1}{N} \sum_{k=1}^{K} \frac{N-k}{NP_k} - \frac{N-K}{NP_K} \tag{3.43}$$

同样取使 $CAT(K)$ 为最小的 K 值作为最后的阶数。

3.4.4　结果分析

利用图 3.2 所示的时域信号,对三种滤波器阶数判断准则[即（3.41）～（3.43）式]计算结果随 K 的变化情况进行了分析,图 3.9 给出的是（3.41）式计算结果,横坐标表示 K 值,纵坐标为 $FPE(K)$ 的值。可以看出在 $K=4$ 时,$FPE(K)$ 取得最小值。

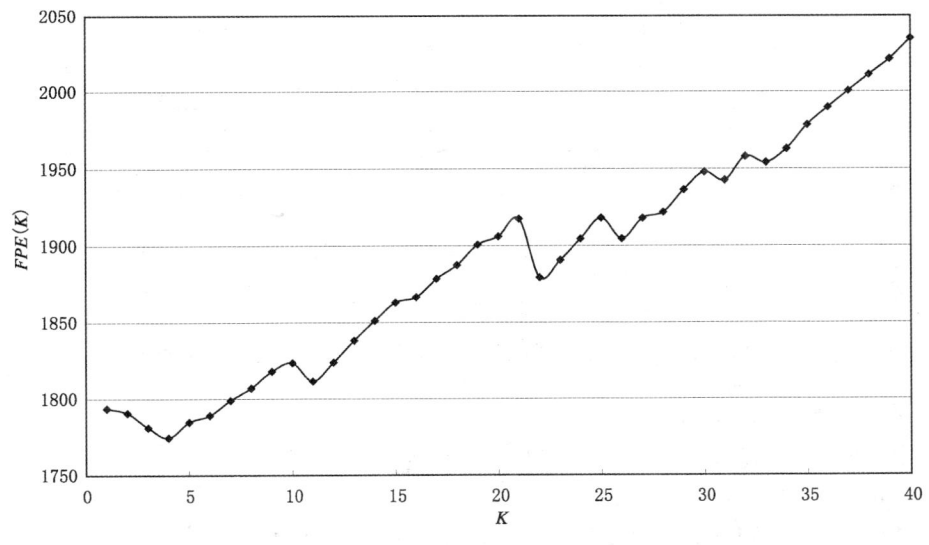

图 3.9　$FPE(K)$ 随 K 的变化曲线

其他两个公式计算的数值与 $FPE(K)$ 差异很大,但计算值随阶数的变化趋势与图 3.9 非常相似,确定出的滤波器阶数是一致的。

用 $FPE(K)$ 准则,在确定出滤波器阶数后,将各阶滤波器系数,代入（3.25）式可求得功率谱。图 3.10 为利用对流层风廓线雷达实测的时域数据,求得的功率谱。

与图 3.4 对比可以看出,谱峰显示明显,且上下高度间具有连续性,但是各高度

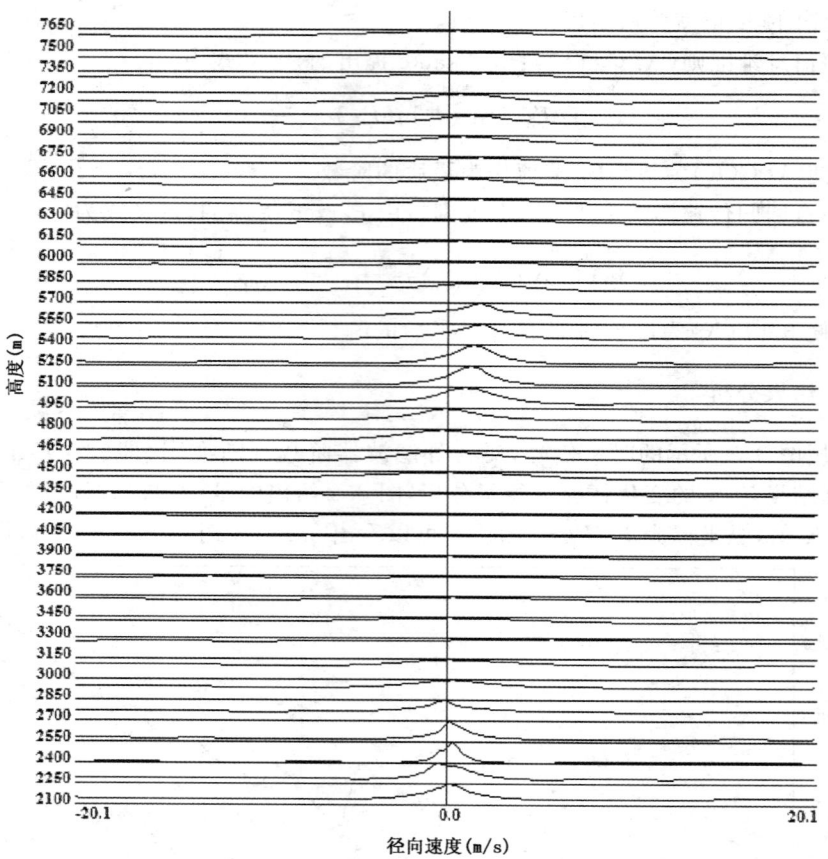

图 3.10　对风廓线雷达实测的时域信号应用最大熵法的分析结果

的谱平滑很严重,这说明确定的滤波器阶数偏低。

通过对 40 个高度层的时域数据都采用最大熵法处理,统计分析了用 FPE(K)准则确定的滤波器阶数分布情况,如图 3.11 所示。

从图 3.11 可以看出,$FPE(K)$ 准则确定的阶数主要为 2～5,最大为 12 阶。仔细分析图 3.11,可以发现,在 8～13 高度层 $FPE(K)$ 准则确定的阶数最大为 4 阶,而在第 30 层以上,$FPE(K)$ 准则确定的阶数也小,结合图 3.4 可以看出,这两个高度层的谱上茅草比较多,信号峰不明显。而在低层的五个高度上谱峰明显,信号强,FPE (K)准则确定的阶数大,即 $FPE(K)$ 准则确定的阶数大小与信噪比有关。在弱信号时,$FPE(K)$ 准则确定的阶数太低,使得计算出的功率谱被严重平滑,不利于信号谱峰显示出来。为此,作者不采用 $FPE(K)$ 准则来确定阶数,而是对设定的不同滤波器阶数时,最大熵谱分析结果进行了运行试验,分析结果见图 3.12。

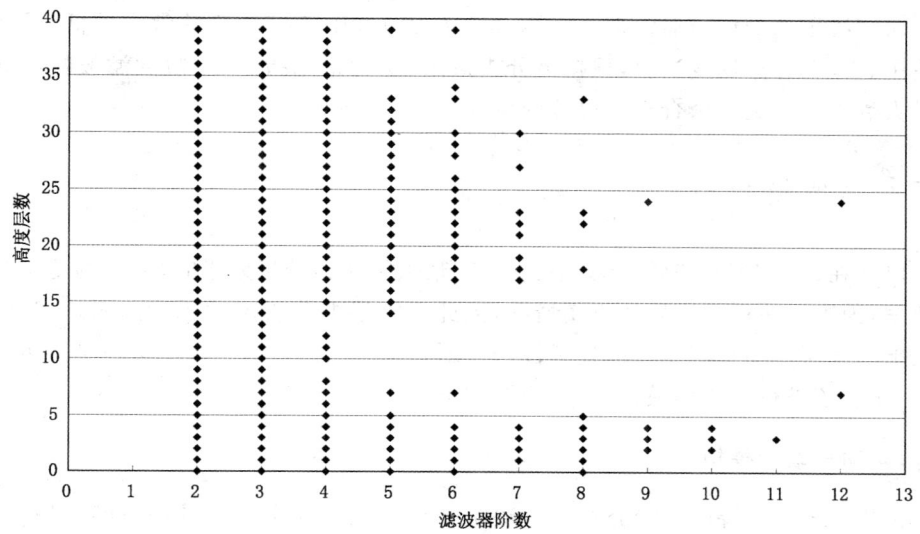

图 3.11　$FPE(K)$ 准则确定的滤波器阶数在不同高度的分布

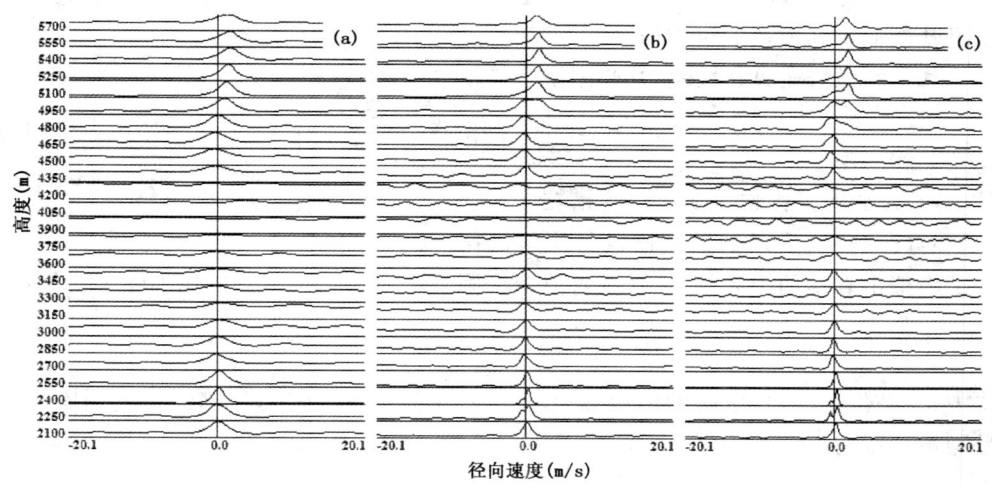

图 3.12　不同递推阶数时最大熵法分析结果比较

(a)5 阶；(b)10 阶；(c)15 阶

　　图 3.12 表明,达到 10 阶以上时,最大熵法取得了比较好的效果,谱峰明显,且表现出了上下高度间的连续性。尤其是与图 3.4 对比发现,在 3150 m 高度至 4350 m 高度之间,在图 3.4 上信号谱峰不明显的情况,在图 3.12 中有明显改善,这表明最大熵法具有优越性。

　　风廓线雷达的信号通常都很微弱，$FPE(K)$ 准则确定的阶数常常偏低，因此不太适用。作者经过反复试验，根据谱分析效果，认为采用指定 15 阶的滤波器阶数进行最大熵法分析是一个合理的可接受值。

3.5　数值模拟检验

　　以上在讨论 FFT 谱分析法、小波去杂、最大熵法谱分析效果时，采用的是实测时域数据，因为无法得知谱峰的真实情况，因此只能根据分析出的谱峰的明显程度，以及上下高度层之间谱峰位置的连续性来判断某种方法的优劣。为了有一个客观对比标准，作者还进行了数值模拟试验，介绍如下。

3.5.1　功率谱的模拟

　　采用 Sirmans 等(1975)介绍的方法来产生模拟的功率谱及其相应的时域信号，即首先给出已知谱宽的高斯谱分布函数，对其进行量化后，加上具有一定信噪比的随机白噪声，得到比较符合实际情况的离散谱，称为数值模拟谱。对数值模拟谱进行反傅里叶变换得到模拟的时域信号。

　　其基本做法是：假设多普勒功率谱为高斯分布：

$$G(f) = \frac{1}{\sqrt{2\pi}\sigma_f} \exp\left[-\frac{(f-\overline{f})^2}{2\sigma_f^2}\right] \tag{3.44}$$

其中，$\overline{f}$ 为平均多普勒频率。σ_f 为谱宽。

　　对(3.44)式表示的连续谱进行均匀量化，取 N 个离散点，得到离散谱序列 G_n。为了模拟出真实的回波信号，需要对离散谱附加一定的白噪声。所用加噪公式为：

$$S_n = -\ln(x_n)\left(KG_n + \frac{P_N}{N}\right) \tag{3.45}$$

式中 x_n 是位于 $(0,1)$ 之间的随机数，P_N 为噪声功率(取为 1)，(3.45)式表明附加的是噪声功率均匀分布于整个谱的白噪声。K 的计算式为：

$$K = \frac{P_N \cdot 10^{\frac{SNR}{10}}}{\sum G_n} \tag{3.46}$$

式中 SNR 为信噪比(单位：dB)，(3.46)式表明 K 可以理解为给定信噪比下的信号谱相对于噪声谱的倍数，因此(3.45)式就是对整个高斯谱的幅度进行 K 的倍增。

　　由于实际工作中，雷达接收的时域信号是复信号 (I,Q)，因此要对前面得到的实谱序列 $\{S_n\}$ 附加上在 $[0,2\pi]$ 区间上概率均匀分布的随机相位谱，公式如下：

$$A_n = S_n^{\frac{1}{2}}\cos(2\pi \cdot y_n) \tag{3.47}$$

$$B_n = S_n^{\frac{1}{2}} \sin(2\pi \cdot y_n) \tag{3.48}$$

式中 y_n 是位于 $(0,1)$ 之间的随机数。于是可以得到复谱序列：

$$S_n^* = A_n + jB_n \tag{3.49}$$

复谱序列 $\{S_n^*\}$ 的模的平方，便是模拟的功率谱。

3.5.2　时域信号的模拟

考虑到风廓线雷达探测时，不仅有随机白噪声的影响，还常常受到地杂波的影响，地杂波常出现在零频附近，容易和湍流信号混在一起，为了与实际情况尽可能相似，对上述方法进行了改良，还要在零频附近叠加杂波谱。文献（张培昌，2001）介绍了大气湍流和各类降雨粒子的多普勒速度谱宽值，文献（Skolnik，2010）指出杂波谱可以采用指数模型或高斯模型，文献（丁鹭飞，2010）介绍了几种杂波频谱的谱宽，如表 3.1 所示。从表中数字可以看出，大气湍流和各类降雨回波的多普勒速度谱宽一般大于 1 m/s，有树木的山脉和城市建筑等杂波频谱的谱宽一般小于 0.5 m/s。

表 3.1　杂波频谱的速度谱宽

杂波种类	风速（km/h）	谱宽（m/s）	杂波种类	风速（km/h）	谱宽（m/s）
稀疏的树木	无风	0.017	海浪回波	8～20	0.46～1.0
有树林的小山	10	0.04	海浪回波	大风	0.89
有树林的小山	20	0.22	雷达箔条	—	0.37～0.91
有树林的小山	25	0.12	雷达箔条	25	1.2
有树林的小山	40	0.32	雷达箔条	—	1.1
海浪回波	—	0.7	雨云	—	1.8～4.0
海浪回波	—	0.75～1.0	雨云	—	2.0

参照表 3.1，进行了信号谱和杂波谱的混合模拟，具体做法是：按照 (3.44) 式，首先产生一个谱峰位于 -5 m/s 处谱宽为 1 m/s 的湍流信号谱，再产生一个峰值位于零速度处谱宽为 0.4 m/s 的地杂波谱。对这两个谱采用一样的离散点数（1024），一样的谱线间隔，进行离散采样。由于杂波和信号的强度一般不一样，谱离散之后，分别采用 (3.45) 式和 (3.46) 式，进行谱幅度倍增。作者在试验时，设置杂波的强度为 10 dB，湍流信号谱的强度分别为 -20 dB、-15 dB、-10 dB、-5 dB、0 dB，然后对两个谱在相同的频点处的值进行叠加，得到实谱，如图 3.13 所示。

由于在不同的频点处，加噪的随机数 x_n 不同，因此图 3.13 中加噪后的谱上脉动的特点很明显，与图 3.4 的实测谱很相似，为模拟的含有湍流信号、杂波、白噪声的谱。

对图 3.13 中上面一排的实谱，采用 (3.47) 式和 (3.48) 式处理后，便得到含有湍

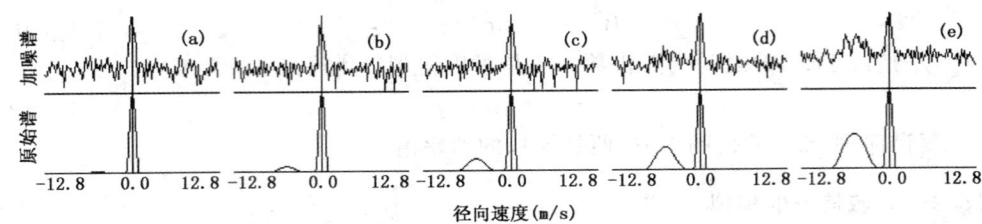

图 3.13　加噪前后模拟谱的对比

模拟信号强度分别为(a)－20 dB、(b)－15 dB、(c)－10 dB、(d)－5 dB、(e)0 dB

流信号、杂波、白噪声的复数谱。对得到的复谱序列$\{S_n^*\}$进行复数的反傅立叶变换，便得到模拟的时域信号序列

$$Z_n = I_n + jQ_n \tag{3.50}$$

它可以看作是多普勒雷达的一维复回波信号。图 3.14 为湍流信号谱的强度－5 dB时模拟的(I, Q)信号，其涨落变化与图 3.1 所表示的风廓线雷达实测的回波信号很相似。

3.5.3　效果分析

3.5.3.1　三种谱分析法的结果对比

针对模拟得到的(I, Q)信号，分别采用加海明窗的周期图法、小波分析法、最大熵法进行了谱分析效果对比，结果如图 3.15 所示。

对比图 3.13 和图 3.15 可以看出，当信号比较强时(0 dB 以上)，三种方法的分析结果都基本上可以分辨出原信号谱包络。当信号比较弱时(－10 dB)，最大熵法分析结果仍然能够清楚地分辨出信号谱峰包络，小波分析结果和加了海明窗后的周期图法分析结果却不明显。根据海明窗的频谱，加窗可以将零频附近的地杂波的谱宽压窄，但同时也有将其他频道处的谱幅度压低的作用。当信号弱时，这种压低的作用会明显影响信号谱峰的出头，给下一步的信号检测带来困难。从图 3.15 还可以看出，当信号更弱至－15 dB 以下时，三种方法的谱分析结果都难以分辨出信号谱峰。

因此，初步的数值试验表明，回波信号比较强时，各种谱分析法的效果相当；而当信号比较弱时，最大熵法的分析结果要好一些。同时还可以看出，最大熵谱比较光滑，表明最大熵法对随机白噪声有一定的抑制作用。

3.5.3.2　最大熵法递推阶数

为进一步了解最大熵法分析效果，还开展了以下模拟：将湍流信号谱的强度分别设定为－15 dB、－12 dB、－9 dB、－6 dB、－3 dB，对最大熵的递推阶数在 FPE 准则确定的基础上，进行了增加阶数的运行，结果见图 3.16。

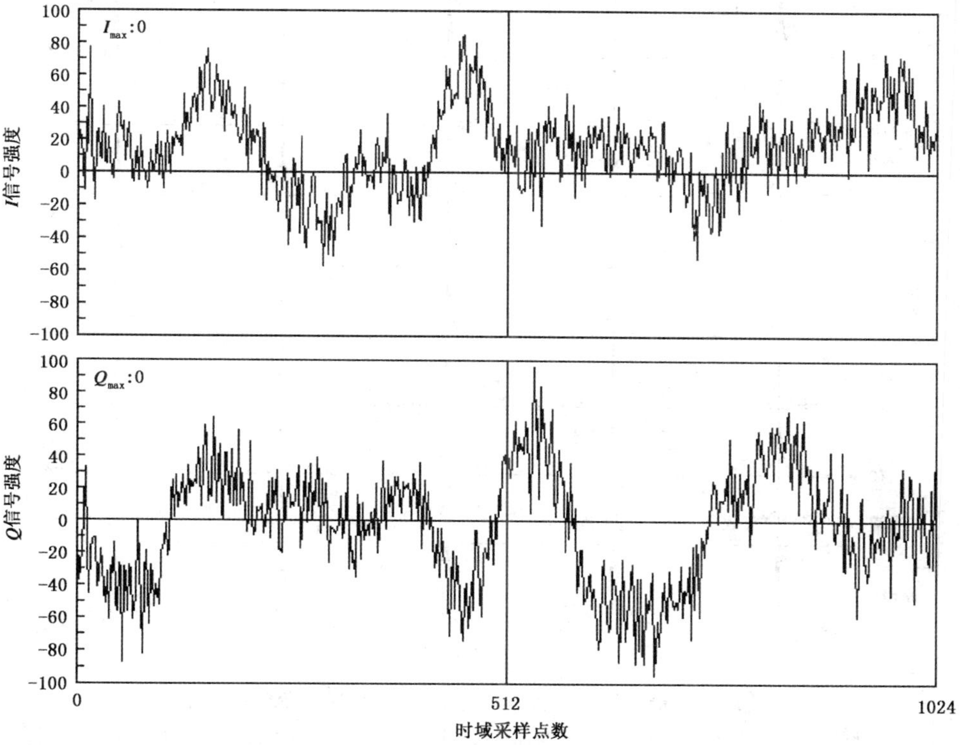

图 3.14　信号谱的强度为 -5 dB 时模拟的 (I, Q) 信号

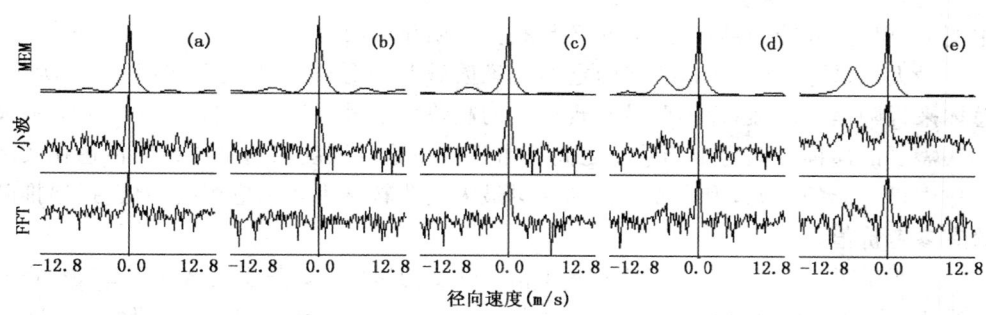

图 3.15　不同谱分析法处理结果比较

模拟信号强度分别为(a)-20 dB、(b)-15 dB、(c)-10 dB、(d)-5 dB、(e)0 dB

　　从图 3.16 可以看出,信号强度高于-12 dB 时,最大熵分析结果可以分辨出小的信号包络。增大递推阶数对谱分析效果有一定的改善,虽然逐阶增加时变化不是

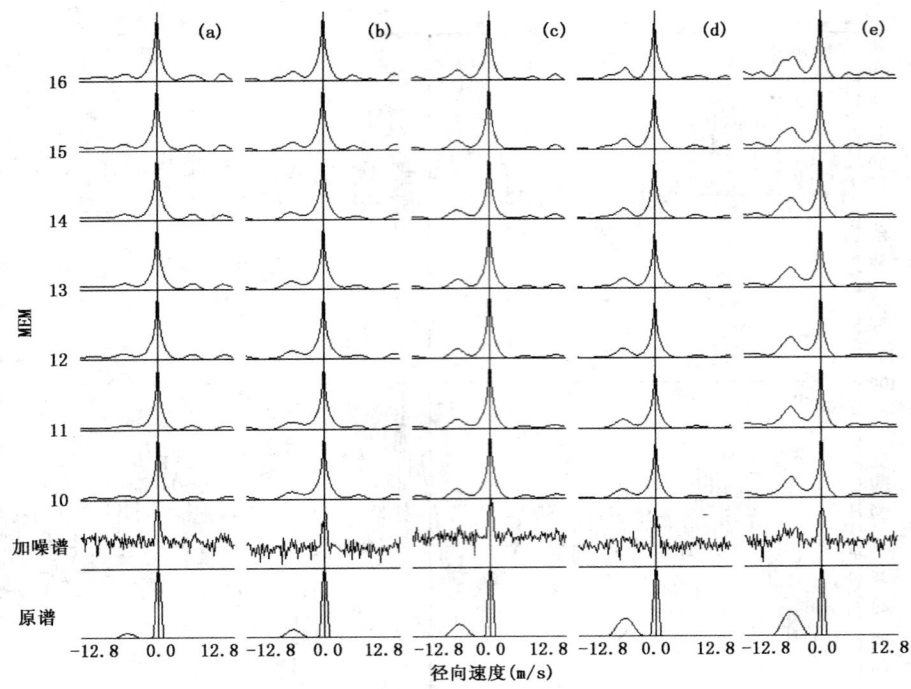

图 3.16　最大熵法分析效果与信号强度、递推阶数的关系

[倒数第一行是原始谱,倒数第二行是加噪后的谱,倒数第三行以上为最大熵法分析的谱,图左所标数字(10~16)为相应该行的熵谱分析时所采用的递推阶数。每一列的模拟信号强度分别为(a)−15 dB、(b)−12 dB、(c)−9 dB、(d)−6 dB、(e)−3 dB]

很明显,但是 16 阶的结果比 10 阶还是有比较明显的改善。

最大熵谱分析时 FPE 准则确定的递推阶数与信号强度的关系如图 3.17 所示。总体来说随信号增强,递推阶数呈现增加的趋势。信号强度从−20 dB 到 5 dB,最大熵法需要的递推阶数为 10 到 14 之间。由于这一信号强度区间是风廓线雷达在实际工作中最可能的情况,因此该试验结果对最大熵法转化为实际应用时,对选择递推阶数有参考价值。

需要说明,在图 3.17 中对应每一个信号强度的递推阶数是重复试验 100 次求得的平均值。因为在研究过程中发现,在同样的信号强度下进行重复多次试验时,FPE 准则确定的递推阶数会有变化,作者分析认为是由于在产生模拟谱时需要加噪处理,即公式(3.45)、(3.47)和(3.48)中的随机数,使得在所有谱参数不变而仅重复运行程序时,得到的模拟谱的总体谱型不变,但具体到每个多普勒速度点处的功率谱数值会有所不同,致使确定的递推阶数稍有变化。图 3.18 为对信号强度−10 dB 时重复试验 100 次,FPE 准则确定的递推阶数的变动情况。可见递推阶数在 9 到 13 之间变化。

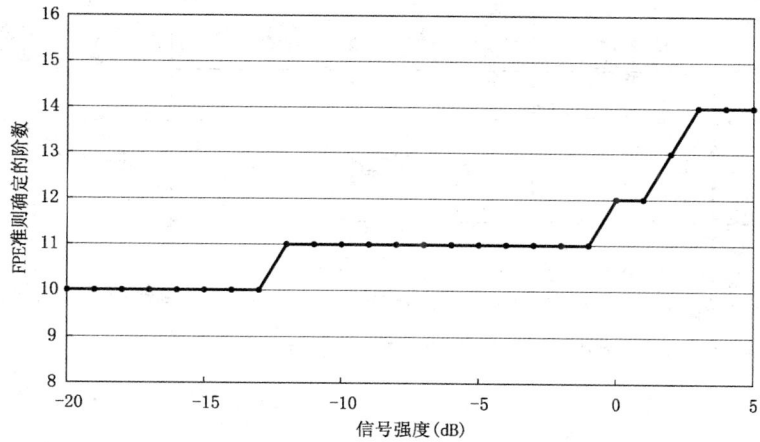

图 3.17 FPE 准则确定的递推阶数与信号强度的关系

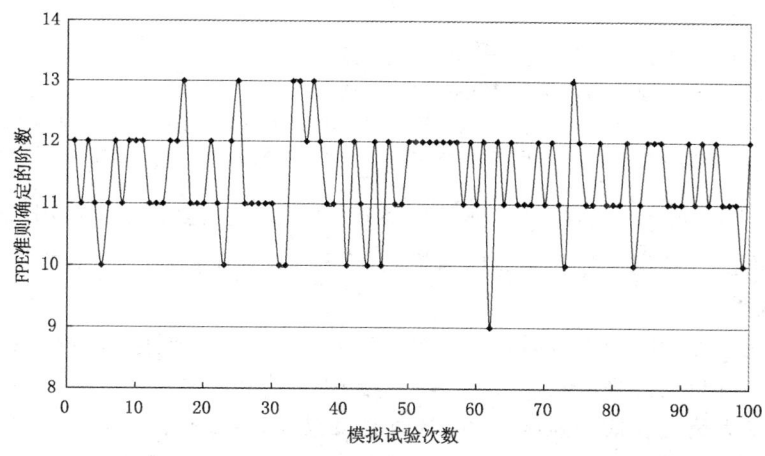

图 3.18 FPE 准则确定的递推阶数与随机噪声的关系

由于风廓线雷达在自然界测量时,也会遇到各种随机噪声源的影响,因此根据图 3.17 和图 3.18 的试验结果,最大熵法的递推阶数一般应为 10～15,为了提高谱分辨力,递推阶数可以选择 15。

3.5.3.3 不同强度的杂波干扰时谱处理效果

根据图 3.15 的试验结果,将信号强度固定为 −10 dB,而将地杂波强度由 10 dB 逐渐下降致 −10 dB 时,谱分析效果见图 3.19。

从图 3.19 可以看,地杂波强度低于 0 dB 时,FFT 法和小波才能依稀分辨出谱峰,而最大熵法在地杂波强度 10 dB 时就可以较好地分辨出谱峰位置。但是,从图

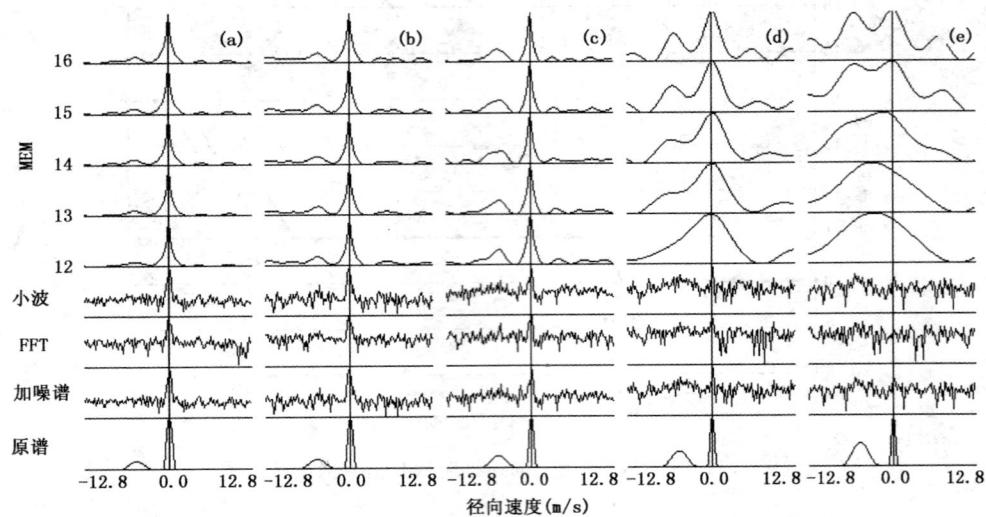

图 3.19　信号强度固定为－10 dB 时,不同强度的地杂波干扰的模拟试验结果

[图中倒数第 1 行是原始谱,倒数第 2 行是加噪后的谱,倒数第 3 行是加海明窗的 FFT 法分析谱,倒数第 4 行是小波分析的谱,其余各行为最大熵法分析结果,数字 12－16 为相应递推阶数求得的最大熵谱。每一列为模拟的不同的杂波强度(a)10 dB、(b)5 dB、(c)0 dB、(d)－5 dB、(e)－10 dB]

3.19(d)和(e)可以看出,当信号强度与地杂波强度相当时,较低递推阶数的最大熵谱平滑严重,不能分辨出信号与杂波的双峰,只有达到 15 阶以上时才获得与原始谱型较一致的效果。

作为特例,假设无地杂波时,最大熵对不同信号强度的模拟试验结果见图 3.20所示。可以看出,信号强度在－10 dB 以上时 FFT 法和小波分析结果才能依稀分辨出谱峰,而最大熵法在信号强度－15 dB 时就可以较好地分析出谱峰位置,但是递推阶数为 4 阶的最大熵谱的谱宽较大,只有达到 10 阶以上时才获得与原谱型较一致的效果。

3.5.3.4　信号谱峰在不同位置时的处理效果

前面在模拟时,信号谱峰都是位于－5 m/s 处,地杂波谱峰位于零速度,两者谱峰位置是固定的。我们知道在风廓线雷达实际测量时,不同的风向风速在同一指向的雷达波束上造成的信号谱峰位置是变动的。如果信号谱峰与地杂波谱峰距离越近,谱的重叠区域就会增多,相互之间能量的渗透就会影响谱峰的分辨。以下对信号谱峰位于不同的多普勒速度时,三种谱分析方法的效果进行了模拟试验,结果见图 3.21。

从图 3.21 可见,信号谱峰与地杂波谱峰距离 3 m/s 以上时,FFT 法和小波分析

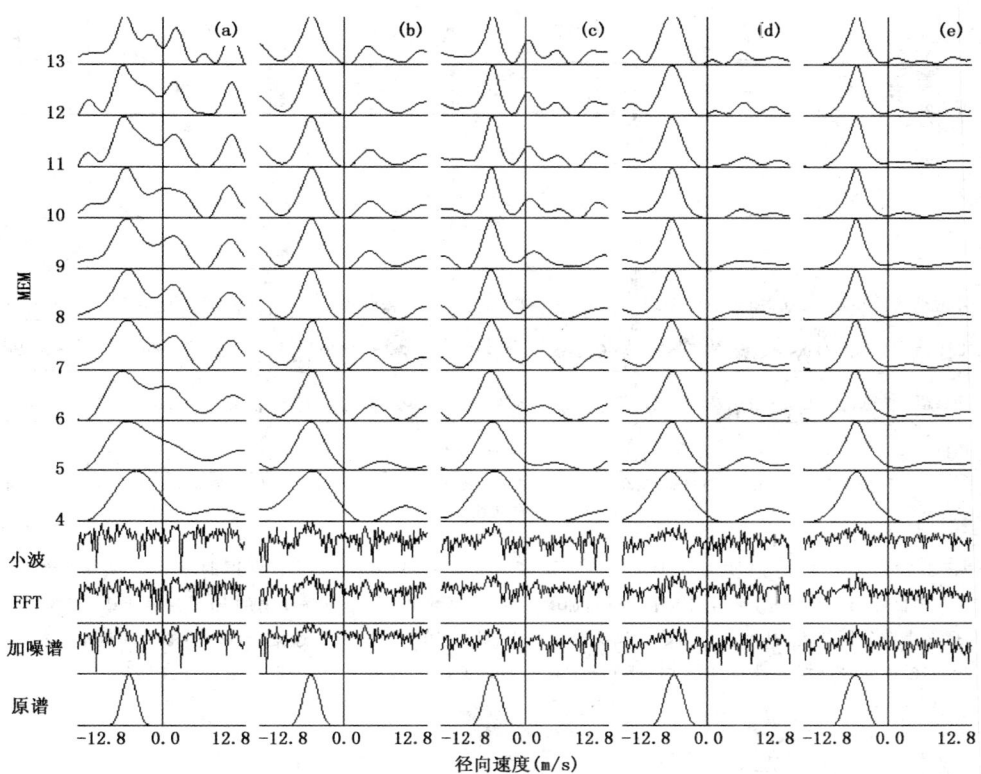

图 3.20　假设无地杂波时，三种方法对不同强度的信号模拟试验结果

[图中倒数第 1 行是原始谱，倒数第 2 行是加噪后的谱，倒数第 3 行是加海明窗的 FFT 法分析谱，倒数第 4 行是小波分析的谱，其余各行为最大熵法分析结果，数字 4～13 为相应递推阶数求得的最大熵谱。每一列的模拟信号强度分别为(a)−15 dB、(b)−12 dB、(c)−9 dB、(d)−6 dB、(e)−3 dB]

能依稀分辨出两个谱峰，到 1 m/s 时就很难分辨出了。最大熵法分析效果总的来说要好些，但是信号谱峰与地杂谱峰距离 1 m/s 以下时，递推阶数 20 阶以下的最大熵谱也很难分辨出信号与地杂的双峰，只有达到 25 阶以上时才可以逐渐分辨出双峰。

综合上述模拟试验结果，可以看出：①当无尖峰杂波干扰时，信号强度在−10 dB以上，FFT 法分析结果可以显示出信号谱包络形状；当存在强尖峰杂波干扰时，信号强度与杂波强度差小于 10 dB 时，FFT 法分析结果可以显示出信号谱包络形状。②最大熵法分析效果优于 FFT 法，在信号强度更弱至−15 dB 左右时，谱分析结果仍能显示出信号谱包络。③风廓线雷达探测的湍流回波信号一般都很弱，用最大熵法进行谱分析时的递推阶数一般应达到 10 阶以上，才能取得较好的谱分辨能力。

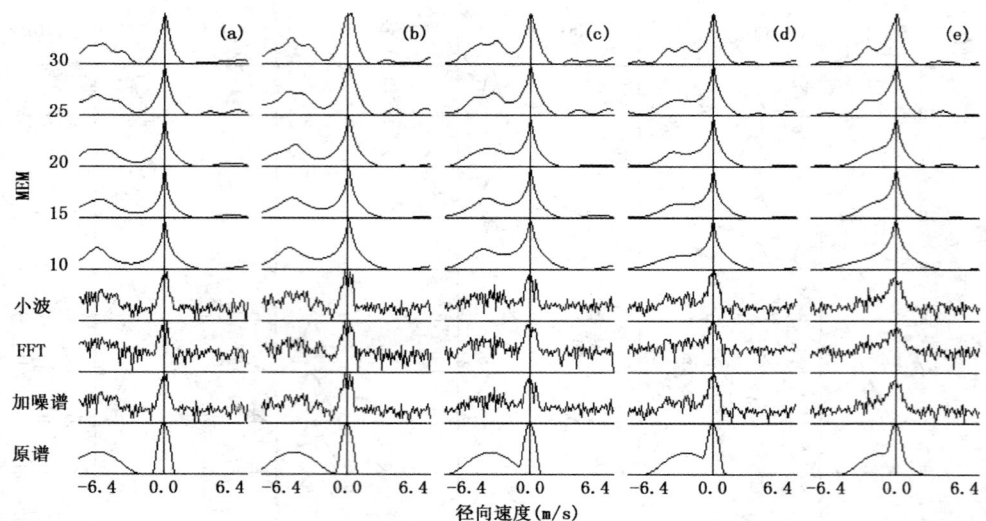

图 3.21　假设信号强度为 0 dB,地杂波强度为 10 dB,两者谱峰逐渐靠近时三种方法试验结果
〔图中倒数第 1 行是原始谱,倒数第 2 行是加噪后的谱,倒数第 3 行是加海明窗的 FFT 法分析谱,倒数第 4
　行是小波分析的谱,其余各行为最大熵法分析结果,数字 10～30 为相应递推阶数求得的最大熵谱。每一
　列的模拟信号谱峰位置分别为(a)－5 m/s、(b)－4 m/s、(c)－3 m/s、(d)－2 m/s、(e)－1 m/s〕

3.6　本章小结

　　本章分别采用实测的和模拟的雷达(I,Q)信号,对周期图、小波、最大熵等谱分析方法进行了分析研究,结果表明:

　　(1)对周期图法求得的功率谱进行对应频道相减对谱没有明显改善,而采用 3 点滑动平均后谱有所改善。作者分析认为对应频道相减只当出现电源频率干扰或镜频干扰时,进行这样的处理可部分将其抑制,才会有点效果,如果接收机前端高放做得比较好,则一般不会出现镜频干扰,此时进行对应频道相减也就看不出什么变化。而采用 3 点滑动平均时,由于具有一定谱宽的湍流信号谱峰受 3 点滑动平均的影响很小,而对于谱宽很小的地杂波等尖峰干扰,3 点滑动平均会使其幅度受到抑制。

　　(2)加窗可以将零频附近的地杂波的谱宽压窄,但同时也有将其他频道处的谱幅度压低的作用,当信号弱时,这种压低的作用会明显影响信号谱峰的出头,给下一步的信号检测带来困难。

　　(3)小波分析对地杂波的抑制效果,与小波基的选择关系很大,采用去除低频阈值的方法,能够明显抑制零频附近的谱,不管是地杂还是信号都被抑制。作者在反复试验中感到,要找到适用于风廓线雷达实测回波信号谱分析时的最合适小波基,是相当困难的。

　　(4)当信号比较强时,周期图与最大熵法的分析效果相差不大;而当信号弱时,最大熵法的分析结果要好一些。最大熵法对随机白噪声有一定的抑制作用,得到的功率谱比较光滑。

第4章　风廓线雷达目标检测方法

雷达接收的回波信号中,不但有目标信号,也存在噪声和杂波等各种干扰信号,雷达的目标检测就是指在各种干扰的情况下,去找出真正的目标。因此雷达目标检测是提高数据可信度和数据质量的重要一环。

4.1　目标检测方法的发展

早期的雷达目标检测是由雷达操纵员在雷达显示器上用人眼来观测确定的,现在这种人工检测方法在许多雷达中仍在使用。但是,由于现代雷达在连续工作无人值守和大批量目标监测等方面的要求越来越高,人工检测越发显得难以适应,需要使用目标自动检测技术。

雷达要探测的目标通常是运动着的物体,检测运动目标和固定杂波的理论基础是它们在移动速度上的差别,由于运动速度不同而引起回波信号的多普勒频率不相等,从而可以区分出不同的物体,这是雷达中采用动目标显示(MTI)和动目标检测(MTD)技术的基本思想(丁鹭飞 等,2010),并进一步发展出了目前军用警戒雷达中常用的自适应门限的恒虚警检测器和天气雷达中使用的椭圆滤波器等目标检测技术。

风廓线雷达的目标检测与其他雷达具有不一样的特点。风廓线雷达信号处理器输出了各距离库的整个功率谱,因此目标检测的过程就是如何从功率谱上找出信号谱峰所在位置,并计算出信噪比、多普勒速度、速度谱宽等各阶矩。

风廓线雷达目标检测最简单的做法,当然是对功率谱幅度最大值的检测法,这种方法认为信号总是最强的,因此在功率谱上找出最大值所在的位置,并被当作是信号峰。1974 年,Peter 等提出的"客观化噪声电平切割法",本质上就是对最大峰的检测。在回波信号较强,杂波等污染较少较弱的情况下,这种方法可以取得较好效果。但有强杂波干扰时,这种方法会导致很大误差。

由于湍流回波信号弱,风廓线雷达探测时极易受地杂、鸟等的污染。1992 年,Riddle 等提出了从风廓线雷达谱中去除地杂波谱的方法,1994 年,Clothiaux 等提出通过搜寻最大功率谱谱峰垂直链方法进行检测。1998 年,Cornman 等提出综合应用数学分析、模糊逻辑合成(fuzzy logic synthesis)以及图像处理方法(global image processing algorithms)的目标检测法。1998 年,Greisser 等提出了处理多谱峰的方法来去除杂波。美国国家气象研究中心通过对 Cornman(1998)方法的不断改进和完善,于 2002 年提出了改进的 NIMA 方法(NCAR Improved Moment Algorithm)。NIMA 方法主要用于剔除地杂波影响,它认为某点是否为地杂波的主要特征是对称性和曲率,将这些特征值代入一个合成公式中,根据输出值的大小,来判定是信号还是杂波。NIMA 算法中的参数需要依据不同的设备、不同的测量地点进行配置,比较繁琐。从 Vaisala 的使用说明书来看,目前业务化风廓线雷达中使用的还是客观化方法。

　　由于美国本土中部有一条候鸟迁徙带,每年春秋两季都会影响风廓线雷达的探测数据,所以对鸟杂波的去除方法也研究得比较多。1995 年,Wilczak 等针对候鸟迁徙的影响提出了鸟杂波的处理方法。1997 年,Merritt 提出用统计平均的方法去除鸟杂波。2003 年,Kretzschmar 等提出了一种基于学习型的神经网络算法来去除鸟杂波。

　　在完成功率谱峰的目标检测后,进一步需要计算出噪声电平、回波功率、信噪比、径向速度、速度谱宽等谱的各阶矩,Peter 等(1974)的"客观化方法"认为谱密度值大于噪声电平的频点全部是信号,然后对整个谱进行积分计算出谱矩。当干扰使得功率谱上出现多个谱峰时,这种方法实际上是谱峰和所占宽度的加权,结果反映的是信号与各种干扰的总效果。

　　作者研究发现,当回波信号比较强,谱峰包络比较明显时,目标的检测是比较容易的,但是风廓线雷达的回波信号通常都比较弱,常常有杂波干扰,很多杂波都能掩盖真实的回波。在这种情况下,采用客观化方法进行目标检测和各阶矩计算,效果较差。

　　经过分析研究,作者提出以分段平均法确定噪声电平,以综合识别法进行目标检测,在确定出信号谱峰位置后,再用局部谱积分法计算谱矩的综合方法。

4.2　客观化目标检测法

　　以 1974 年 Peter 等提出的"客观化噪声电平切割法"为基础,通过首先确定噪声电平后,功率谱值高于噪声电平的被认为是信号,低于噪声电平的认为是噪声。然后对整个功率谱上高于噪声电平的部分进行积分,计算出回波功率、平均多普勒频率、谱宽等各阶谱矩。对低于噪声电平的部分进行积分,便得到噪声功率,于是可计算出信噪比,这种目标检测法称为客观化目标检测法。介绍如下。

4.2.1　噪声电平切割

客观化噪声电平切割法的基本原理是:雷达测量信号中的噪声属于高斯白噪声,因此当雷达测得的某个距离库的功率谱的噪声电平被正确切割时,功率谱密度值在噪声电平以下的点,将组成该距离库的一个噪声功率谱序列,用这个序列计算出的方差应该和高斯白噪声理论上给出的方差相等。在实际工作中,通过不断调整噪声电平的预置值,从整个功率谱上挑出噪声功率谱序列进行计算,使"相等关系"成立时的噪声电平预置值即为所求。"相等关系"有两个,可分别由高斯白噪声的以下两个特性推得:

(1)白噪声的功率谱密度是概率均匀分布的。设在某个噪声电平预置值时挑出的噪声功率谱序列为$\{S_m\}$,频率范围为F,第m点对应的频率为$f_m(m=1,\cdots,M)$。对于频率范围为F的白噪声,其随机分布的概率密度函数为$1/F$,根据方差的定义,可以从理论上积分求得白噪声的方差应为(胡广书,2009)

$$\sigma_N^2 = \frac{F^2}{12} \tag{4.1}$$

按照功率谱的方差定义式,针对噪声功率谱序列$\{S_m\}$,可以算得方差为

$$\sigma^2 = \left(\frac{\sum\limits_{m=1}^{M} f_m^2 S_m}{\sum\limits_{m=1}^{M} S_m} \right) - \left(\frac{\sum\limits_{m=1}^{M} f_m S_m}{\sum\limits_{m=1}^{M} S_m} \right)^2 \tag{4.2}$$

利用(4.1)式和(4.2)式可以求得

$$R_1 = \frac{\sigma_N^2}{\sigma^2} \tag{4.3}$$

(2)白噪声是零均值高斯型的随机信号,因此它的功率谱在不同频率处的取值也是相互独立的随机变量。在理论上可以导得,零均值高斯型随机信号功率谱渐近无偏估计的方差是功率谱估计期望值的平方(张培昌,2001)。而M点的噪声功率谱序列$\{S_m\}$的期望值可以用序列的均值来近似,因此理论上高斯白噪声功率谱估计的方差为

$$\sigma_G^2 = \left(\frac{\sum\limits_{m=1}^{M} S_m}{M} \right)^2 \tag{4.4}$$

另一方面,按照随机变量方差定义,利用此随机序列$\{S_m\}$,可以推得方差为

$$Q = \left(\frac{\sum\limits_{m=1}^{M} S_m^2}{M} \right) - \left(\frac{\sum\limits_{m=1}^{M} S_m}{M} \right)^2 \tag{4.5}$$

利用(4.4)式和(4.5)式可以求得

$$R_2 = \frac{\sigma_G^2}{Q} \tag{4.6}$$

当噪声电平被正确切割时,则应有 $R_1 = R_2 = 1$。因此客观化噪声电平切割法的具体计算步骤如下:

① 首先假定一噪声电平初始值,在整个功率谱 $S(f)$ 中,若某一点的功率谱值小于噪声电平值,则认为是噪声点,否则被认为是信号点;

② 将所有噪声点归到一起,假设共 M 点,频率范围为 F。其中第 m 点的频率为 f_m,功率谱值为 S_m;

③ 根据(4.1)~(4.3)式,计算出 R_1。根据(4.4)~(4.6)式,计算出 R_2。

④ 比较计算出的 R_1 和 R_2,如果 $R_1 = R_2 \approx 1$,这时候所预设的噪声电平被认为是真实的噪声电平,即为所求。

⑤ 如果 $R_1 \neq R_2$,则调整预设的噪声电平值。若 R_1 大于1,则应降低预设噪声电平,反之则应增大预设噪声电平值。重复上述各步,直至 $R_1 = R_2 \approx 1$,即得噪声电平值。

"客观噪声电平切割法"自提出之后就一直是多普勒体制的雷达用于确定噪声电平的主要方法。图 4.1 为对流层风廓线雷达 2005 年 11 月 15 日 14 点 32 分西波束实测的 225 m 高度的功率谱分布,图中横直线表示用客观化方法切割的噪声电平,为 -74.96 dB。

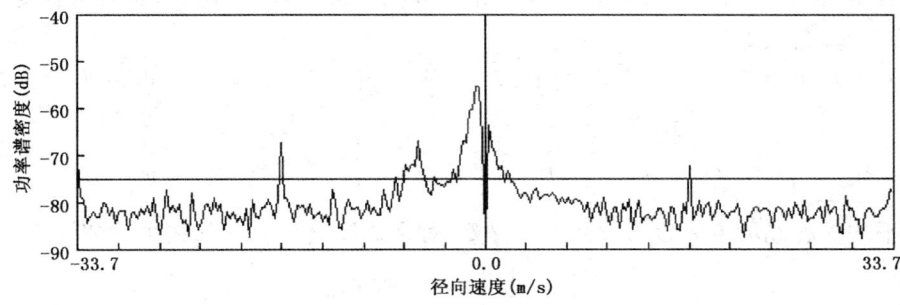

图 4.1　客观化方法切割的噪声电平

图 4.2 为以图 4.1 表示的功率谱为例,计算的 R_1、R_2 随噪声点数逐步增加(亦即噪声电平逐步抬高)的变化情况。图 4.2 表明,随着噪声电平的逐步切割抬高,R_1 值逐步减少,R_2 值逐步增大,两者相交点基本满足 $R_1 = R_2 \approx 1$。

理论上,采用(4.3)式或(4.6)式都可以。但作者用不同的谱数据处理结果表明,当谱峰包络太过尖窄时,R_1 值可能会出现小于1的情况;而当功率谱几乎全是茅草,

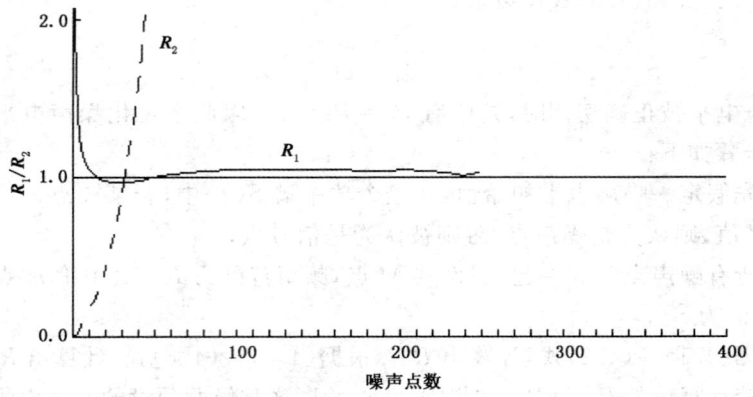

图 4.2　R_1、R_2 随噪声电平逐步抬高的变化情况

没有明显谱峰包络时，R_1 值几乎总是大于 1，R_2 值也会迅速大于 1；此时 $R_1 = R_2 \approx 1$ 的条件不成立，只能采用 $R_2 \approx 1$ 作为循环终止条件。因此实际处理时采用 $R_2 \approx 1$ 作为循环终止条件，这与 Peter(1974) 的建议相一致。

4.2.2　谱矩计算

对整个功率谱上高于噪声电平的部分进行积分，便可以计算出回波功率、平均多普勒频率、谱宽。对低于噪声电平的部分进行积分，便得噪声功率，然后可计算出信噪比。计算公式如下：

回波功率为功率谱密度函数 $S(f)$ 在整个频域上，对高于噪声电平部分的积分值：

$$P_r = \int_{-\infty}^{\infty} S(f)\mathrm{d}f \tag{4.7}$$

平均多普勒频率是以 $S(f)\mathrm{d}f$ 为权重，对多普勒频率 f 的加权平均值：

$$\overline{f_D} = \frac{1}{P_r} \int_{-\infty}^{\infty} f \cdot S(f)\mathrm{d}f \tag{4.8}$$

频谱方差定义为：

$$\sigma_f^2 = \frac{1}{P_r} \int_{-\infty}^{\infty} (f - \overline{f_D})^2 S(f)\mathrm{d}f \tag{4.9}$$

显然，σ_f^2 是以 $S(f)\mathrm{d}f$ 为权重的对 $(f - \overline{f_D})^2$ 的加权平均值。对频谱方差的开方 σ_f 即为频谱宽度。

由于多普勒频率与雷达的径向速度之间有唯一确定的关系，所以多普勒频谱可转换成多普勒速度谱，这样回波信号的功率 P_r 可看作是分布在不同的多普勒速度

上的,即

$$P_r = \int_{-\infty}^{\infty} \psi(v) dv \tag{4.10}$$

式中 $\psi(v)dv$ 是多普勒速度在 v 到 $v+dv$ 间隔内的散射体的回波功率, $\psi(v)$ 为多普勒速度谱密度分布函数,习惯上称为多普勒速度谱。

比较(4.7)和(4.10)两式,可得

$$\psi(v)dv = S(f)df \tag{4.11}$$

实际工作中常常需要了解的是有效照射体内粒子的平均径向速度和速度分布的方差(谱宽)。知道了多普勒速度谱 $\psi(v)$ 后,就可以得到平均多普勒速度 v_r 和多普勒速度谱宽 σ_v 或方差 σ_v^2。

$$v_r = \frac{\int_{-\infty}^{\infty} \psi(v) v dv}{\int_{-\infty}^{\infty} \psi(v) dv} \tag{4.12}$$

$$\sigma_v^2 = \frac{\int_{-\infty}^{\infty} (v - v_r)^2 \psi(v) dv}{\int_{-\infty}^{\infty} \psi(v) dv} \tag{4.13}$$

回波功率一般称为多普勒速度谱的零阶矩、平均多普勒速度称为一阶矩、多普勒速度谱宽称为二阶矩。图 4.1 表示的就是多普勒速度谱,横坐标显示出了最大多普勒速度值。

当信号很强时,信号谱峰包络明显高于在噪声电平以上的一些茅草尖峰,此时利用(4.10)式、(4.12)式和(4.13)式对整个谱积分,信号谱峰以外的高于噪声电平的茅草尖峰对计算结果影响很小,用以上方法进行计算是可以保证计算准确率的。但是,当回波信号微弱时,信号谱峰与茅草尖峰能量相比优势不明显时,或者信号中混杂有强杂波时,可能会出现双峰或者多峰情况,由于远处的尖峰具有较大的 v 值和 $(v-v_r)$ 值,因此在(4.12)和(4.13)式中将占有较大权重,给平均多普勒速度和谱宽计算带来较大误差。这种情况在风廓线雷达探测中并不少见,如图 4.1 所示。直接采用以上公式计算会产生较大误差,因此要先检测再计算。

4.3　综合识别法目标检测研究

4.3.1　基本思想

作者通过对 Clothiaux 等(1994)的最大链检测法和 NCAR 的 NIMA 方法(2002)的研究,吸收其基本思想,研究设计出了进行湍流信号目标检测的综合识别检测法。

4.3.1.1　最大链检测法

1994 年, E. E. Clothiaux 等撰文介绍了他们以宾夕法尼亚州立大学 404 MHz 风廓线雷达开展的研究工作, 他们提出了一种谱检测方法, 该方法以链最长以及功率谱值之和最大为原则, 作者称其为最大链检测法, 主要做法如下:

(1)当谱峰功率比较低时, 对连续测量的多个谱进行谱平均后, 得平均谱, 如图 4.3(a)所示;

(2)对平均谱进行平滑后, 再进行以最大谱峰值为分母的归一化, 使功率谱密度取值在 0~255 之间, 如图 4.3(b)所示;

(3)标出每一个比两边点的幅度都要大的谱峰极值点, 见图 4.3(b)上面的黑点;

(4)从底层到高层, 按照谱密度之和为最大的原则建立垂直链, 见图 4.3(c)上面的连线;

(5)对链进行归类, 保留长链。对与长链距离较近的短链, 如距离库与长链完全重叠, 则将短链予以舍弃; 如距离库未与长链完全重叠, 则将短链的未重叠部分的距离库并入长链。如图 4.3(d)所示;

(6)使合并以后的链跨越所有高度, 如图 4.3(e)所示。一条链相当于一条廓线, 对每条廓线计算特征参数, 将这些特征参数代入后向传输的神经网络系统, 找到使其输出值为最大的那条链, 如图 4.3(f)所示;

(7)用前两个相邻时刻探测的风廓线结果建立一个平均廓线, 对当前链上各个高度层的谱峰进行时间连续性检查, 对异常高度层进行调整, 如图 4.3(g)所示;

(8)在不违反连续性限制的前提下, 将链上各点移到所在高度层功率谱密度最大处, 从而完成最后调整, 即为检测最终结果, 如图 4.3(h)所示。

以上在进行链的合并和挑选时, 采用的规则很复杂, 根据作者试验的情况, 当干扰比较多, 谱峰比较杂乱时, 最终寻找的链有时不能连续性地跨越整个高度层。

4.3.1.2　NIMA 方法

NIMA 方法主要用于剔除地杂波影响, 它认为地杂波在功率谱上具有如下特点: ①地杂波近似高斯形状, 但宽度很窄; ②地杂波关于多普勒零速度点对称; ③地杂波离多普勒零速度点很近; ④地杂波谱峰两侧有很大的梯度; ⑤相邻高度层上的地杂波谱峰值有很小的梯度。因此判定某点是否为地杂波的主要特征是对称性和变化的梯度(斜率)大小。主要做法是在整个功率谱上逐点计算各种数学特征, 然后将这些特征综合到一个合成公式中进行计算, 对每个点形成一个"判定值", 依据这个值的大小, 来判定该点是属于信号还是杂波。

NIMA 方法首先对每个距离库的功率谱数据进行"客观噪声电平切割", 经过中

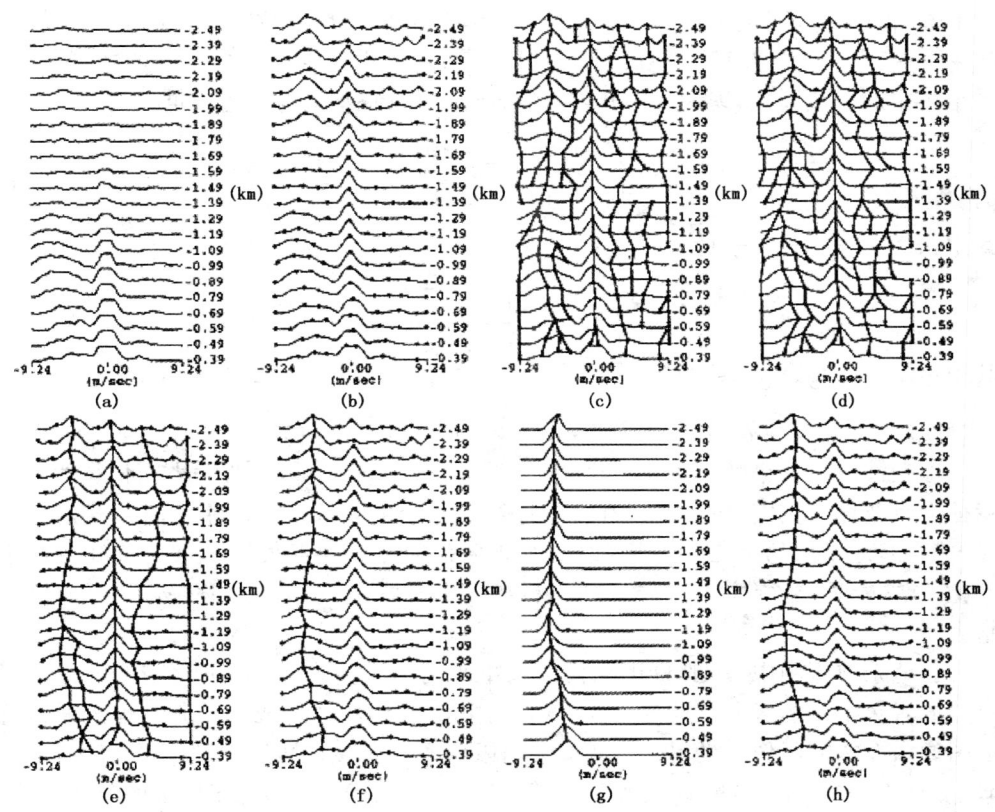

图 4.3　最大链检测法逐步处理结果图(Clothiaux 等,1994)

值滤波和速度模糊检测,然后以功率谱的多普勒速度轴为横坐标,以自下而上的距离库为纵坐标构成二维空间,空间上的每一个点都具有不同的功率谱密度值。以功率谱密度值为因变量,则每个距离库的功率谱分布(一维)相当于二次曲线,而二维的谱密度图像便相当于一个二次曲面,于是按照数学上的定义,便可以在这二维空间上分别计算各点的曲率、点与点之间的斜率、各点与其多普勒速度零点的距离,以及它们关于零多普勒速度线的对称度等等。这些物理量(也可以称为数学特征值)将作为一个个成员项 $M_{Ai}(x)$ 或者 $M_{Gi}(x)$,在模糊逻辑合成中被使用。计算数学特征值时一般采用最小二乘法,可以用谱密度的"原始值",也可以用对数值或经过归一化的值。归一化是指将每个距离门上的谱密度值除以此距离门上的最大值,使得每个距离门上的谱密度值都在 0 到 1 之间。

　　NIMA 所使用的模糊逻辑合成方法有两种:第一种为代数权重平均法,如(4.14)式所示;另一种为几何权重平均法,如(4.15)式所示。公式(4.14)中如果出现

大的权重数 α_{Ai}，而它对应的 $M_{Ai}(x)$ 是绝对值很大的负数，这样会导致整体的 $M_{AT}(x)$ 变小，公式(4.15)避免了这样的情况出现。为了全面衡量图像的特征，采用一个折中的合成公式，即(4.16)式，它结合了代数权重平均与几何权重平均。

$$M_{AT}(x) = \frac{\left[\sum_i \alpha_{Ai} M_{Ai}(x)\right]}{\alpha_{AT}} \tag{4.14}$$

其中：$\alpha_{AT} = \sum_i \alpha_{Ai}$，$-1 \leqslant M_{Ai}(x) \leqslant 1$

$$M_{GT}(x) = \left\{ \prod_j \left[M_{Gj}(x)\right]^{\alpha_{Gj}} \right\}^{\frac{1}{\alpha_{GT}}} \tag{4.15}$$

其中：$\alpha_{GT} = \sum_j \alpha_{Gj}$，$0 \leqslant M_{Gj}(x) \leqslant 1$

$$M_T(x) = \left\{ \left[M_{AT}(x)\right]^{\alpha_{AT}} \left[M_{GT}(x)\right]^{\alpha_{GT}} \right\}^{\frac{1}{\alpha_{AT}+\alpha_{GT}}} \tag{4.16}$$

地杂波的每一个特征对应一个 $M_{Ai}(x)$，$M_{Ai}(x)$ 的权重 α_{Ai} 的大小则依据第 i 个特征的重要性来决定，每个特征都可以计算出一个 $M_{Ai}(x)$，最后用(4.14)式进行合成。例如，地杂波的第三个特征"地杂波离多普勒零速度点很近"，这个特征对应于 $M_{A3}(x)$ 成员项，当待检测点（或者区域）离多普勒零速度点越近时，$M_{A3}(x)$ 的值就越大。

在地杂波检测中，一般只用到代数权重平均值 $M_{AT}(x)$。整个谱密度图像的每个点或者每个小的区域都计算出 $M_{AT}(x)$，用 $M_{AT}(x)$ 的值形成一个判别地杂波的特征图像。在特征图像上设置一个相似度门限值 $M_{ATO}(x)$，对特征图像进行滤波，对于 $M_{AT}(x)$ 高于 $M_{ATO}(x)$ 的点（或者区域）保留下来，对于 $M_{AT}(x)$ 低于门限的都滤除，滤波的结果是形成地杂波特征区。

NIMA 方法认为，湍流回波和地杂波具有不同的模糊逻辑合成值。在检测湍流回波时用到的成员项：湍流回波谱峰的梯度以及曲率、回波的信噪比、进行距离归一化之后的谱密度、谱峰位置是否产生了速度折叠、地杂波位置等。谱密度图像经过模糊逻辑合成计算后，$M_T(x)$ 都已经被计算出来了，然后可以用一个较低的相似度门限进行滤波，以尽量保留有用信息。如果"湍流回波"所占的区域很大，则适当提高滤波门限，直至各个特征区可以明显区分开，然后用一个模糊逻辑合成函数来判断多个特征区中的真正的湍流回波特征区。这个模糊逻辑合成函数的成员项有：各个特征区沿距离轴方向的谱峰的方差、特征区的平均宽度、特征区的平均信噪比、与正负奈奎斯特频率的差值等。

当谱数据中混有杂波的时候，可能会出现双峰或者多峰情况，这时候应该首先确定谱峰之间的"波谷"位置，然后将杂波切除。确定具体的切除区域也要用到模糊逻辑合成，然后利用前面得到的湍流回波位置计算谱矩。如果湍流回波里面混有杂波，或者是这些杂波只是被简单的剔除，计算出来的谱矩结果肯定有偏差，这时候需要用高斯分布来进行拟合,并假定湍流回波的高斯分布谱宽比地杂的要宽得多。

　　从上面的介绍可以看出,NIMA 方法有很多预置参数值,需要依据不同的站点、不同型号的风廓线雷达以及不同的电磁场环境进行合理配置。在 NIMA 方法使用过程中,还需要对这些预置参数值不断进行调整,这样才能使 NIMA 方法的表现达到最佳。这一过程比较繁琐,代价也大,影响在实际工作中的推广使用。

4.3.1.3　综合识别法

　　风廓线雷达探测时,对湍流回波目标检测影响最大、最常见、也最麻烦的是出现在功率谱分布上零速度附近的地杂波。由于 3000 m 以下风常常比较小,致使在风廓线雷达斜波束上的投影值(即径向速度)就更小,因此湍流回波信号谱峰一般也在零速度附近,使得有用的信号谱和杂波干扰谱经常混在一起,而地杂波又很强,所以对信号谱峰检测造成较大影响。至于白噪声的影响,在低高度层时,由于湍流信号强,白噪声对目标检测几乎没影响,在很高高度,当白噪声淹没整个信号,功率谱表现出明显的茅草时,不再具有可检测性,再好的检测方法也没有用了。至于偶尔出现的鸟、飞机、汽车等干扰,一致性平均和对称波束校验(参见下一章研究内容)是最有效的去除方法。

　　基于以上分析,作者通过吸收最大链方法和 NIMA 方法的基本思想,以做到实时业务处理为目标,不进行繁琐的计算,研究提出了综合识别法,它主要包含以下几点:以分段平均法确定噪声电平;以高于噪声电平的谱峰极值点和一定的谱宽要求来搜寻信号谱包络;以对地杂波的试探性切除和分类检测,来去除地杂波影响;再通过各高度层之间的连续性检测进行调整;最后对搜寻出的谱峰包络进行局部积分求得各阶矩。具体介绍如下。

4.3.2　综合识别法检测步骤

4.3.2.1　谱的预处理

　　对风廓线雷达探测的功率谱进行预处理,主要包含以下方面:零速度点插值处理和 3 点滑动平均。

　　对零速度点的谱密度值进行插值处理。采用左右两点谱密度值的平均值去替代零速度点值的方法进行插值处理。这是因为作者在接触大量的谱数据后,发现我国各家风廓线雷达的谱数据都有一个很明显的特征,即零速度点的谱密度值异常,或很大或很小。究其原因,这可能是由于 FFT 谱分析法造成的,根据 FFT 谱分析法公式,零速度点的谱密度值是时域各观测值的求和,多数情况下值应该很大,有些厂家将其置成了很小的值。这既不利于谱的显示,也不利于谱的检测,因为当风速较小时,湍流信号谱包络就在零速度点附近、甚或包含了零速度点,这样处理只会使功率谱分布在零速度点处出现断裂(参见图 4.1)。进行插值处理后的效果如图 4.4 所示。

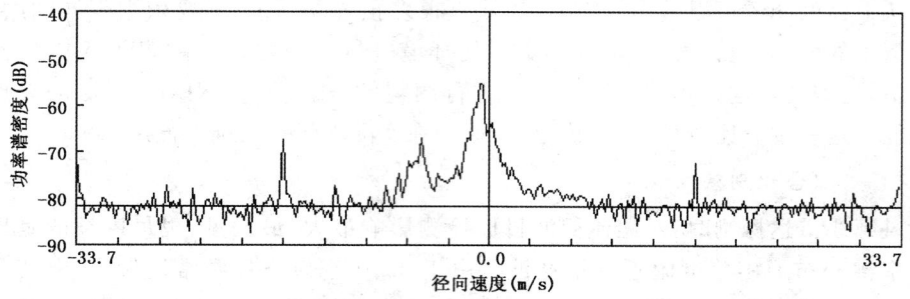

图 4.4　对图 4.1 的谱进行零速度点插值后的情况

　　3 点平滑的主要功能是对于一些"飞点数据"进行剔除。在谱数据中有时会存在一些值特别大的数据点,属于偶尔干扰,它们的分布一般比较零散,谱线很窄,即只在某些个别点出现,根据第 3 章 3.2.3 的研究,对谱进行 3 点滑动平均处理是去除这些尖峰点的最简单的办法。图 4.5 表示对图 4.1 进行零速度点插值并 3 点平滑后的谱分布,图中左右两个尖峰被抑制,幅度降低。

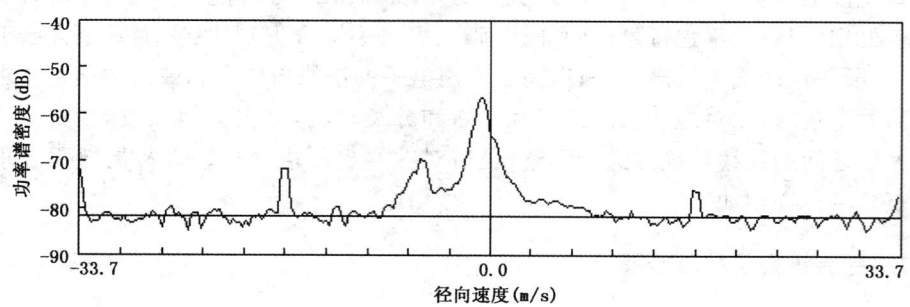

图 4.5　对图 4.1 的谱进行零速度点插值和 3 点平滑后的情况

4.3.2.2　确定噪声电平

　　根据第 2 章风的测量范围和第 3 章不同目标谱宽分析,以及大量的风廓线雷达实测试验研究,发现在最大多普勒速度不是设置得过于小的情况下,在风廓线雷达输出的整个长长的功率谱图中,信号和各种杂波干扰的谱在横坐标谱轴上一般都只占谱的一小部分,因此可以将整个谱等分为八段,计算每一段的平均值,由于信号谱及干扰谱只处在这八段中的某一段(或几段)内,故可将其余段的平均值中的最小值作为噪声电平。作者称这种噪声电平的计算方法为"分段平均法"。

　　图 4.4 和图 4.5 中的横直线即表示由分段平均法确定的噪声电平,为 −81.44

dB。与图 4.1 比较,分段平均法确定的噪声电平要低,图 4.5 切割出来的谱峰包络更完整,有利于信号功率和各阶谱矩的计算。

4.3.2.3　谱峰初步检测

　　风廓线雷达目标检测的最基本假定是:不管大气湍流回波信号如何微弱,在功率谱分布图上,湍流回波信号谱峰都应该高于茅草,其谱密度值可以不是最大值,但必须是具有一定谱宽的极大值点。

　　图 4.6 为一次实际探测的五个指向波束的谱峰初步检测结果,图中红色短画线表示谱峰位置,两边的蓝色短画线表示谱峰包络边缘点。(图 4.6 的彩图见书后)

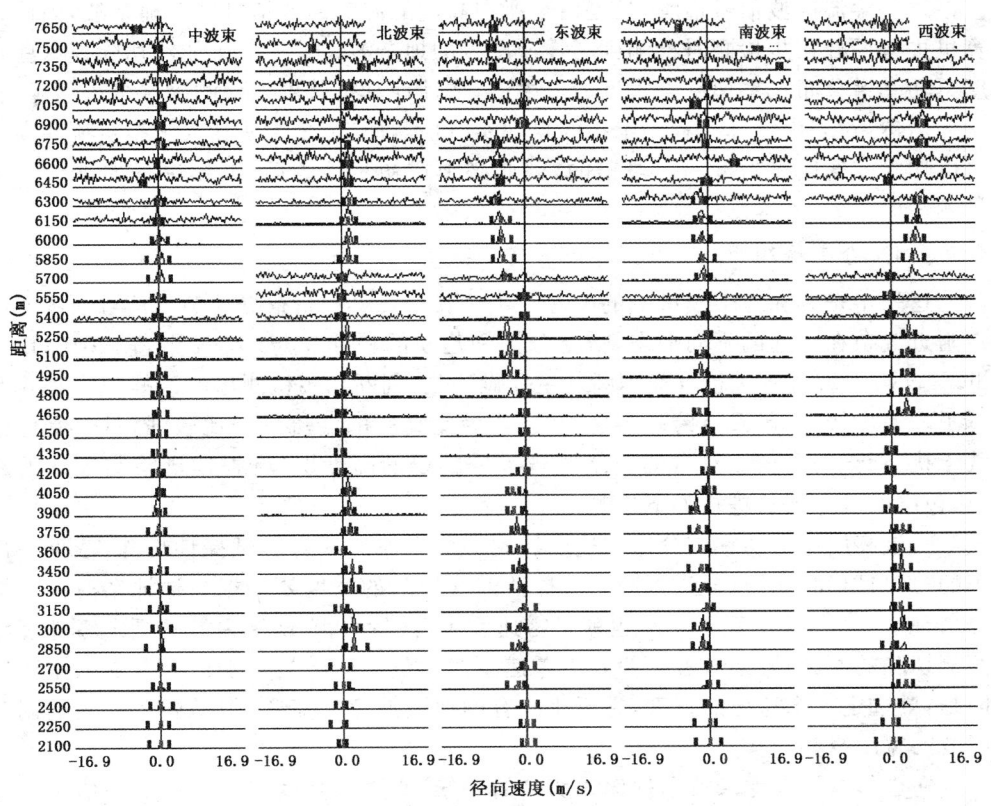

图 4.6　谱峰初步检测结果

红色短画线表示谱峰位置,两边的蓝色短画线表示谱峰包络边缘点

　　进行谱峰初步检测的做法是:在功率谱上首先检测出谱峰最大值,然后往两边分别搜索,找到第一个小于噪声电平值的点(或者是功率谱值由逐步减小开始增加的转

折点),即认为搜寻出了整个谱峰包络,在包络范围内计算谱宽值。如果谱宽值不在某个预置范围内,则认为不是湍流信号,将该谱峰及其包络全部置成噪声电平值,然后去寻找下一个谱极值点,直到找到满足要求的谱峰包络。如果整条谱线都未能寻找到,则适当扩大谱宽的阈值范围后重新寻找。

仔细分析图 4.6 可见,在北波束 3150 m、4650 m、4800 m、5700 m 距离,东波束在 4800 m 距离,南波束在 4050 m、4800 m 距离,西波束在 2400 m、2850 m、3900 m、5550 m、5700 m 距离处,都有一个共同的特点,初步检测出的谱峰位于零速度点,而在零速度点附近有一个小谱峰包络,且这个小谱峰所在的位置与上一高度层(或下一高度层)检测出的谱峰具有更好的高度连续性。人眼可以直观地分析认为这小谱峰应该才是湍流回波信号谱峰,只是由于所在高度的湍流回波信号弱于地杂波,因此计算机进行谱峰初步检测时检测到了零速度点的地杂波位置。如果能够切除掉这些高度上功率谱分布在零速度点附近的一段谱,估计计算机就可以检测出这个小谱峰。

当然,对于由计算机程序承担的自动实时检测而言,是无法让人来指定哪些高度可以切除零速度点附近的一段谱的,因此必须在初步检测后,继续进行如下的分类检测。

4.3.2.4　分类检测

这一步是剔除地杂波影响的关键一步。其主要思想是根据地杂与信号在零速度点附近混杂在一起的不同形态,借鉴分类和建模的检测思想(刘书君 等,2010;Bandiera *et al*.,2007),进行分类判断。主要做法是:判断初步检测出的谱峰包络是否跨越了零速度线,如果没有跨越零速度线,认为此高度的湍流信号比较强,且未受地杂波干扰,标记为可信。对谱峰包络跨越零速度线的高度层,将根据谱峰与零线的距离、包络的具体形状进行如下检测:

对该高度层的功率谱分布零速度线附近的一段谱线进行试探性切除,依据切出来的"切口"形状,进行分类判断。试探性谱线切除的宽度要根据当地地杂波谱的情况来确定,一般不大于 1 m/s,也就是零速度线两侧各 0.5 m/s 左右。围绕零速度线两侧切除的原因是:地杂波一般处于零速度线两侧。确定为 0.5 m/s 左右的主要原因是:要选定一个这样的宽度,它要比所有的地杂波宽度宽些,但是要比一般的湍流回波的宽度窄些。

在进行试探性地杂波干扰谱线切除的时候,要用该高度层的噪声电平值来代替被切除点的谱值。图 4.7 为试探性谱线切除前后的示意图,图 4.7(a)表示原始谱,它可能存在地杂波干扰,图 4.7(b)表示进行试探性谱线切除之后的谱,图中垂直实线表示零速度线的位置,两边的垂直虚线表示对零速度附近的一段谱切除时最左边与最右边位置(下同)。在试探性谱线切除之后对切口两边进行功率谱值梯度计算,切口最左边的梯度值为 A 点谱值减去 B 点的谱值,切口最右边的梯度值为 C 点的谱

值减去 D 点的谱值。得到这两个梯度之后,要利用它们来判断切口是陡峭还是缓和,切口陡峭代表此处存在有湍流回波的影响,切口缓和代表此处不存在(或可以忽略)湍流回波的影响。

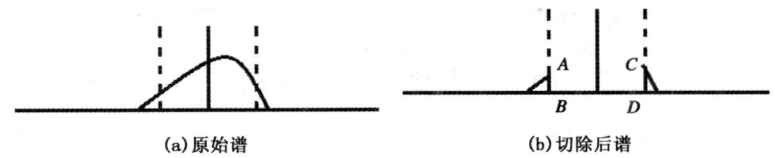

图 4.7　试探性谱线切除示意图

试探性谱线切除后,根据切口两边梯度值大小,可以分成以下三种情况,每种情况都可能包含不同的地杂波与湍流回波混合类型,所以要分类检测,介绍如下。

(1)两边切口梯度值都很小

两边梯度值都小于某个预置值。可能会有两种情况,一种是如图 4.8(a)所示,切掉的确实是地杂波峰,在谱线的其余位置找到了具有一定谱宽的次极大值峰,可以作为湍流目标谱峰。

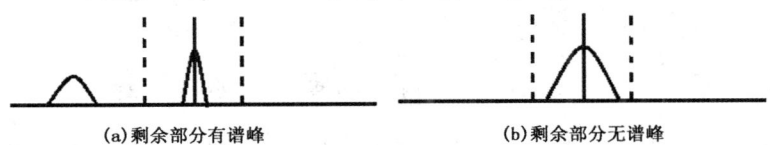

图 4.8　切口两边的梯度都很小

另一种如图 4.8(b)所示。在这种情形下,试探性切除的是湍流回波和地杂波的叠加回波,切除后剩下的都是原来两边很小的值,找不到具有湍流目标特性的谱峰。这说明目标与地杂波同时被切除,此时应该恢复被切除的数据,作为湍流目标谱峰。

(2)两边切口梯度值都很大

也可能包含两种情况,一种是由于地杂波谱异常宽,而造成切口两边梯度值都很大,但是在切除后的谱线的其余位置找到了具有一定谱宽的次极大值峰,可以作为湍流目标谱峰。如图 4.9(a)所示。

另一种是在切除后剩下的谱线中找不到具有湍流目标特性的谱峰,这说明目标与地杂波同时被切除,此时应该恢复被切除的数据,作为湍流目标谱峰。如图 4.9(b)所示。

(3)切口两边梯度值一边大一边小

也可能包含两种情况。一种是湍流回波与地杂波两者的谱峰是分离的,距离也

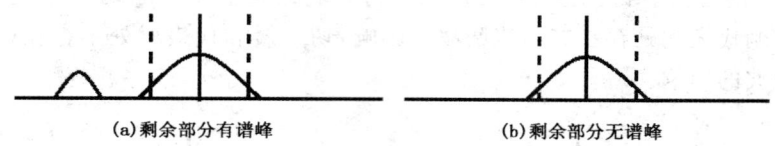

(a)剩余部分有谱峰　　　　　　　　　　(b)剩余部分无谱峰

图 4.9　切口两边的梯度都很大

较远(至少大于 0.5 m/s),但是谱型包络不重叠,如图 4.10(a)所示。对于这种情况可以在原始谱中,通过找到这一侧切口中第一个小于等于噪声电平值的谱点位置,作为地杂波与湍流回波谱的分界点,将左边垂直虚线调整到分界点后重新进行地杂波切除,然后再搜寻出目标谱峰及其包络,见图 4.10(a)中的下面一排。

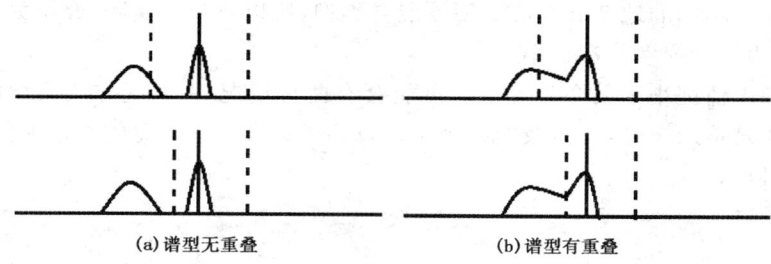

(a)谱型无重叠　　　　　　　　　　　　(b)谱型有重叠

图 4.10　切口两边的梯度一大一小

　　第二种情况是湍流回波与地杂波两者的谱峰是分离的,但是谱型包络有部分重叠,如图 4.10(b)所示。对于这种情况,可以在原始谱中找到这一侧切口中最小谱值点的位置,作为地杂波与湍流回波谱的分界点(因重叠时找不到最小噪声点,故只能找最小谱值点),然后将该侧垂直虚线调整到分界点后重新进行地杂波切除,再检测出目标谱峰及其包络,见图 4.10(b)中的下面一排。

　　在初始检测的基础上,对图 4.6 进一步采用分类检测后,在 5250~6750 m 距离之间谱的检测结果有明显改善,为方便对比,截取图 4.6 中的这一段显示在图 4.11(a),而图 4.11(b)为分类检测后的结果。(图 4.11 的彩图见书后)

　　对比图 4.11(a)和(b)可以看出,东波束在 5550 m、5700 m 距离,南波束在 5550 m 距离,西波束在 5700 m、6450 m 距离,原来位于零速度线附近的谱峰检测结果,经过地杂波试探性切除和分类判断后,检测到了零频附近原有小谱峰位置,从上下高度层的连续性来看,分类检测后的结果更合理。

　　但是,在图 4.11(b)中西波束的 5400 m、5550 m 距离,分类检测后的谱峰位置仍然位于零速度点。而从谱分布图上依稀可以看出,在零频以外的正速度区一侧有一个小的谱峰,未能判定为信号峰,这是由于它的幅度太低而且宽度太窄的原因。这种

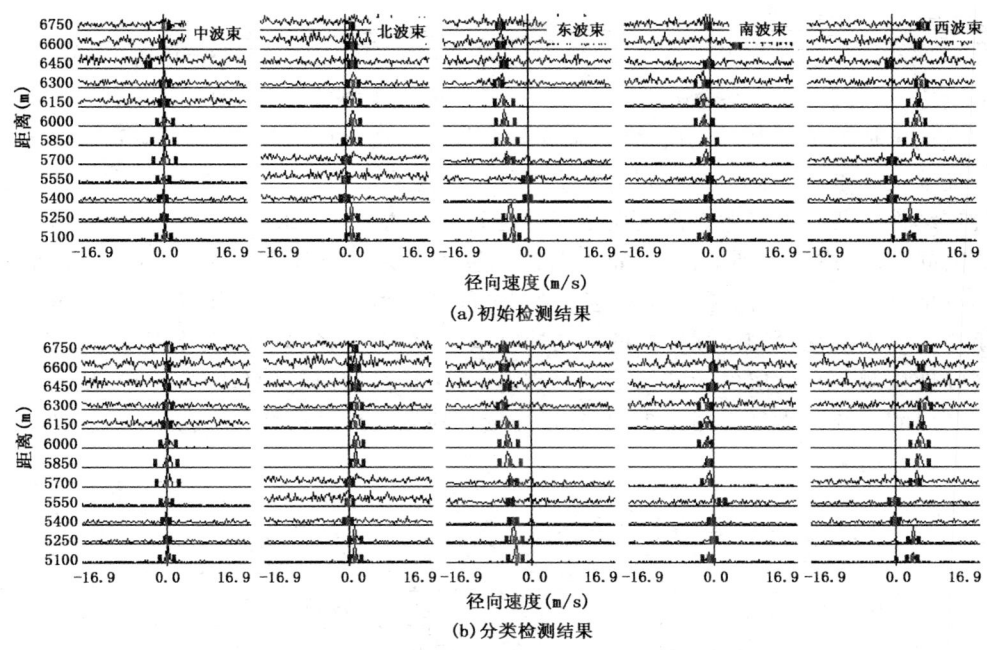

图 4.11　对地杂波分类检测后的结果

红色短画线表示谱峰位置,两边的蓝色短画线表示谱峰包络

情况一般出现在少数几个高度层,寄希望于后面的连续性检测进行进一步的纠正。

4.3.2.5　速度模糊检测

风廓线雷达的每一种工作模式都对应一个不发生速度模糊的最大速度,如果目标的实际径向速度超过这一最大速度,则会发生测速模糊,从而在谱密度图像上产生折叠现象。如果按照第 2 章 2.5.2 节设计的探测模式去工作,一般不会出现速度模糊现象,只在伴有大风的降雨天气,才有可能会出现一次模糊现象,极少出现二次(以上)的模糊。这是因为,降雨时垂直落速会比较大,有时会达到 10 m/s 左右,而风廓线雷达采用的是高仰角探测,垂直落速在各波束上的投影系数达 0.9 以上,如果再加上大风在波束上的投影值,则个别波束指向探测时会出现速度模糊现象。速度模糊现象一般出现在 2000 m 至 6000 m 高度之间,这是因为 6000 m 以上为云滴增长区,下落速度很小。随着云滴的增长、变大、下落,雨滴落速逐渐增大达到最大末速度。而在 2000 m 以下风速一般较小,风在波束上的投影值小,也就不易出现速度模糊现象。所以开展速度模糊检测和退模糊处理时,可以从低层到高层逐个距离门进行。

4.3.2.6　连续性检测

连续性检测的基本依据是：风场在探测体积所确定的空间尺度上和时间分辨力所确定的时间尺度上应该具有一定的连续性，因此上下高度层之间搜寻出来的谱峰位置的差值如果在某个阈值之内，则此数据符合连续性要求，否则应该被认定为不符合连续性要求。根据这一原则对每个波束指向探测的各高度层之间的径向速度值进行连续性检测。如果所有高度层之间都通过连续性检测，那是最理想的。但由于湍流的间隙性，或者受到干扰，中间常常有一些高度层谱分布像茅草，检测的目标谱峰的可信度比较差，无法通过与其他高度层之间的连续性检测。对于这种情况，可以利用通过了连续性检测的高度层的径向速度值，产生一个径向速度变化范围，在未通过连续性检测的高度层的功率谱上搜寻谱峰，作为该高度层新的目标峰位置，从而完成对断层的连续性修复。图 4.12 为经过连续性检测之后的谱峰，这也是综合识别法最终的检测结果。

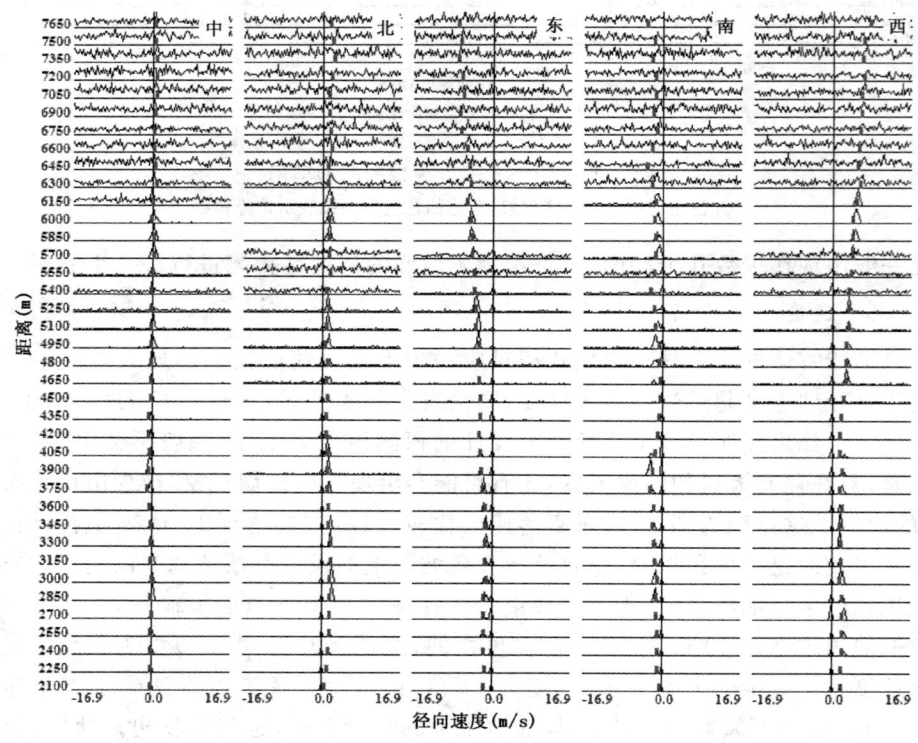

图 4.12　连续性检测后的结果

对比图 4.6 和图 4.12 可以看出,综合识别法比较好地克服了地杂波的影响,最终的检测结果都位于小谱峰位置,上下高度层之间连续性好。而且北波束与南波束之间、东波束与西波束之间,检测结果具有对称性。

4.3.2.7　谱矩计算

在识别出信号谱峰位置之后,只在信号谱峰包络之内进行(4.10)~(4.13)式的积分计算,以求得信噪比、多普勒速度和速度谱宽等数据,不对信号谱峰包络以外的其他谱线进行计算,这样可以克服掉其他谱点处高于噪声电平的杂波尖峰对各阶矩计算结果的影响,作者称这种方法为"局部谱积分法"。

在各个波束都完成信号目标检测,并用"局部谱积分法"求得谱的一阶矩(多普勒速度)之后,便可以计算出风廓线。

4.4　检测效果分析

4.4.1　实测数据的比较

用客观化方法和综合识别法分别对风廓线雷达 2005 年 11 月 15 日 14 点 31 分风廓线雷达实测的功率谱数据进行了处理,对低模式、中模式、高模式观测的部分高度层多普勒速度谱检测结果分别如图 4.13、图 4.14、图 4.15 所示。(图 4.13、图 4.14、图 4.15 的彩图见书后)

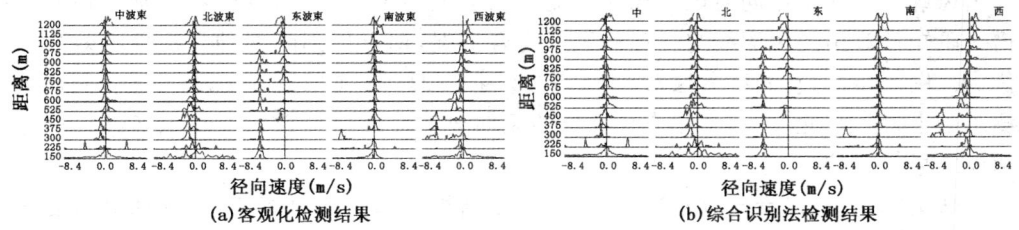

图 4.13　两种方法对风廓线低模式实测的谱检测结果比较

从图 4.13 可见,在东、南、西三个波束谱上,客观法检测结果受双峰谱的影响比较明显,1000 m 以下相邻距离库之间检测得到的谱一阶矩位置跳跃比较大。

在图 4.14(a)中各波束在 5700 m 距离附近,客观法检测效果都受到零速度杂波谱峰的影响。而在图 4.15(a)中东、南、西三波束在 8000 m 距离以远,谱基本呈现茅草特点,说明信号弱,客观法检测结果显得杂乱。相比较而言综合识别法在相邻距离库之间有一定的连续性,结果比较合理。

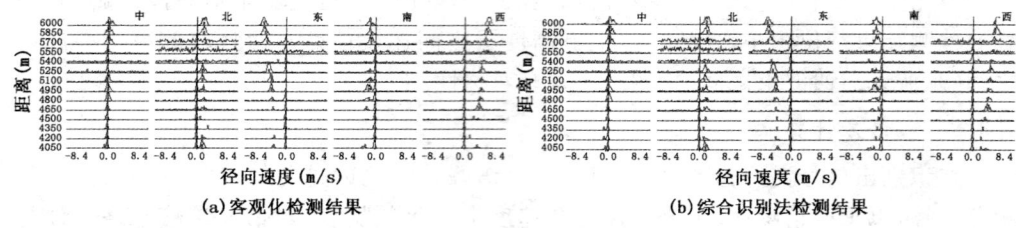

图 4.14　两种方法对风廓线中模式实测的谱检测结果比较

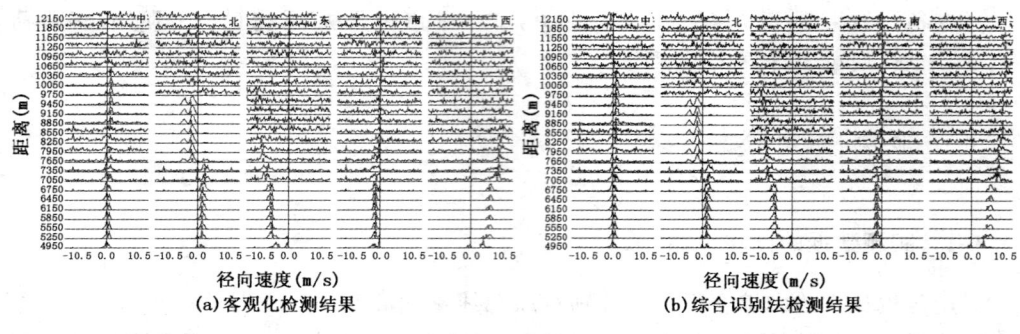

图 4.15　两种方法对风廓线高模式实测的谱检测结果比较

　　在对五个波束探测数据完成目标检测之后,可以计算出径向速度,然后便可以计算出风廓线。如果用同时段气球探空测风数据做参考,根据客观法和识别法检测的谱一阶矩计算出的风廓线与气球测风的吻合情况,便可以判断两种方法检测效果的优劣。图 4.16 为在两种方法对 2005 年 11 月 15 日 14 点 31 分风廓线雷达实测谱检测基础上,用中、北、东三个波束计算出的风向风速与同时施放的无线电经纬仪气球测风结果的比较。

　　从图 4.16 可以看出:用综合识别法检测结果计算出的风廓线,与气球测风的结果比较吻合,两条曲线之间的差异小。而用客观法检测结果计算出的风廓线,除 5000 m 至 8000 m 高度间与气球测风的结果比较接近外,在其他高度层与气球测风间差异比较大,且曲线左右来回变化大,在 8000 m 以上计算的风速风向与气球测风相比急剧变差。对照图 4.13—图 4.15 可见,这些误差较大的高度层在客观化方法检测的图上对应距离处,其功率谱分布有以下特点:或者谱几乎呈茅草状(8000 m 以上),或者谱上地杂波很强,最高谱峰都位于零速度点附近(4500 m 高度)。根据本章前面对客观化检测方法的理论分析,可以理解这两种情况下客观化方法变差的原因。

　　与图 4.16 对应时刻的谱宽计算结果如图 4.17 所示。由图可见:当信号较强时,

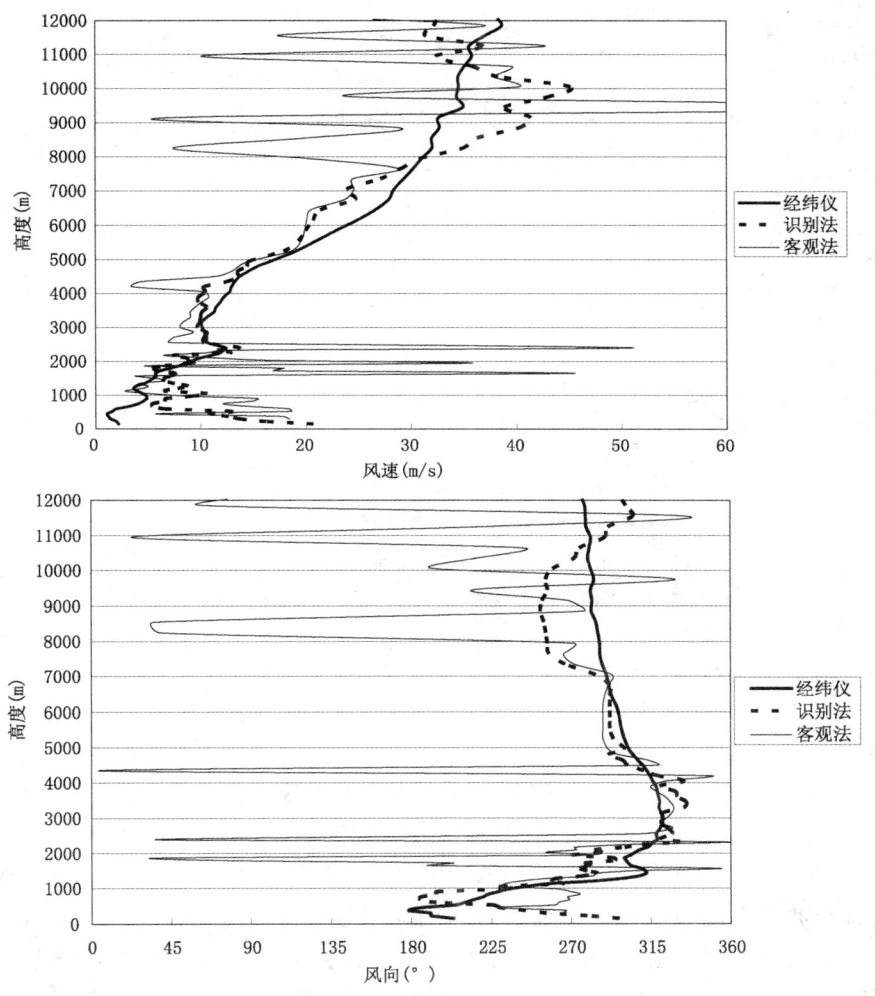

图 4.16　两种方法检测结果计算出的风速风向与气球测风结果比较

客观化方法计算出的谱宽在 0.5 m/s 左右;而当信号弱时算出的谱宽很大;当信号与噪声相当时,谱宽计算值趋于 0,表明客观化噪声电平切割法已无法适用。而综合识别法计算的谱宽随信号强弱变化小,在 0.5 m/s 至 4 m/s 之间,与大气物理学知识吻合,比较合理。

作者一共对 41 个探空气球施放数据进行了处理,其中有效球为 35 个,每个对比个例的计算结果都与上述表现一致,客观法检测结果受干扰和茅草的影响很明显,计算出的风向风速与气球测风的差异在 8000 m 以上都很大。由于客观法误差太大,与综合识别法相比差距太明显,所以没有对 35 个个例进行误差统计对比。

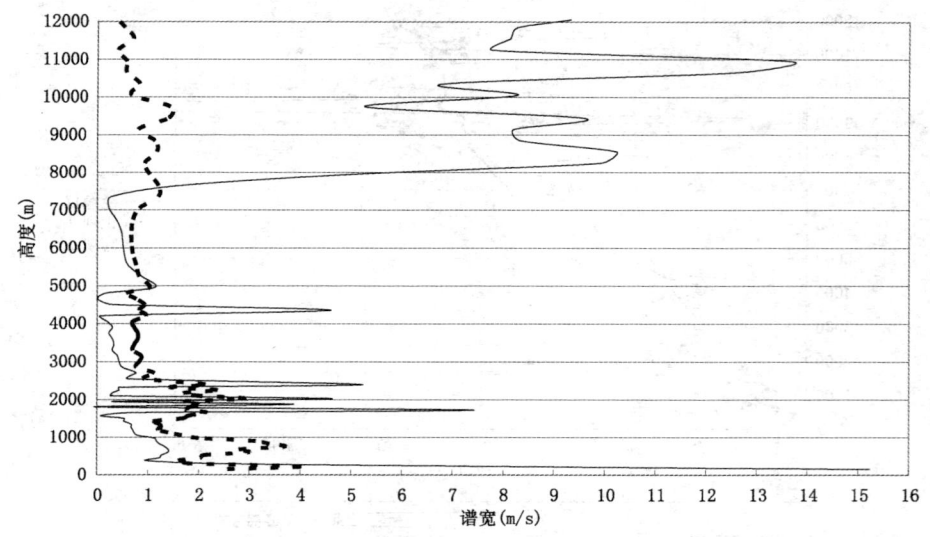

图 4.17　两种方法计算的谱宽结果对比

虚线为综合识别法检测结果,细实线为客观法检测结果

4.4.2　模拟试验分析

4.4.2.1　检测效果直观分析

采用第 3 章 3.5.1 节介绍的方法,模拟产生了含湍流信号、地杂波、随机噪声的风廓线雷达径向速度谱。依然设置湍流信号谱峰位于 -5 m/s 处谱宽为 1 m/s,地杂波谱峰位于零速度处谱宽为 0.4 m/s,进行 1024 点的离散速度谱线采样。在试验时,设置杂波的强度为 10 dB,湍流信号谱的强度分别为 -10 dB、-5 dB、0 dB、5 dB、10 dB。对三种谱分析法得到的功率谱采用客观化方法检测结果如图 4.18 所示。

从图 4.18 可见,客观化方法检测得到的谱一阶矩位置基本上都位于地杂波谱峰附近。由于客观化方法的实质是以功率谱密度值为权重,对切割的噪声电平以上的各谱线速度进行求和得到径向速度,因此其计算结果肯定位于强谱峰附近。当信号强度与地杂波强度相当时,客观化方法检测结果位于两个谱峰之间(参见图 4.18e)。只有当信号强于地杂波时,客观化方法检测结果才能反映出信号谱峰。根据这一结果就可以理解,如果风廓线雷达周围地杂波比较强时,采用的谱峰检测方法不佳,就很容易发生室外大风呼啸,雷达测的风却很小的现象。

对上述数据采用综合识别法的检测结果如图 4.19 所示。

由图 4.19 可见,在信号强度达 -5 dB 以上时,综合识别法都能正确地检测出谱峰位置。至于对图 4.19(a)和图 4.19(b)中的加噪谱未能正确检测出信号谱峰位置,

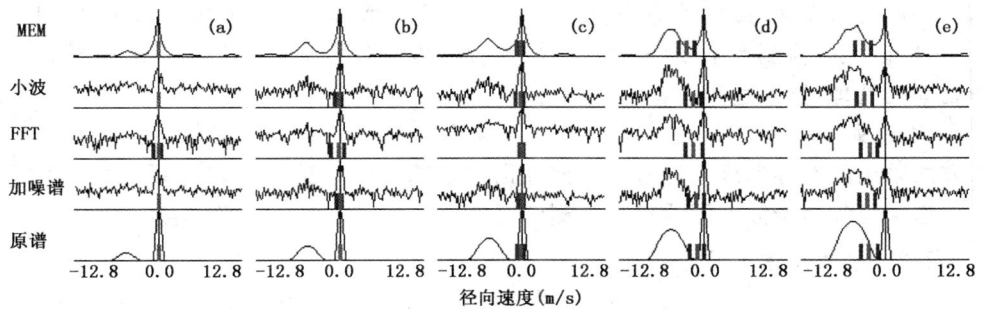

图 4.18　客观化方法的检测结果

图中红色短画线表示检测的谱一阶矩位置,两边的蓝色短画线表示检测得到的谱宽范围。每一行的功率谱为图左所示的谱分析方法所产生,每一列所用的模拟信号强度分别是(a)−10 dB、(b)−5 dB、(c)0 dB、(d)5 dB、(e)10 dB。设置地杂波强度为 10 dB。

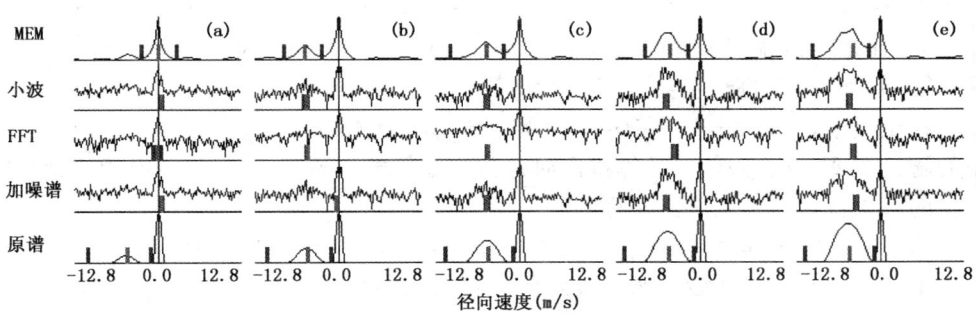

图 4.19　综合识别法的检测结果

图中红色短画线表示检测出的谱峰位置,两边的蓝色短画线表示检测得到的谱包络边缘点。每一行的功率谱为图左所示的谱分析方法所产生,每一列所用的模拟信号强度分别是(a)−10 dB、(b)−5 dB、(c)0 dB、(d)5 dB、(e)10 dB。设置地杂波强度为 10 dB。

是由于信号太弱,在综合识别法的分类检测步骤时(见 4.3.2.4 节),进行试探性切除后第二次找到的谱峰未能通过谱宽阈值和强度阈值检测。

在图 4.19 中倒数第一排"原谱"都能被很好地检测的原因,是由于综合识别法在检测时对信号谱宽有最小阈值限制,原始谱中的地杂波谱宽小于该值。但在模拟随机加噪后,地杂波谱被展宽,超过了这一阈值,所以在对图 4.19(a)中的加噪谱、FFT谱、小波谱、最大熵谱进行检测时,由于信号强度太弱,都错误地检测到了地杂波处。因此很弱的湍流信号和较宽的地杂波干扰,会影响综合识别法的检测效果。

在图 4.19(b)(c)(d)(e)中的加噪谱、FFT 谱、小波谱,谱峰位置都检测正确,但是谱包络检测误差大,即蓝色短画线与红色线太接近,这是由于信号谱包络范围内各谱线幅度起伏太大,影响了综合识别法检测效果。而原谱和最大熵的谱包络都比较光滑,所以包络检测效果较好。针对这种情况,可以对多普勒速度谱采取 3 点或 5 点滑动平均处理,能够适当改善。

比较图 4.18 和图 4.19 可见,综合识别法的检测效果要明显好于客观化方法。该方法采用的对零速度附近进行试探性谱线切除后,进行分类检测的做法有助于克服零速度处强地杂波对湍流信号检测的影响,提高了湍流目标检测的准确性。

4.4.2.2　检测误差定量分析

由于不可能给出所有的图进行直观对比,因此进行了客观化方法和综合识别法检测误差的模拟试验定量分析。

4.4.2.2.1　试验方案

模拟试验的方法如上所述。为了更贴近风廓线雷达实际探测过程中的复杂性和多样性,试验时设定信号谱峰的位置分别为 -5、-4、-3、-2、-1 m/s,信号谱宽仍为 1 m/s;信号强度按 1 dB 步长从 -20 dB 逐渐增加到 20 dB;地杂波谱峰仍位于零速度处,地杂波谱宽仍为 0.4 m/s,但地杂波强度按 5 dB 步长从 0 dB 逐渐增加到 10 dB。三者循环组合进行了数值模拟试验。

在试验中,用 VC++ 中 RAND() 函数自动产生(3.45)式、(3.47)式和(3.48)式中的随机数 X_n、Y_n,并读取计算机内时钟作为随机数初始值,确保了每次程序运行时产生的随机数序列是完全不一样的。

为了减少随机加噪的影响,对每个组合重复进行 100 次试验,对得到的功率谱分别用本章 4.2 节和 4.3 节介绍的方法进行目标检测和谱矩计算,并与原给定值相比较,分析在不同信号强度的情况下,两种检测方法求得的径向速度、谱宽与原给定值的误差。

4.4.2.2.2　地杂波影响下的检测效果分析

两种方法检测的径向速度误差随信号强度的变化如图 4.20 所示。结果表明,在信号强度 -10 dB 以下时,两种方法的检测误差都近似为 5 m/s。这是由于当信号很弱时,两种方法都将零速度处的强地杂波峰误判为信号造成的(参见图 4.18 和图 4.19)。

在图 4.20 中,当信号强度高于 -5 dB 时,客观化方法的检测误差开始逐渐减小。三条曲线随信号强度的增强几乎是单调下降,三条曲线之间也没有交点,这反映了客观化方法的检测误差随信号增强和地杂波减弱而逐步减小,这与客观法计算径向速度是对整个谱进行权重积分相一致。

而信号强度高于 -12 dB 时,综合识别法的检测误差就开始慢慢减少。在信号强度达到 3 dB 以前,综合识别法的三条曲线一直位于客观法的曲线之下,即识别法的检测误差要小于客观化方法。只有当信号强度高于地杂波强度 5 dB 以上时,客观化方法检测误差才小于识别法。这种强信号情况在实际工作中比较少见。因此，可以预期综合识别法在实际工作中更为有用。

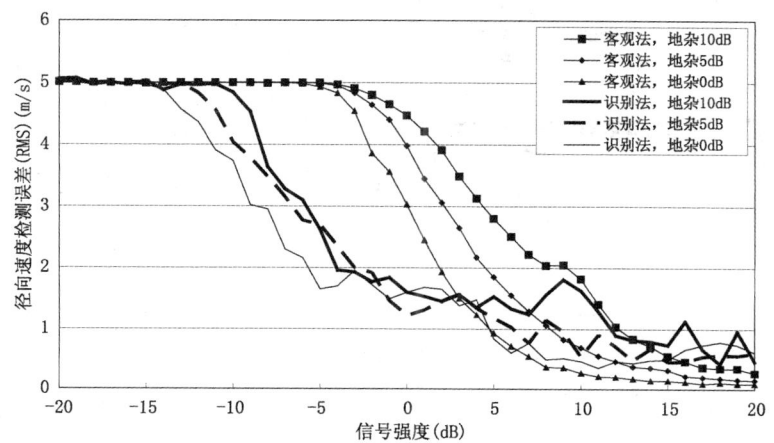

图 4.20　客观化方法与综合识别法检测的径向速度误差随信号强度的变化

信号谱峰位于 −5 m/s 处，地杂波强度分别取 10 dB、5 dB、0 dB

　　两种方法检测的谱宽误差随信号强度的变化如图 4.21 所示。信号强度在 −10 dB 以下时，两种方法的检测误差都较大。然后随信号增强，检测误差开始减少。但是信号强度在 −5 dB 至 15 dB 之间时，各曲线不同程度地显示检测误差出现先增加再减少的变化，仔细分析发现误差最大值发生在各曲线所代表的地杂波强度与信号强度相当的位置，这种现象在图 4.20 中也有显现，只是由于变化幅度较小，不太明显。分析这种现象，是由于当地杂波强度与信号强度相当时，在风廓线雷达功率谱上出现强度相当的双峰谱，会影响检测效果。客观化方法受到的影响更明显，所以曲线起伏较大。综合识别法也会受到影响，但误差起伏变化要小得多，说明检测效果比较稳定。

　　针对这种双峰谱的影响，综合识别法在检测信号谱峰时，设置了最小谱宽阈值限制，而且在检测出信号谱包络后进行谱矩的计算，因此在一定程度上可以克服尖峰杂波对目标检测的干扰，所以在图 4.20 和图 4.21 上，识别法检测误差要小于客观化方法。尤其是在弱信号和强杂波环境中，综合识别法要明显优于客观化方法。

　　在图 4.20 和图 4.21 中还发现，当信号更强时（图中在 7 dB 以上），综合识别法检测误差随信号增强有较小的脉动起伏变化，这是由于在模拟产生雷达回波信号谱时，由于加噪随机数的影响，当随机数突然很小时，很可能造成信号谱包络的分裂，这样对检测结果计算谱矩时可能只对一部分包络进行了积分，致使计算出的误差大。虽然每种情况进行了 100 次的重复试验，但依然有一些小的起伏，因此是一种随机误

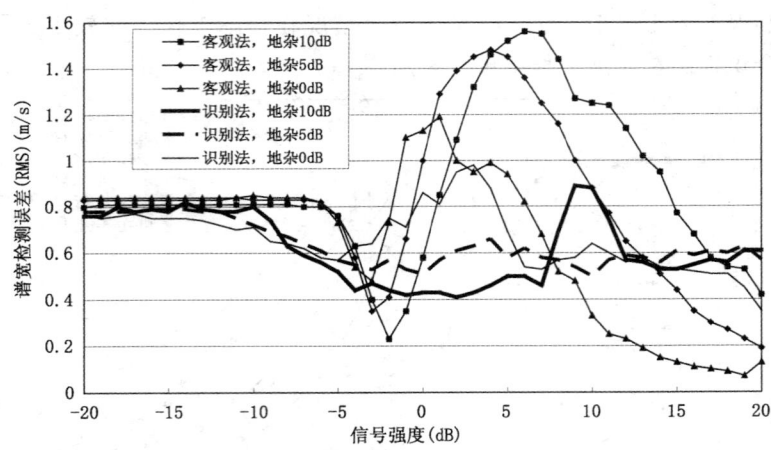

图 4.21　客观化方法与综合识别法检测的谱宽误差随信号强度的变化

信号谱峰位于 −5 m/s 处,地杂波强度分别取 10 dB、5 dB、0 dB

差的影响。

4.4.2.2.3　无地杂波时检测效果分析

在风廓线雷达实际探测时,地杂波的干扰总是存在的,但是考虑到对流层风廓线雷达在对中高层风进行探测时(即中模式和高模式工作时),地杂波影响会越来越小,而且如果风廓线雷达对杂波抑制做得比较成功的话,地杂波影响可以忽略。针对这种情况,下面进行无地杂波影响时的检测效果模拟分析。

在模拟试验时,此时在信号谱上不叠加杂波谱就可以了,参见第 3 章 3.5.2 节。试验时设定信号谱峰的位置为 −5 m/s,谱宽仍为 1 m/s;信号强度按 1 dB 步长从 −20 dB 逐渐增加到 20 dB。在每个信号强度时重复进行 100 次试验,求出检测结果与给定值之间的均方根误差。两种方法对径向速度和谱宽的检测误差分别如图 4.22 和图 4.23 所示。

从图 4.22 和图 4.23 可以看出,模拟信号强度在 5 dB 以上时,客观化方法和综合识别法检测效果相当。随着信号强度的减弱,两种方法的检测误差都越来越大。当回波信号弱到 −5 dB 以下时,客观化方法检测的误差明显增大,径向速度检测误差超过 1 m/s,谱宽误差超过 4 m/s,远远超过了风廓线雷达的探测准确率要求,因此客观化方法不可用。而当回波信号弱到 −10 dB 以下时,综合识别法检测的径向速度误差也开始快速增加,计算结果的可信度也将明显变差。

对照图 4.1 和图 4.4 可以发现,由于客观化方法切割出的噪声电平较高,信号谱峰包络就只露出一点点,也即原本就很弱的回波信号能量被切割牺牲掉一部分了,再采用全部谱积分法求谱宽时,远处露头的小茅草尖峰因在(4.9)式中具有较大的(f

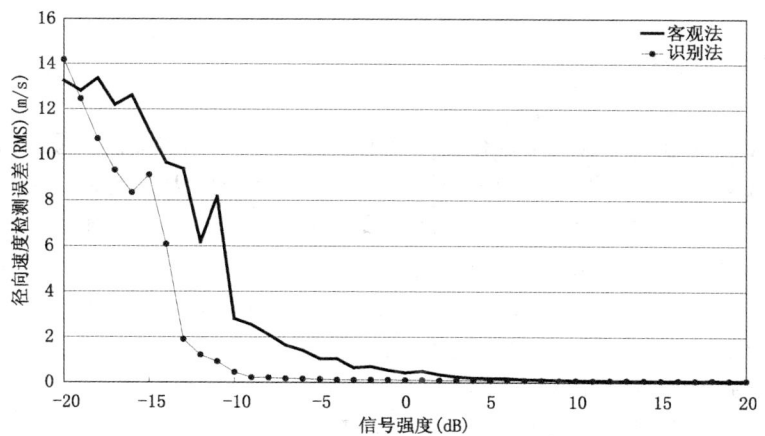

图 4.22　无地杂波干扰时两种方法检测的径向速度误差随信号强度的变化

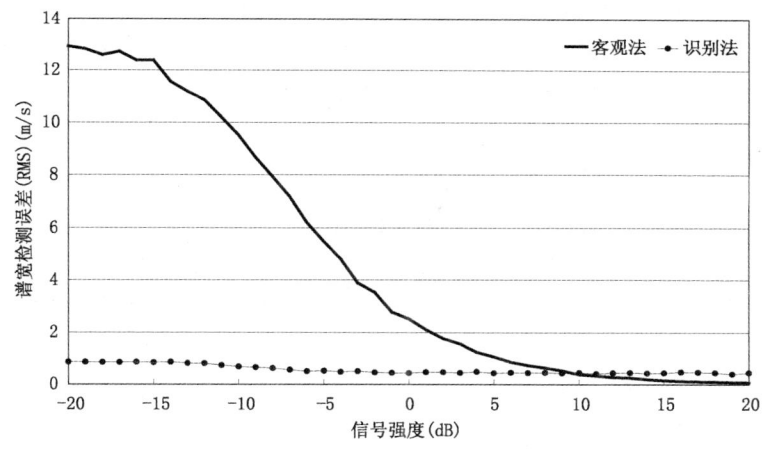

图 4.23　无地杂波干扰时两种方法检测的谱宽误差随信号强度的变化

$-f_D$），带来了较大的计算误差。而综合识别法中采用的分段平均法切割出的噪声电平低，较多地保留了回波信号能量，局部谱积分法的采用又避免了远处茅草尖峰的影响，所以计算误差小。

　　综合分析图 4.20 至图 4.23，可以看出：当回波信号强度低于−10 dB 时，不管地杂波干扰强弱如何，都很难获得好的检测效果，也就难以保证测量数据的可信度。当信号强度高于 10 dB，且强于地杂波时，两种检测方法都可以取得较好的效果，计算误差相当，客观化方法的检测效果要稍好于综合识别法。当信号强度在−10 dB 和 10 dB 之间时，综合识别法的检测效果要优于客观化方法。当湍流信号弱且地杂波污染较重时，综合识别法检测误差小、效果好。

4.5　本章小结

　　风廓线雷达的目标检测是进行谱矩计算和风反演的前提,本章通过对风廓线雷达功率谱易受地杂波污染特点的分析,研究了客观化分析法的不足。通过吸收最大链方法和 NIMA 方法的基本思想,以做到实时业务处理为目标,研究提出了综合识别法,它主要包含以下几点:以分段平均法确定噪声电平;以高于噪声电平的谱峰极值点和一定的谱宽要求,来搜寻信号谱包络;以对地杂波的试探性切除和分类检测,来去除地杂波影响;通过各高度层之间的连续性检测,对谱峰包络位置进行调整;最后对搜寻出的谱峰包络进行局部谱积分,求得各阶矩。

　　数值模拟和实例分析表明:(1)当回波功率谱比较"干净",地杂等的污染较轻,湍流回波信号比较强时,采用客观化方法和综合识别法,都可以取得较好的效果。(2)当地杂等的污染较重,回波功率谱上茅草尖峰较多较强时,采用综合识别法误差小、效果好。(3)对雷达回波信号功率谱进行 3 点滑动平均,能改善回波信号谱的分裂程度,有助于信号谱峰包络的完整性判断,可提高谱矩的计算精度。

第 5 章　风廓线计算与数据质量控制方法

在对风廓线雷达依次测量的三（五）个波束指向功率谱，完成湍流目标检测和谱矩计算之后，便可以计算出风廓线。由于湍流回波信号弱，雷达探测容易受到各种干扰的影响，使得计算结果中常常出现异常点，因此需要采用一些数据处理技术和质量控制方法，以改善探测结果的合理性。

5.1　数据质量控制方法的发展

气象观测资料的质量对气象及相关领域的研究具有重要影响，如何进行气象观测资料的质量控制，确保资料的代表性和准确性，是气象科技工作者必须面对的科学问题。熊安元等（2003）简要介绍了北欧国家对实时和非实时气象资料进行质量控制的流程，所采用的方法技术等，气象资料从观测台站到资料中心要经历 4 个级别的质量控制流程，分为单站质量控制和空间质量控制两大类，每类又分为不同的检查方案，最后根据不同的用户对象给出不同的质量控制标识，这一处理过程具有很好的代表性。

但是本章所讨论的风廓线雷达的数据质量控制有所不同，它是指对风廓线雷达连续进行的实时探测给出的每一条风廓线进行的判断，因此除了实时性要求外，还因为整条廓线都是待判断点，它能够利用的信息就只有前一时刻的探测结果和历史资料的统计值。1983 年，Hogg 介绍了在风廓线雷达中采用一致性平均（consensus averaging）方法进行数据质量控制的情况。1984 年，Strauch 总结了一致性矩平均方法在科罗拉多风廓线雷达试验网中的应用。1986 年，Brewster 等提出在假定风廓线随时间和高度的一阶导数场是光滑的前提下进行质量控制。1988 年，Brewster 等再次著文介绍了利用气候统计和初始值构建背景场，通过对观测值的最优预测分析进行质量控制的方法。

1989 年，Wuertz 等提出了一致性平均方法，通过一致性平均、中值检查和时空连续性检查来识别数据的好坏；1991 年，Weber 等提出了连续性算法（continuity algorithm），该算法使用了模式识别技术来识别和剔除那些不符合时间和空间连续性定义的数据，通过对被检测点周围数据（相邻的上下高度和前两个时刻的数据）进行最小二乘线性插值,然后用这个插值与被检测值进行对比。如果差异值大于设定的门限值,那么被检测的数据是"坏"数据。1993 年,Welsh 等通过采用 NOAA 404 MHz 风廓线雷达的数据,对一致性方法和连续性方法的质量控制效果进行了对比,结果表明这两种算法都可以去除掉一定的虚假风数据,得到较为平滑的数据。但同时两种方法的结果也存在差异,原因主要是两种方法的取样是不同的,其次是大气的不稳定性和仪器的测量准确性造成的影响。1993 年,Daniel 等采用边界层风廓线雷达探测数据,对一致性方法和连续性方法的质量控制效果进行了对比,指出一致性方法只采用了时间上的信息,但能做到实时处理,连续性方法加上了空间信息,是非实时处理的。两种控制方法的效果无明显差异,都依赖于质量控制参数的选取和所处理的原始数据质量的好坏。同时还指出地杂波对数据质量影响很大,大气稳定、风随时间变化小、高信噪比是获得高质量数据的关键。

1994 年,Miller 等对比了一致性方法和连续性方法的质量控制效果,指出连续性方法的效果要好一些,两种方法检查出"坏"数据的准确率相当,但是连续性方法把"好"数据判成"坏"的情况大大减少。后来时空连续性方法成为美国风廓线网中数据质量控制的主要算法。该方法有两个使用前提,一是"好"的数据量要多于"坏"的数据;二是在高度和时间上,风廓线数据的变化较为平稳。

1998 年,Lambert 等提出了联合的风廓线雷达质量控制方案,它包括采用一致性平均、降水污染检查、中值滤波检查、连续性检查和信噪比门限控制,并且讨论了如何组合才能产生最好的效果。1998 年,Schumann 等利用肯尼迪航天中心 50 MHz 的风廓线雷达资料对中值滤波和初始值的质量控制效果进行了评估,

2003 年,Lambert 等提出了一种自动质量控制算法,主要分为三部分,逐步进行:风廓线雷达的检测、单个距离门的大气特性检测、多距离门的大气特性检测。风廓线雷达检测主要基于风廓线雷达回波特点和信号处理设置进行的,主要检查一致性检查通过率和信噪比大小。单个距离门的大气特性检测包括对风速与风向的变化限制、垂直速度大小的限制和雨"污染"的判断。多距离门的大气特性检测包括垂直切变和中值检测。

从以上文献可以看出,风廓线雷达由于回波信号易受污染,对数据进行质量控制是必须的。本章介绍了进行一致性平均、风廓线反演、质量控制研究的情况。

5.2　一致性平均的研究

风廓线雷达探测结果需要进行平均处理的原因有两条:一是自然界的风随时间变化比较明显;二是风廓线雷达探测易受到各种杂波的干扰。

5.2.1　风场的散布变化

在自然条件下,风是所有气象要素中变化最频繁的一个。从地面气象观测场的风向风速表的显示可以看出,风向风速一直是在变化的,在某一时段内,风只是大致指向一个方向。图 5.1 是用超声波风速计在 100 m 铁塔上观测到的大气的风速、风向和垂直气流瞬时变化情况,横坐标表示仪器采样次数,采样间隔为 1s。

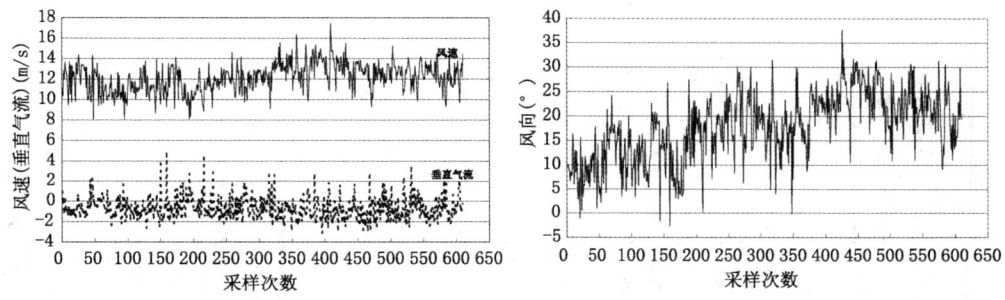

图 5.1　风速、风向、垂直气流的瞬时变化

从图 5.1 可以看出,在观测时间第 410s 时风速在 10s 内的变化达到了 7 m/s,另在 350s 左右风向的变化也达到了 30°以上。说明风在短时间内的变化是很大的。而近地层的垂直气流变化也是很大的,与水平风速的变化属于同一量级,不但有上升运动,也有下沉运动,从平均情况看,表现为弱的下沉运动。

风的这种快速的脉动变化不仅被地面仪器所观测到,在新一代的气球探空测风雷达中也很明显,图 5.2 为利用气球探空雷达每间隔 1s 观测的气球方位、仰角和斜距数据所计算出的风向风速随观测时间的变化图。由于气球在不断升空,实际上也就是随高度的变化图。

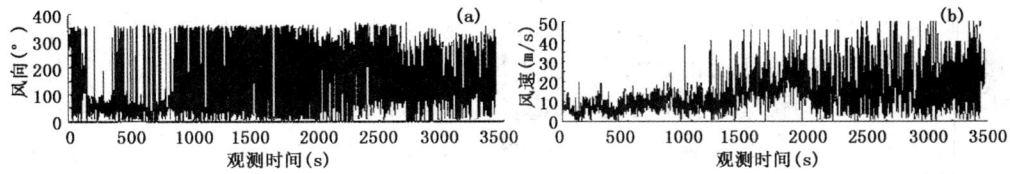

图 5.2　气球探空雷达以 1 s 间隔测量气球位置后计算的风向风速随高度变化图

该雷达的测距标准差为 5 m,测角标准差为 0.04°,属于精度较高的跟踪雷达,因此测风的精度也是比较高的。从图中可见风向风速随高度变化也很剧烈。

风的这种快速脉动变化,正反映了大气中分布着各种尺度的湍流运动。从大气环境的微观上看,由于受大气运动、地面摩擦及太阳和地面辐射等因素的共同影响,大气中充满各种尺度的湍涡,使得一个地区的气流在大趋势上是指向一个方向的,但是某一局部不断受到微气团组成的旋涡的影响,使得风向风速在不断变化。

　　大气中湍流在影响着局部风场的同时,也在随风移动,这也是风廓线雷达能够在晴空天气条件下测风的原因。图 5.3 为对 2005 年 11 月 15 日 13 时至 17 时对流层风廓线雷达连续测量数据,采用东、北、中三波束计算的结果,未进行平均处理和质量控制,相邻风廓线之间可以看成是风的短时脉动变化。

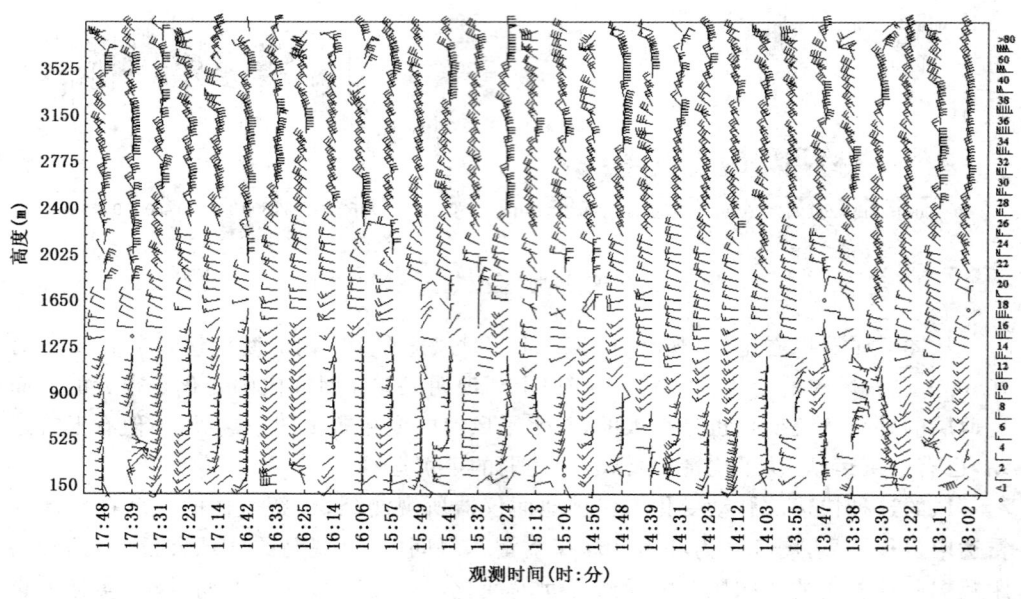

图 5.3　风廓线雷达中、北、东三波束计算结果,未进行平均处理

　　以上实例观测表明,由于大气中存在的各种尺度涡旋的影响,使得在一个固定点上测得的风向风速不断变化。尤其是很小尺度微气团的运动,造成风的短周期的瞬时脉动。风的这种快速的脉动变化,严重影响了观测资料的代表性和可比较性,这种反映局地短时间内风的脉动变化对天气学分析是没有意义的,因为天气形势的分析都是建立在比较基础上的,一个高频变化的量,即使相差很短的时间,也会造成较大的误差,而相距很近的两个观测点,也可能不在同一个微气团内。因此,世界气象组织规定在气象观测时取气象要素在一定时间的平均值,得到相对稳定的有代表性的数据,作为天气预报和气候统计的依据。瞬时的高空风观测值也没有大的使用价值,也必须计算风向风速的平均值,其结果才有应用价值。

5.2.2　平均时间长短的选择

对风的测量数据进行平均,可以显著减小风场的散布,提高测量数据的代表性。仍采用图 5.2 的气球探空雷达测量数据,按照目前高空气象探测规范的要求,只用整分钟观测的方位、仰角和距离数据计算高空风向风速值,得到风随高度的变化情况如图 5.4 所示。可以看出风的脉动性明显减弱。

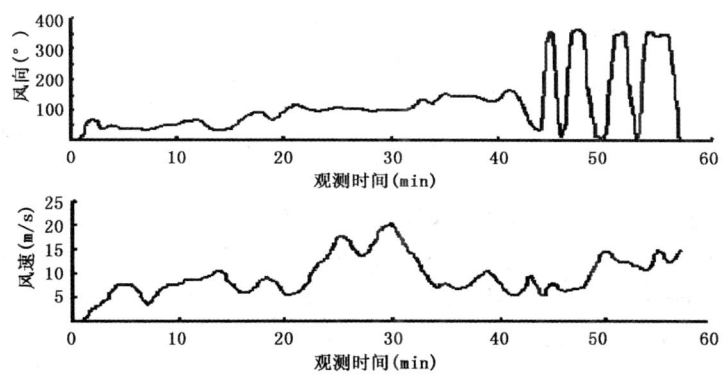

图 5.4　气球探空雷达以 1 min 间隔测量气球位置后计算的
风向风速随高度的变化图

究竟多长时间的平均才合适呢? 因为平均时间越长,平滑作用越大,短时间内发生的一些风切变的信息也会被平滑。对于地面风,世界气象组织在第六版"观测指南"第 5 章中指出:风是由许多在时空上随机变化的小尺度脉动叠加在大尺度平稳气流上的一种三维矢量。以快速脉动为特征的风则称之为阵风。阵风峰值是指在规定的时间间隔内观测到的最大风速;在每小时的天气报告中,阵风峰值就作为前一小时的风的极值。大多数使用风的数据的用户需要平均的水平风;平均风是在 10～30 min 时间段的平均的量。

而在"观测指南"第 19 章"航空气象站的观测方法"中规定:阵风应从 3 s 滑动平均值中求出;在机场为飞机起飞与着陆而进行的观测时平均时间为 2 min;宜用矢量平均而不用标量平均。

从上述描述中可以看出,"阵风"是指风的 3 s 平均值,"平均风"是指 10 min 以上的平均值。对于高空风,世界气象组织没有规定计算的时间间隔。可以预见气球测风时观测时间间隔越短,风的脉动性也会越大。

作者通过对国外风廓线雷达观测研究文献的调研,借鉴世界气象组织在第六版"观测指南"中的有关描述,并结合多次风廓线雷达外场观测经验,认为边界层风廓线雷达进行 15～30 min 的平均,对流层风廓线雷达进行 30～60 min 的平均,是比较合适的。这主要考虑了两点:(1)对于地面风,世界气象组织规定"阵风"是风的 3 s 平均值,"平均风"是 10 min 的平均值。(2)对于平稳随机过程而言,平均的样本数达到 10 个左右时平均值的概率分布才基本具有正态分布形式,观测值 95% 的置信区间才不至于太宽。而要达到 10 个左右的样本,对流层风廓线雷达一般需要连续观测 60 min 左右。

5.2.3　平均方式的选择

对连续观测数据进行平均的方式有两种:一是统计平均方式,即对平均时间段内所有的数据求和后再平均。这种方法适用于观测数据有较小的脉动变化,观测时主要是天气的随机变化和弱的干扰,当存在异常强干扰时,会影响平均值的可信度。另一种是一致性平均方式,通过对平均时间段内所有的数据先进行一致性检查,将数据值相接近的放在一起组成一个集合,最后找到样本数最大的集合,对该集合中的数据求平均,作为该时间段的观测平均值。显然,一致性平均方式有助于去除掉那些与前后测量数据平均值相差较大的数据。

一致性平均是建立在一致性检查基础上的。一致性检查涉及三个参数:一致性平均时间、一致性窗口宽度和一致性样本门限。一致性平均时间就是观测时间段;一致性窗口宽度是指将两次观测值判为一个集合时所允许的最大差值;一致性样本门限是指判定是否通过一致性检查时,对最大集合中数据个数占样本总数的最小百分数要求。

在风廓线雷达探测中,造成探测结果出现散布变化的原因,除了自然界风自身存在的变化外,还由于风廓线雷达探测的湍流回波信号弱,测量结果易受到杂波污染。图 5.5 为将图 5.3 中从 14:23 至 15:24 计算结果,与 14:31 同时施放的气球探空雷达观测结果的对比。

从图 5.5 可见,不同时刻计算值在高度 7 km 以上偏离气球观测值较大。从多普勒速度谱图上可以发现(图 5.6),本来在 4950～7350 m 距离之间连续变化的信号谱峰,由于出现干扰,从 7650 m 开始谱峰跑到了零速度线的另一边,致使计算出的风出现异常。

根据当时现场的观察记录,此次干扰是由于飞机造成的。从图 5.6 可以看出,由于飞机干扰,在 7650～9750 m 距离处,功率谱上有三个明显的谱峰,两边的谱峰应该是飞机的飞行速度造成的,因为存在速度模糊现象而出现于两边,零速度线附近的谱峰可能是由于飞机喷出的尾部气流造成。仔细分析,可以看出从 6750～7350 m 距离层间连续的信号谱峰往上延伸的位置,依稀可以发现有弱的谱峰,但是因为与干扰谱峰相比实在太弱,已经很难检测出来。

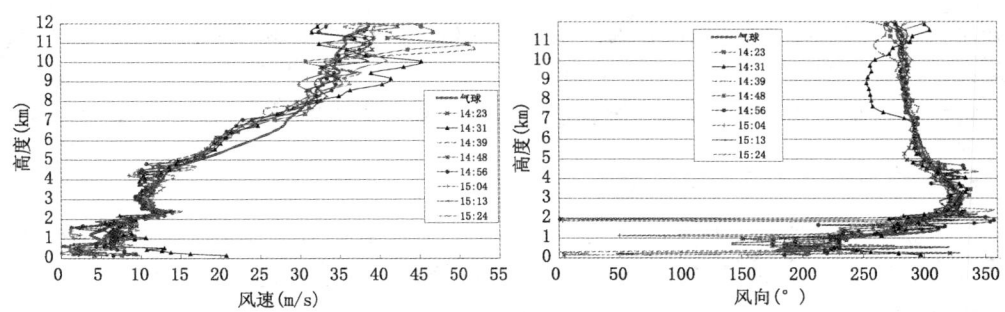

图 5.5 风廓线雷达不同时刻观测结果与气球测风的比较

粗红线表示气球测风结果,其他不同的颜色和线形表示不同的观测时间,具体见图中所示

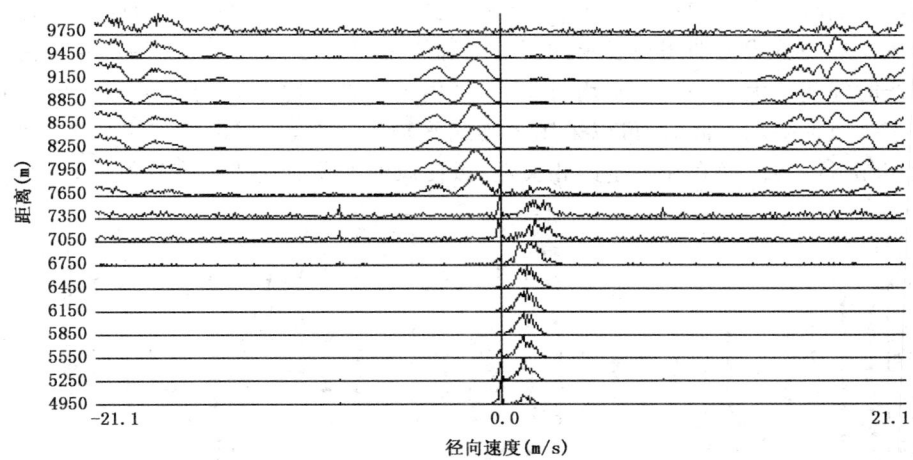

图 5.6 受飞机干扰的风廓线雷达功率谱

长时间固定的地杂波等污染主要依靠目标检测方法来克服(即第 4 章的研究内容),而像图 5.6 这样的飞机、汽车等经过时的偶尔干扰,因为干扰造成的数值污染很大,因此宜采用一致性平均方式。由于飞机等在风廓线雷达探测区域存在的干扰时间短,这一次探测样本出现,下一次探测样本可能就不会出现,采用一致性检查和平均的办法能较好地将其污染数据剔除掉。一致性平均是去除飞机、汽车等短时间孤立干扰的最简单、最有效的方法。

在风廓线雷达中,一致性平均的具体流程是:假设某个波束在一致性平均时间内在同一个距离处,测得 10 个径向速度样本 $w_1 \cdots w_{10}$,首先将 w_1 和 $w_2 \cdots w_{10}$ 分别做比较,差异小于一致性窗口宽度的数据放到集合 s_1 中,同理,可分别得到集合 $s_2 \cdots s_{10}$,挑出样本数最多的集合,计算出其中的样本数相当于总样本数的百分比。如果该百分比大于一致性样本门限,则称通过了一致性检查,否则称为未通过一致性检查。对最大样本集合的径向速度数据求平均,作为该高度测量的平均径向速度,即为一致性平均值。重复上述流程,完成对所有指向波束在各个距离库观测数据的一致性平均。

5.2.4　平均结果分析

图 5.7 为对图 5.3 进行 60 min 一致性平均后的结果。与图 5.3 比较可以看出,经过一致性平均后,消除了短时间的脉动变化,风随时间的变化比较连续。

虽然进行了 60 min 的一致性平均,图 5.7 与图 5.3 的时间轴上显示的时间分辨力却一样,这是由于在进行一致性平均时,对平均时间段采用了滑动平均方式。这是为了解决风廓线雷达探测时一致性平均时间的内在原理要求,与给出用户所要求的风廓线时间分辨力之间存在的矛盾,而采取的方法。一致性平均时间即多长时间的平均风。时间分辨力即用户要求的两条风廓线之间的时间间隔。当用户要求输出的风廓线时间间隔大于一致性平均时间时,采用分段式平均方法;当用户要求的时间间隔小于一致性平均时间时,可以采用滑动式平均。当然,采用滑动式平均方式时,输出的相邻风廓线之间存在一定的相关性,致使风的变化看起来很有连续性。

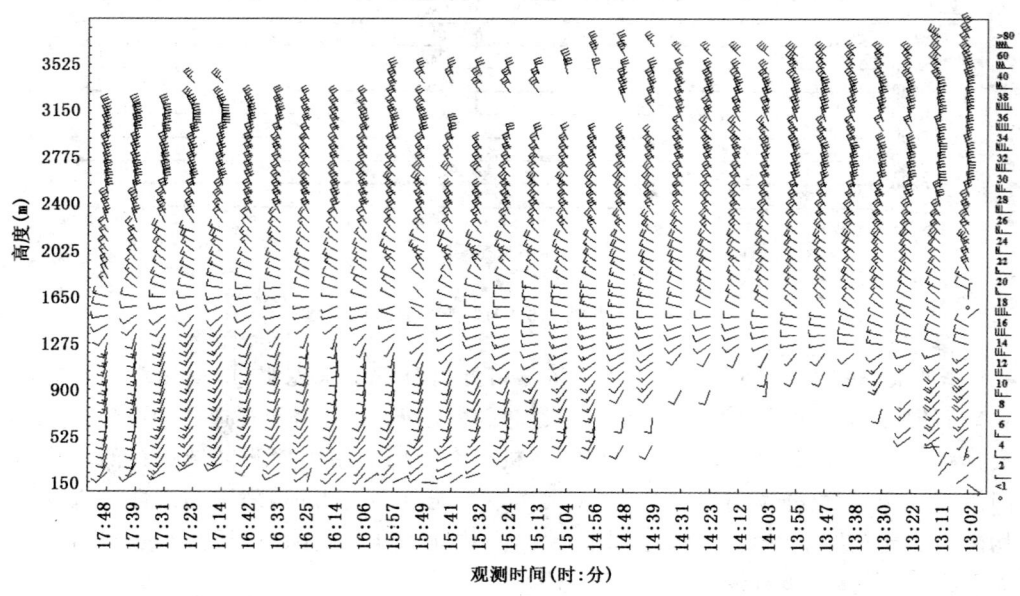

图 5.7　风廓线雷达中北东三波束计算结果(一致性平均时间 60 min)

在图 5.7 中很多高度显示无数据(空白),这是由于目前质量控制的一般做法是:只对通过了一致性检查的数据才计算平均值;如果未通过一致性检查,则不计算平均值。只有三个波束指向在同一高度处的探测数据,都通过了一致性检查,才可以计算得到该高度的风。若波束未通过一致性检查,将不能计算该高度的风,这是造成风廓线雷达探测数据经常出现空白的原因之一。

图 5.8 为将通过一致性检查计算的风(黑色风羽)和未通过一致性检查计算的风(红色风羽)全部显示出来的结果。可以看出,很多红色的数据与周围的数据还是有连续性的。(图 5.8 的彩图见书后)

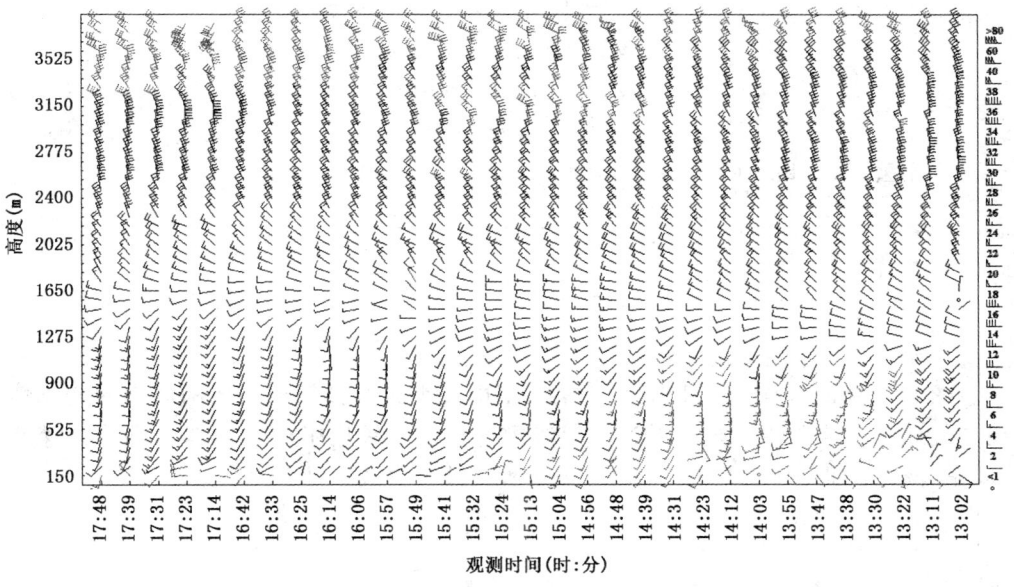

图 5.8　不管是否通过一致性检查,都用于计算时的结果
黑色为通过一致性检查的数据计算的风,红色为未通过一致性检查的数据计算的风

为了尽可能减少空白的出现,作者经过研究试验,提出无论雷达探测数据是否通过一致性检查,都用样本数最多的集合求得径向速度的平均值,并代入下一步的风廓线计算。但是对通过一致性检查的距离库和未通过一致性检查的距离库采用不同的标记,在风廓线雷达数据质量控制时进行综合考虑。这样既可以有效减少空白现象的发生,也可以确保最终输出的风数据的可信度。

5.3　风廓线计算

风廓线雷达工作时可以采用三个波束探测风,也可以采用五个波束来测风。三波束计算方法简单,但由于湍流回波信号弱,雷达探测容易受到各种干扰的影响,使得其中一个或多个波束指向的测量数据受到污染，就可能导致计算结果出现异常，直接影响风的计算质量。为提高风的数据质量，需要开展算法研究。

5.3.1　不同波束组合计算比较

假定雷达探测时，采用的三个波束指向分别为垂直向上（以下简称中波束）、向北和向东，东、北两个倾斜波束的仰角都为 α 度。三个波束指向上某高度的径向多普勒速度分别为 V_{re}、V_{rn}、V_{rz}，它们与三维风分量 u、v、w 的关系为：

$$V_{re} = u\cos\alpha + w\sin\alpha \tag{5.1}$$

$$V_{rn} = v\cos\alpha + w\sin\alpha \tag{5.2}$$

$$V_{rz} = w \tag{5.3}$$

利用公式（5.1）～（5.3）可以解得

$$u = \frac{(V_{re} - V_{rz}\sin\alpha)}{\cos\alpha} \tag{5.4}$$

$$v = \frac{(V_{rn} - V_{rz}\sin\alpha)}{\cos\alpha} \tag{5.5}$$

$$w = V_{rz} \tag{5.6}$$

图 5.9 为 2005 年 11 月 15 日 14:23 不同波束组合计算出的风随高度的变化情况与气球测风结果的比较。因为风廓线雷达探测时采用了一垂四斜的五波束探测（即东、南、西、北、中），所以可以组合成四种三波束方式来计算风廓线。

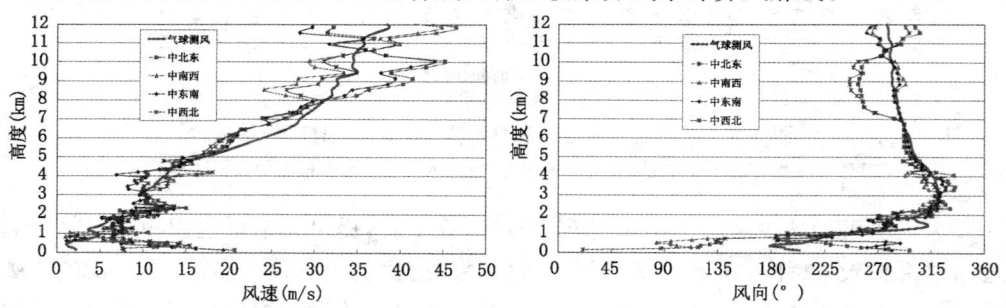

图 5.9　不同波束组合计算结果与气球测风的比较

图中不同的线型和颜色表示不同的三波束组合

从图 5.9 可见，在 1000～8000 m 高度之间，不同波束计算结果比较一致，差异较小，说明风在这一高度水平均匀，湍流在不同波束指向空间具有各向同性。从功率谱上可以看出，这一高度范围内回波信噪比较高，谱峰明显，且在东西波束、南北波束间具有明显的对称性（参见图 4.12）。而在 1000 m 以下，由于地杂波的干扰，各个波束探测谱上都不同程度地存在尖峰干扰，尤其是东波束在 150～950 m 距离的干扰谱具有一定的谱宽和空间连续性，被错误地检测为目标峰（参见图 4.13）。西波束在 300～450 m 距离也是这种情况，使得图 5.9 中 1000 m 以下计算的风廓线与气球相比都存在较大差异。

在 8000～10000 m 高度间，中北东、中西北两种组合计算的风向风速与气球测风结果相比差异较大，这是由于北波束探测时恰遇飞机干扰造成的。由于飞机干扰很强，造成 7 个连续高度上出现强的谱峰包络，如图 5.10 所示。这样的干扰谱型既比较强又有一定的谱宽和谱包络，很容易造成谱检测的错误。

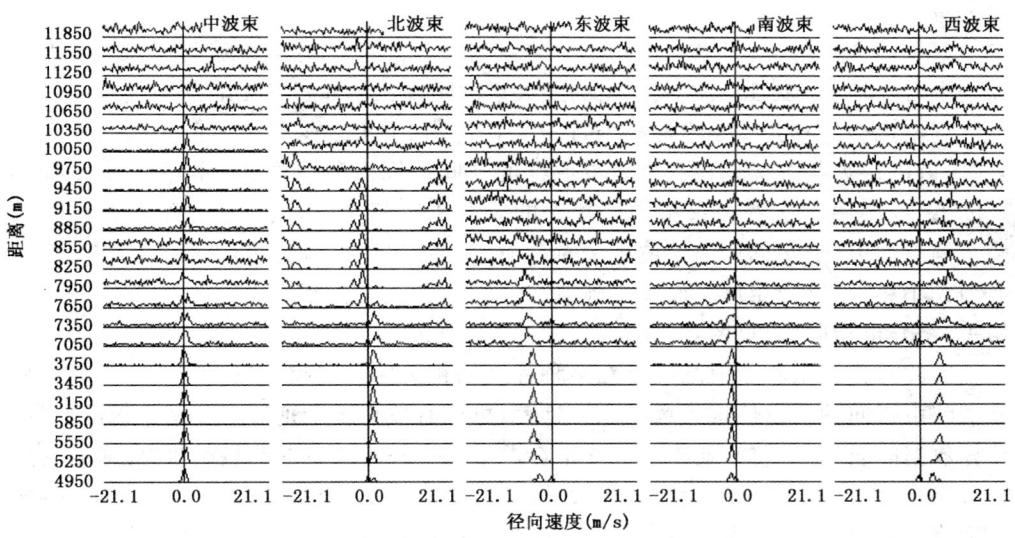

图 5.10　雷达采用高模式探测得到的五波束指向的功率谱

上述个例分析表明，三波束计算风的方法虽然简单，但由于湍流回波信号弱，雷达探测容易受到各种干扰的影响，使得其中一个或多个波束指向的测量数据受到污染，就可能导致计算结果出现异常，直接影响风的计算质量。

三波束计算风在实际工作中还会遇到的另一个问题是：由于水平风在垂直波束上的投影为零，垂直波束测量的多普勒速度只是垂直气流的投影，由于多数情况下垂直气流一般较小，因此在垂直波束测量的回波功率谱上，湍流回波信号通常在零频附近，而地物杂波一般也在零频附近，两者的频谱包络常常混叠在一起，造成垂直波束在目标检测时出现较大误差，这样的误差会带入(5.4)式和(5.5)式，造成风计算误差。对于 75° 的斜波束仰角，误差传递系数达 3.73 倍，因此 0.5 m/s 的垂直波束测量误差，会造成 1.86 m/s 的误差，这是比较大的。而 0.5 m/s 的垂直波束测量误差，也就相当于在进行目标谱峰检测时（参见第 4 章），在功率谱分布上位置检测差了两根谱线,这在实际工作中是很可能发生的。

　　当然倾斜波束测量时也会受到地杂波的污染,但由于水平风在斜波束上的投影常常使得湍流信号谱峰偏离零频,不与地杂波谱峰混在一起,从而有利于目标谱峰的正确检测。所以早期的风廓线雷达也有忽略掉垂直气流,只用两个斜波束探测的。

5.3.2　五波束计算

　　为了克服三波束计算可能存在的上述两个不足,研究提出了五波束计算方法,其主要思想介绍如下。

　　根据表 2.1 可见,风廓线雷达不同波束指向之间的空间距离随测量高度的升高而增大,但是直到 12 km,波束之间的最大空间距离也不超过 7 km,这与气球探空从施放到结束会漂移几十千米甚至上百千米相比,几乎可以忽略。因此风廓线雷达探测时,可以认为空气运动在五个波束取样的空间范围内是一样的。即在同一个探测高度上,风廓线雷达各波束指向位置处的风向风速相同,那么风在方位相差 180° 的两个倾斜波束(下文称这两个波束为对称波束,如东与西,南与北)上形成的多普勒速度为大小相等、符号相反。而垂直气流在所有倾斜波束上形成的多普勒速度为大小相等、符号也相同(参见图 2.8)。

　　因此对称波束测量值之间存在某种程度的相关性,充分利用这种相关信息,采用五个波束指向的测量值进行风的联合计算,可以有效克服个别波束受污染情况,提高计算数据的质量。例如,地物杂波常常会严重污染垂直波束的测量结果,此时若使用公式(5.6)计算垂直气流,会造成很大的计算误差。而若使用两个对称波束测量的多普勒速度相加,便可以得到垂直气流。例如,以东、西两个对称波束为例,测量的多普勒速度分别为:

$$V_{re} = u\cos\alpha + w\sin\alpha \tag{5.7}$$

$$V_{rw} = -u\cos\alpha + w\sin\alpha \tag{5.8}$$

　　因此,可以得到垂直气流 w 为:

$$w = \frac{(V_{re} + V_{rw})}{2\sin\alpha} \tag{5.9}$$

　　然后再与倾斜波束测量结果联合处理,便可以计算出风。此时(5.4)、(5.5)两式可改写为:

$$u = \frac{(V_{re} - w\sin\alpha)}{\cos\alpha} \tag{5.10}$$

$$v = \frac{(V_{rn} - w\sin\alpha)}{\cos\alpha} \tag{5.11}$$

　　这便是风廓线雷达五波束探测时,联合进行风计算的主要思路。即采用一致性平均去除偶尔干扰的影响,用对称波束相减求垂直气流来克服垂直波束测量误差的传递。图 5.11 为对 2005 年 11 月 15 日 13 时至 17 时对流层风廓线雷达连续测量数据，采用五波束计算的结果，一致性平均时间 60 min。

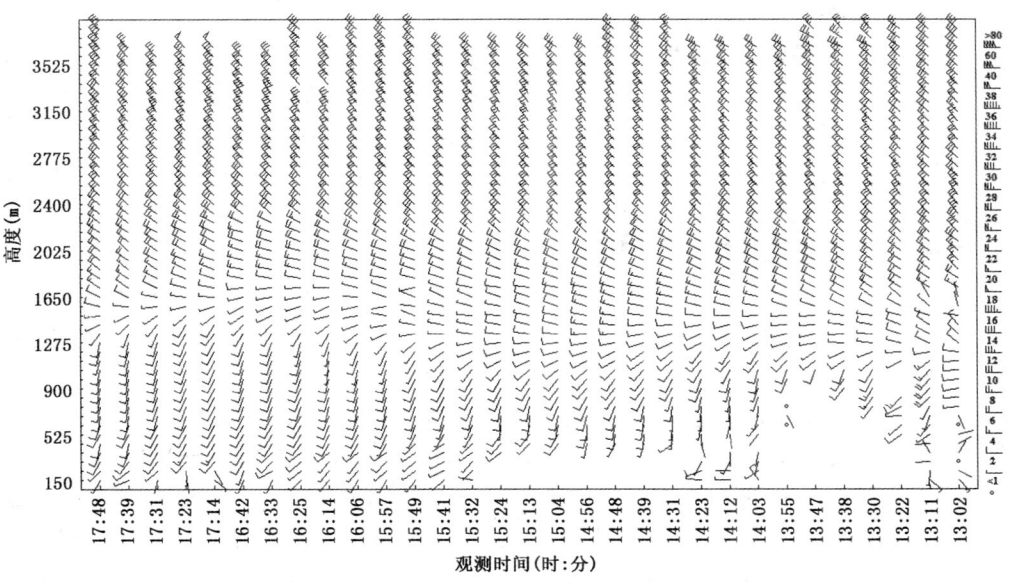

图 5.11　对流层风廓线雷达采用五波束计算的结果（一致性平均时间 60 min）

与图 5.7 相比，图 5.11 上 2400 m 以上的风向风速有变化，而且空白明显减少。

5.3.3　联合计算方法

应用五波束探测数据，以及通过一致性检查的和未通过一致性检查的数据，联合开展风廓线的计算。具体方法是针对五波束在同一高度的探测值是否通过一致性检查的不同情况，进行如下判断和计算：

(1)若四个倾斜波束（东、南、西、北波束）测量的多普勒速度都通过了一致性检查，则可以利用两两对称波束，以(5.9)式先求出垂直气流，东西波束计算出 w_1，南北波束计算出 w_2，两者平均后求得 w，即 $w = (V_{r1} + V_{r2} + V_{r3} + V_{r4})/4\sin\alpha$。再利用求得的 w，分别结合东、北波束和西、南波束测量的多普勒速度，利用(5.10)、(5.11)式分别求得风分量 u_1、v_1 和 u_2、v_2。最后求得平均值 $u = (u_1 + u_2)/2$，$v = (v_1 + v_2)/2$，从而得到 u、v、w；

(2)若有三个斜波束通过一致性检查（记为 V_{r1}、V_{r2}、V_{r3}），则三个斜波束中必有两个是对称波束（例如东、西波束或南、北波束），设为 V_{r1}、V_{r2}，则根据(5.9)式，利用这两个对称波束首先求出 $w = (V_{r1} + V_{r2})/2\sin\alpha$；再利用求得的 w 和 V_{r3}，分别与

V_{r1}、V_{r2}组合成三波束,利用(5.10)、(5.11)式分别求得 u_1、v_1 和 u_2、v_2;最后平均后求得 $u=(u_1+u_2)/2$,$v=(v_1+v_2)/2$,从而得到 u、v、w;

(3)若只有两个斜波束通过一致性检查,分两种情况:

①若两个斜波束为非对称波束,则可以与垂直波束一起构成三波束测风,用(5.4)式~(5.6)式求得 u、v、w;

②若两个斜波束为对称波束,则首先用(5.9)式求得 w,再在另两个未通过一致性平均的正交方位波束中选择一致性判断时样本最多的一个,与这两个斜波束联合,采用(5.10)式~(5.11)式,分别求出 u_1、v_1 和 u_2、v_2;最后平均求得 $u=(u_1+u_2)/2$,$v=(v_1+v_2)/2$,从而得到 u、v、w;

(4)若只有一个斜波束通过一致性检查,则在正交方位的斜波束中找出虽未通过一致性检查,但一致性判断时样本最多的一个,与垂直波束一起组成三波束测风,采用(5.4)式~(5.6)式求得 u、v、w;

(5)若全部都没有通过一致性检查,则利用两两对称波束,以(5.9)式先求出垂直气流,东西波束计算出 w_1,南北波束计算出 w_2,两者平均后求得 w,即 $w=(V_{r1}+V_{r2}+V_{r3}+V_{r4})/4\sin\alpha$。再利用求得的 w,分别结合东、北波束和西、南波束测量的多普勒速度,利用(5.10)、(5.11)式分别求得风分量 u_1、v_1 和 u_2、v_2。最后求得平均值 $u=(u_1+u_2)/2$,$v=(v_1+v_2)/2$,从而得到 u、v、w。

需要指出的是:上述各步在计算后,将根据是否采用了未通过一致性检查的距离库数据,对结果采用不同的标记,并带入下一步风廓线数据的质量控制,予以综合考虑。

5.3.4　结果分析

按照上述方法,对 2005 年 11 月 15 日 14 点的观测数据进行了五波束联合计算,结果如图 5.12 所示。

图 5.13 为以气球探空测风结果为参照,五波束联合计算结果与三波束计算结果的对比。从图 5.13 可见,五波束在 1 km 以下的低空和 7 km 以上的高空计算的风向风速与气球测风的误差小,在 3 km 高度计算的风向误差也明显小于三波束计算结果。

对比图 5.7、图 5.11、图 5.12 可以看出,本研究提出的在有些波束未通过一致性检查时,根据不同情况有条件地参与风的计算,可以有效减少风廓线上空白的出现。因此,五波束联合计算方法既提高了风廓线数据的准确性,又改善风廓线数据的完整性。

需要指出的是,计算风廓线之前应进行速度模糊判断,在正确设计工作模式的情况下,风廓线雷达观测结果出现速度模糊的概率很小,即使出现速度模糊,一般也只

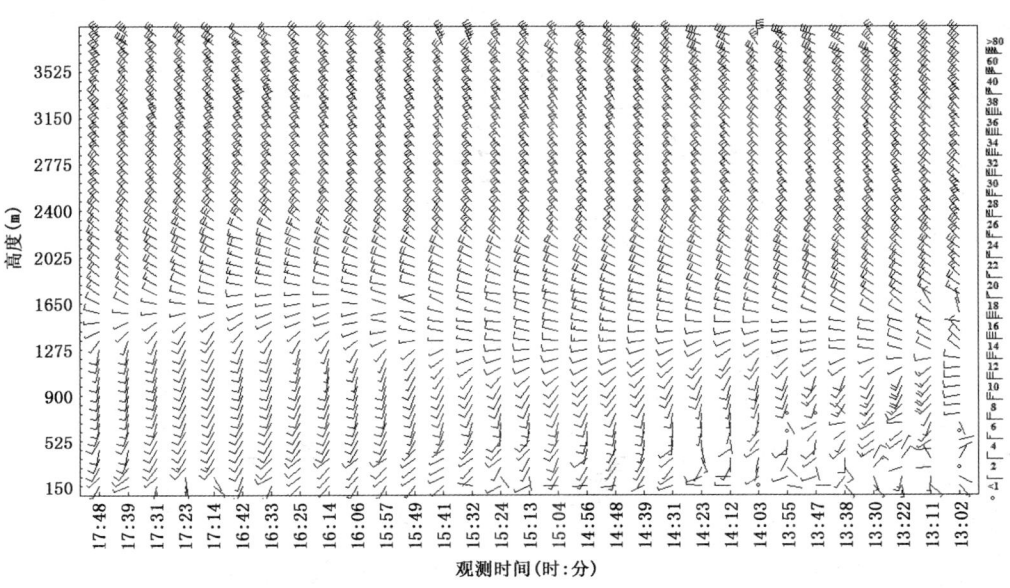

图 5.12 五波束联合计算的风廓线(一致性平均时间 60 min)

是一次模糊,因此风廓线雷达退速度模糊方法相对简单。

5.4 数据质量控制方法研究

风廓线雷达在信号和数据处理部分,为了提高数据可信度和数据获取率,采取的所有做法都可以统称为数据质量控制,因此本书的第 3 章、第 4 章研究内容也可以认为是其中一部分。为了有所区别,本节所讲的质量控制仅仅是指在计算出风廓线之后,对其数据进行的判断处理,以及根据判断结果,所进行的数据取舍,或对数据进行的有效、可疑、无效的可信度标识。

5.4.1 连续性判断法

质量控制的基本思想是数据变化的时空连续性,连续性判断法进行质量控制的基本思想是:对测量的风廓线进行时间轴和高度轴的二维检查,判断某高度层的风与前一时刻观测值和相邻高度层观测值之间的差异是否太大,如果差值超过了预置阈值,则判断该高度层的风为可疑或无效。

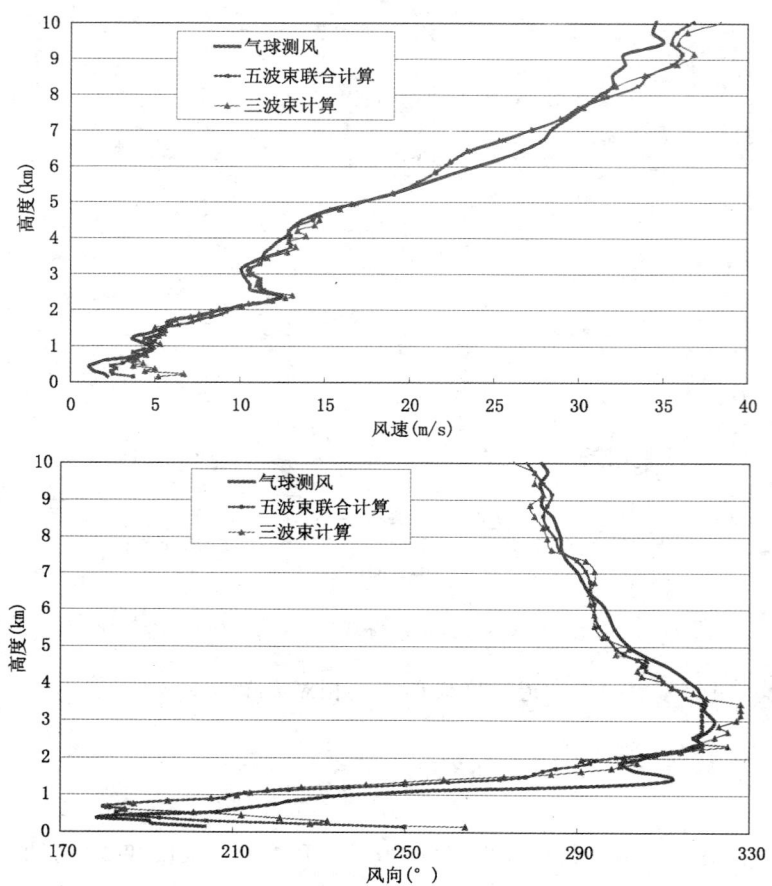

图 5.13　以气球探空测风结果为参照,五波束联合计算结果与三波束计算结果的对比

5.4.1.1　垂直风切变判断

　　垂直风切变判断是在高度轴上进行的检查,它是利用相邻高度层之间风切变的大小来判断数据是否存在问题的。

　　垂直风切变的计算式为:

$$M_j = \frac{\Delta V}{\Delta Z} = \frac{V_{j+1} - V_j}{Z_{j+1} - Z_j} \qquad (5.12)$$

式中 M 为风切变值,V 为风速,Z 为高度值,即风切变值为单位厚度气层内风矢量的变化值。

　　精确的风切变计算公式应包括风向的作用,需要进行矢量差计算,如下式所示:

$$|\Delta \boldsymbol{V}| = \sqrt{V_1^2 + V_2^2 - 2V_1 V_2 \cos D} \qquad (5.13)$$

式中,D 为上下层的风向差。在 D 小于 $10°$ 时,上两式计算结果差异不大。当风向差 D 超过 $10°$,风速超过 5 m/s 时,(5.12)式的计算结果与(5.13)式结果相比偏小。本研究采用(5.13)式计算垂直风切变的大小,以尽量减小误差。

国际民航组织第五次航空会议上,制定了不同风切变强度等级所对应的垂直风切变值,见表 5.1(赵树海,1994)。国际民航组织建议垂直风切变观测的高度采样间隔为 30 m,在风廓线雷达探测中很难做到这么高的空间分辨力,所以表 5.1 中垂直风切变值按两个单位的形式给出。这些数值对于设定垂直风切变判断时的质量控制阈值有参考价值。

表 5.1　垂直风切变强度等级分类标准

强度等级	垂直风切变值	
	$m \cdot s^{-1}/30\ m$	$/s$
微弱	<1.0	<0.033
轻度	$1.1\sim2.0$	$0.034\sim0.067$
中度	$2.1\sim4.0$	$0.068\sim0.133$
强烈	$4.1\sim6.0$	$0.134\sim0.20$
严重	>6.0	>0.20

根据垂直风切变的大小,进行质量控制的基本做法是:对风廓线雷达当前时刻测量的一条风廓线,计算出两两相邻高度层之间的垂直风切变值,首先挑出连续数个高度层之间的垂直风切变值都小于预置阈值的,将这些高度层的风标记为"有效"数据,然后再对垂直风切变值超过预置阈值的高度层进行判断。

如果某个高度层与上下两个相邻高度层之间的风切变都超过了预置阈值,而上下两个相邻高度层都已经被判断为"有效",则该高度的风被直接标记为"无效"数据。

如果某个高度层与上层(或者下层)相邻高度层之间的风切变超过了预置阈值,而与下层(或者上层)相邻高度层之间的风切变小于预置阈值,则该高度的风被标记为"可疑"数据。

5.4.1.2　中值判断

中值判断只对垂直风切变判断中被标记为"可疑"的高度层进行。通过找出被检测点(即上一步被标记为"可疑"的点)与其相邻时间和相邻高度的风数据所组成序列的中值进行比较。如果被检测点与该中值的差值都小于预置阈值 1,则将该高度层风的标记由"可疑"转换为"有效"数据。如果被检测点与该中值的差值超过了预置阈值 2,则判定该高度层的风为"无效"数据。一般而言,选用的预置阈值 1 小于预置阈值 2。

作者在进行中值判断时用了 14 点邻域,位置排列如图 5.14 所示。

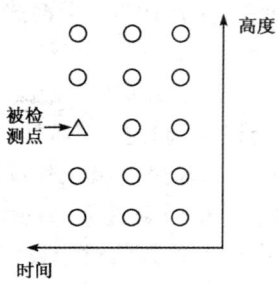

图 5.14　中值判断示意图

美国在机场低空风切变警报系统中采用了一个水平风切变强度报警标准值（Hardesty,1977）。该系统在机场平面有六个测风站,即中央站和五个外站。各外站和中央站之间的距离平均约为 3 km。该系统规定每一分钟与中央站的风矢量差达 7.7 m/s 以上时系统即发出报警信号,这一数值对于设定质量控制阈值有参考价值。

中值判断的基本做法是:以被检测点为中心,搜寻出其上、其下各两个邻域点,再加前两个时刻的风数据,组成 14 点邻域,对 14 点邻域中"好"数据点的 u、v、w 分别进行排序,找出 u、v、w 的中值点,与被检测点风的三个分量计算差值,如果差值都小于等于预置阈值 1,则该检测点被标记为"有效"数据。如果都大于预置阈值 2,则该检测点被标记为"无效"数据。如果三个风分量与中值的差值,既不全部小于预置阈值 1,也不全部大于预置阈值 2,则该检测点仍被标记为"可疑"数据。

为了防止低空风切变、高(低)空急流、风向突变等可能存在的真实强风切变层,被误判为"无效"数据,在进行中值判断时,对于被标记为"可疑"的三个连续高度层,如果它们相互之间的垂直风切变没有超过风切变预置阈值,此时只要其中有一个高度层通过了中值检测,被标记为"有效"数据,则这三个高度层上的数据将全部被标记为"有效"数据。

5.4.1.3　信噪比判断

对于经过上述两步仍被标记为"可疑"的数据,进一步进行信噪比判断。如果该高度层的信噪比数据小于预置阈值,或者在进行一致性平均时未通过一致性检查,则该高度风将由"可疑"转记为"无效"数据。

5.4.2　结果分析

从前面对连续性判断法的介绍可以看出,质量控制的最终结果可能出现三个标记:有效、可疑、无效。图 5.15 为对五波束联合计算的风廓线(图 5.12),采用连续性判断法进行质量控制后的结果。

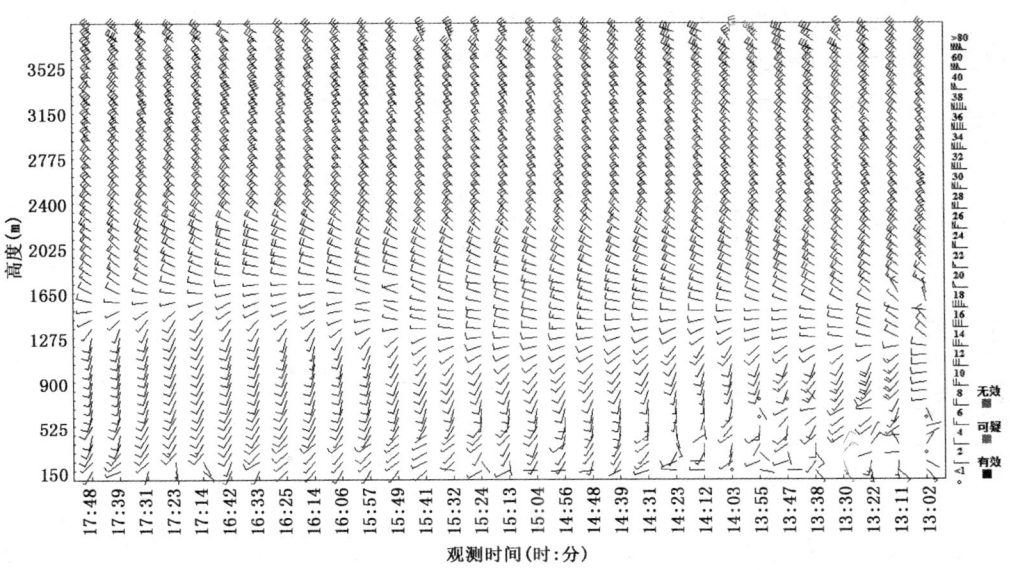

图 5.15　对五波束联合计算的风廓线进行质量控制后的结果

图中风羽的不同颜色表示进行质量控制后,判断的数据可信度的标记。黑色风羽表示数据有效,绿色风羽表示数据可疑,红色风羽表示数据无效

从图 5.15 可以看出,绝大部分质量控制的判断结果是合理的,但是在 13 时 30 分观测的低层和 13 时 55 分、14 时 03 分观测的高层,个别高度层的风被判断为"可疑"的情况。仔细分析发现,虽然这些高度的风速与周围变化不大,但风向变化明显,与上下高度层的风之间计算出的垂直风切变值,超出了表 5.1 中"严重风切变"的等级。质量控制方法将其判断为可疑,是合理的。

5.5　本章小结

本章对风廓线雷达在求得径向速度之后,风廓线的计算与质量控制方法进行了研究,结果表明:

(1)对风廓线雷达测得的径向速度进行一致性平均是必须的,这是去除鸟、飞机、汽车等偶尔干扰的最直接、最实用的方法。

(2)对流层风廓线雷达的一致性平均的时间一般需要 1 h;当信号很强,信噪比高时,可以适当缩短平均时间。

(3)作者研究提出的五波束联合计算风廓线的方法,克服了因个别波束被污染和垂直波束检测误差而造成的影响,提高了计算数据的准确性。

　　(4)气象数据质量控制的方法很多,但是为了满足风廓线雷达探测实时处理的要求,采用垂直风切变强度和中值检查的连续性判断法,是合适的选择。

　　(5)气球比对试验结果表明,本章研制的风廓线计算和质量控制方法是有效的。

第 6 章　风廓线雷达探测性能试验

　　风廓线雷达作为新型的气象探测设备，其工作稳定性、故障率、数据获取率与准确性等探测性能，需要在实践中统计分析考核，本章就介绍作者在这方面所做工作的初步结果。

6.1　长期运行稳定性分析

　　作者所在的实验室具有边界层风廓线雷达和对流层风廓线雷达各一台，其中边界层风廓线雷达是由爱尔达电子设备有限公司研制的，对流层风廓线雷达是由航天科工集团二院第 23 所研制的。作者全程参与了对流层风廓线雷达的研制工作，承担了项目的立项综合论证、初步方案论证、研制总要求论证，并作为使用方总体对整个项目的研制过程进行了全程的技术和质量管理，同时还承担了风廓线雷达气象数据处理终端的研制任务。两台风廓线雷达的主要技术指标如表 6.1 所示。

表 6.1　风廓线雷达主要技术指标

	边界层风廓线雷达	对流层风廓线雷达
研制单位	爱尔达电子设备有限公司	航天科工集团二院第 23 所 解放军理工大学气象海洋学院
天线形式	微带	交叉极化半波振子
天线尺寸	1.67 m×1.67 m	9.6 m×9.6 m
波束数(个)	5	5
波束宽度	8.8	7
发射机体制	集中式	T/R 模块、分布式
接收机体制	模拟式	数字中频式
发射频率(MHz)	1290	445
发射功率(kW)	2.1	24
最低探测高度(m)	50	150
最高探测高度(m)	3400	16000
最高高度分辨力(m)	50	75
最高时间分辨力(min)	1	6
包含 RASS	否	是

　　两台风廓线雷达采取无人值守、有人管理、不定时巡视的管理方式。除故障报警需停机维修外，其余时间全天 24 h 连续运行。

6.1.1　边界层风廓线雷达

　　边界层风廓线雷达有两个测风模式：低模式和高模式。低模式测风的高度范围为 50~300 m，高度分辨力为 50 m。高模式测风的探测范围为 400~3400 m，高度分辨力为 100 m。

　　边界层风廓线雷达自 2005 年 2 月 26 日正式开机试运行，至 2008 年 12 月 31 日共运行 1722272 min，工作情况基本正常。表 6.2 为运行时间逐年统计结果，表 6.3 为逐月统计结果，表中的数值表示雷达正常工作时间占总时间的百分比。

表 6.2　边界层风廓线雷达 2005—2008 年工作时间统计表

	2005	2006	2007	2008	4 年平均
百分比(%)	77.8	81.2	87.2	81.5	81.9

表 6.3　边界层风廓线雷达工作时间占总时间的逐月统计结果(2005—2008)

月份	1	2	3	4	5	6	7	8	9	10	11	12
百分比(%)	58.8	57.67	65.5	79.7	80.6	88.7	88.4	68.5	77.6	72.7	85.1	85.5

　　统计结果表明，边界层风廓线雷达在绝大多数时间内是正常工作的。四年中 1、2 月份正常工作的时间比其他月份稍少，6、7 月份正常工作的时间达到 88% 以上。

　　在统计时间段内，风廓线雷达故障时间占总运行时间的 9.14%，其中在 2006 年 4 月与 5 月，由于机器接线未连接好，风廓线雷达故障 64 天，占总运行时间的 8.77%，其他的故障时间只占总运行时间的 0.37%；停电等人为停机时间占总运行时间的 9.48%，其中在 2006 年 2 月底到 3 月份机房装修，风廓线雷达停机 29 天，占总运行时间的 3.97%，即真正的停电时间占总运行时间的 5.51%。

　　从以上分析可以看出，边界层风廓线雷达的实际故障率比较低，设备性能比较稳定。如果在运行过程中，注重改善供电环境，加强专业的设备管理维护和运行状况的经常性监视，是可以保证探测资料的完整性的。

6.1.2　对流层风廓线雷达

　　对流层风廓线雷达测风高度层有三种模式：低模式、中模式和高模式。低模式测风的高度范围为 150~3825 m，高度分辨力为 75 m，共计 50 层；中模式测风的高度范围为 2100~7952 m，高度分辨力为 150 m，共计 40 层；高模式测风的高度范围为 4950~16650 m，高度分辨力为 300 m，共计 40 层。数据处理软件综合三种模式的测风数据,自动生成一个从 150～16650 m 共计 87 个高度层的风廓线,其中 150～2400 m 高度采用低模式测风数据,2400～4950 m 高度采用中模式测风数据,4950～16650 m 高度采用高模式测风数据。

对流层风廓线雷达自 2006 年 1 月 1 日开机运行,至 2008 年 12 月 31 日,对流层风廓线雷达运行时间统计结果如下。表 6.4 为逐年进行的统计,表 6.5 为逐月进行的统计。

表 6.4 逐年统计结果

年份	2006	2007	2008	合计
百分比(%)	66.7	42.1	65.3	58.0

表 6.5 逐月统计结果

月份	1	2	3	4	5	6	7	8	9	10	11	12
百分比	38.1	34.7	46.5	90.0	90.7	66.0	47.3	29.4	40.0	50.8	75.2	44.0

从表 6.4 和表 6.5 可以看出,正常工作时间占总时间的六成左右,总的来说少了点。主要的原因有:(1)对流层风廓线雷达采用了 T/R 模块技术,该新技术的成熟度还有待进一步提高;(2)T/R 模块机柜放置在室外的天线阵面之下露天工作,环境比较恶劣,灰尘的累积和雾气的侵蚀,常常损坏 T/R 模块;(3)场地供电条件不佳,电压不稳,由于停电、电压不稳定等原因,出现频次较高的跳闸停机。(4)雷雨天气常常断电而导致停机。

从表 6.5 可见,正常工作时间最少的月份是 8 月,为 29.4%,这一数据虽不算大,但考虑到这是三年来的统计结果,风廓线的样本数并不少,因此下文开展的数据获取率等的统计分析结果,作者认为仍有一定的代表性和可信度。

6.2 数据获取率分析

数据获取率是反映风廓线雷达探测性能的一个很重要的指标。数据获取率是指在一段时间的探测中,探测数据通过质量控制的次数与总探测次数的百分比。由于风廓线雷达的回波信号通常随高度的升高而逐渐减弱,因此数据获取率一般总是按不同的高度分别统计的。统计的探测时间段可以是一天、一旬、一月、一季、一年。

6.2.1 边界层风廓线雷达

数据获取率的统计分三种情况:(1)对所有的数据进行统计;(2)对无降雨时的数据进行统计;(3)对有降雨时的数据进行统计。

　　图 6.1 为边界层风廓线雷达逐时数据获取率达 70％的高度统计图,图中白色条形代表所有数据的统计结果,灰色条形代表无降雨的统计结果。横坐标为时间,纵坐标为高度。

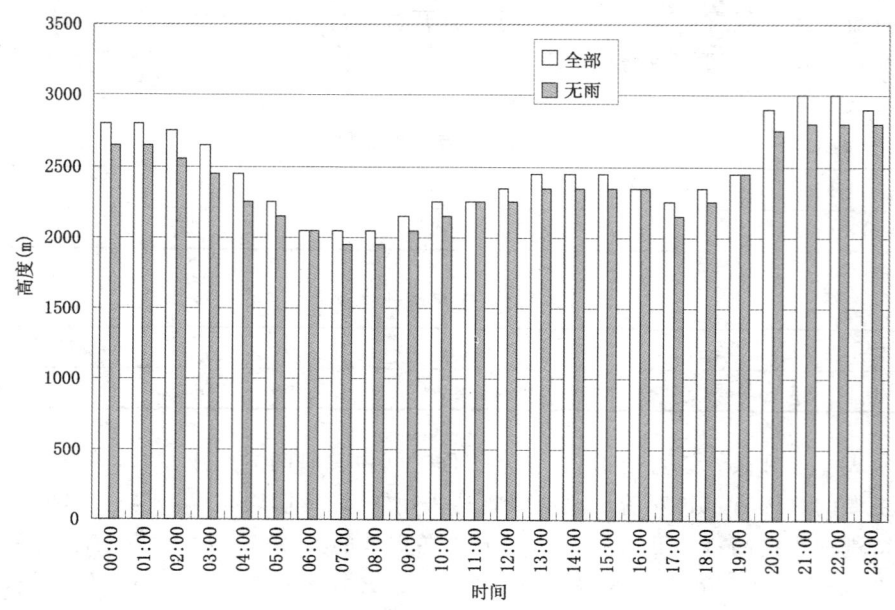

图 6.1　边界层风廓线雷达逐时数据获取率达 70％的高度统计图

　　有降雨时边界层风廓线雷达直到最大高度 3400 m 都能获取数据,因此图 6.1 中没有单独给出降雨时的统计图。从图 6.1 可见,不同时刻的数据获取率相差不大,06—08 时的数据获取率稍低。无降水时的数据获取率低于有降水时的数据获取率。总的数据获取率在 2000 m 高度以下均能达到 70％。无降雨时,只有 08:00 和 09:00 两个时刻在 2000 m 高度的数据获取率没有达到 70％,但 1900 m 高度以下的数据获取率都达到了 70％。总的来看,数据获取率随高度增加而降低。

　　图 6.2 为边界层风廓线雷达逐月数据获取率达 70％的高度统计图。横坐标为月份,纵坐标为高度。

　　图 6.2 中可以看出,数据获取率的月变化比较明显,1、2、12 月份的数据获取率相对较低,夏秋两季的数据获取率较高。4—10 月份 2500 m 高度以下的数据获取率都能达到 70％以上。

　　统计结果表明:

　　(1)数据获取率在 1 月、2 月和 12 月的冬季相对较低。这是由于冬季相对干燥,风廓线雷达回波信号弱造成的。而 4 月至 10 月,直到 2500 m 高度,数据获取率都能

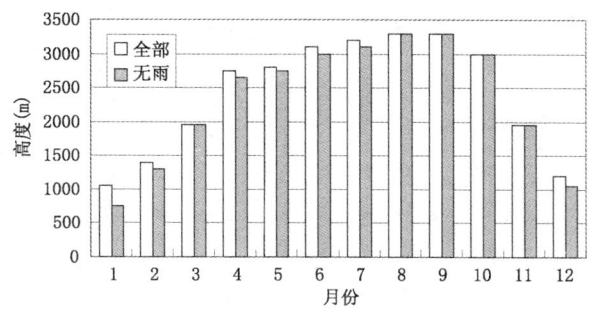

图 6.2　边界层风廓线雷达逐月数据获取率达 70% 的高度统计图

达到 70% 以上。

（2）对全年统计各个高度层的总平均数据获取率可以得到，高度 2000 m 以下，总的数据获取率在 70% 以上。

（3）一天中不同时间段，边界层雷达数据获取率的差异不明显。

（4）无降雨时的数据获取率一般低于有降雨时的数据获取率。

6.2.2　对流层风廓线雷达

对 2006—2008 年对流层风廓线雷达三年的观测资料进行了统计，图 6.3 为逐时数据获取率统计结果，图 6.4 为逐月进行的数据获取率统计结果。图中横坐标表示高度（单位 m），纵坐标表示数据获取率，不同颜色表示不同的时（月）。

从图 6.3 可见，一天中不同时间段在各个高度的数据获取率差异不明显。这一结果是很有意思的，因为一般认为夜间湍流要弱于白天，按理会使得较高高度的数据获取率低于白天。作者通过对所有数据的普查发现，在冬春季节，夜间发生明显逆温层时，或冷空气过境后一两天内，风廓线雷达的探测高度会明显降低。但在夏季，强对流常常在傍晚发展，在夜间发生降雨，又提高了风廓线雷达在夜间的数据获取率，造成全年平均的各个高度的数据获取率随日期的变化不明显。

从图 6.4 可以看出：

（1）从 1 月到 12 月，对流层风廓线雷达测风数据获取率在夏季最好，冬季要差一点；总的来说，数据获取率随季节的变化有区别，但差别不太明显。

（2）在各月中，数据获取率随高度变化的趋势是一致的，11850 m 高度以下数据获取率保持在 87% 以上，而 11850 m 高度以上数据获取率迅速下降；这一表现很可能是由于对流层顶对湍流活动的抑制造成的。

（3）在 300～6000 m 高度，数据获取率随高度变化不明显。在各月份各高度层的数据获取率都能达到 97% 以上，是最好的一段。

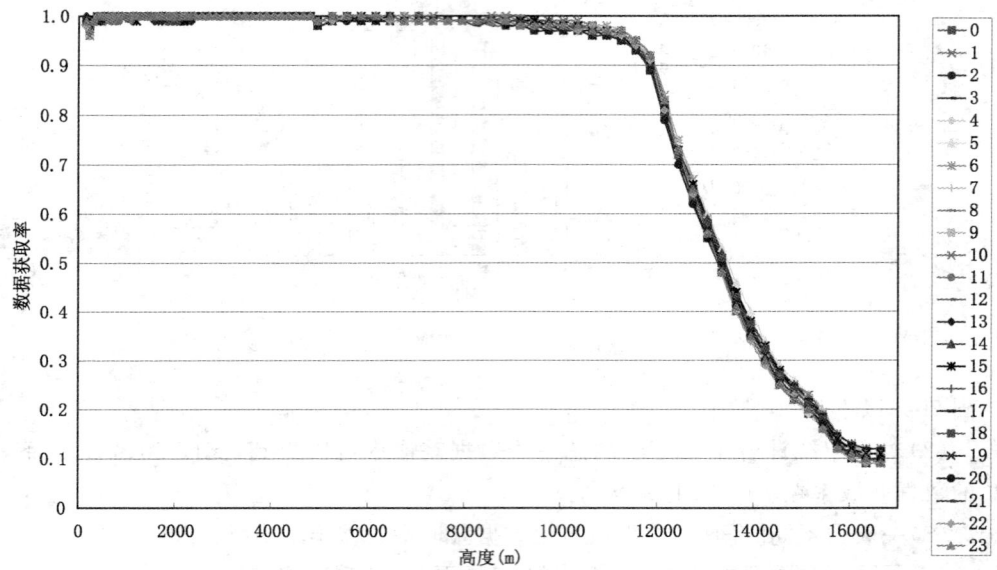

图 6.3　对流层风廓线雷达逐时数据获取率统计

按照一天 24 h 逐时统计,不同的颜色和线型表示不同的正点时间段,具体见图右所列的图标

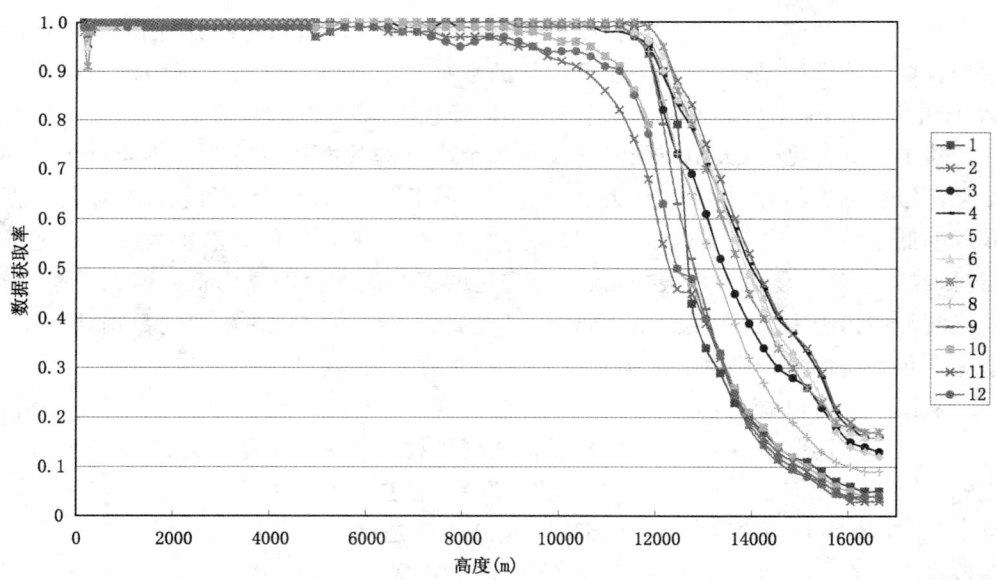

图 6.4　对流层风廓线雷达逐月数据获取率统计

按照一年 12 月逐月统计,不同的颜色和线型表示不同的月份,具体见图右所列的图标

（4）300 m 以下（150 m 和 225 m 两个高度）数据获取率要低一些，其中 12 月份低达 94％，这主要是由于在近地层探测时，雷达回波受地杂波的干扰影响比较严重造成的。

（5）6000～11850 m 高度，随高度升高数据获取率略有减小，到 11850 m 高度测风数据获取率仍能达到 87％以上，还是比较令人满意的。

（6）11850 m 高度以上，数据获取率随高度升高开始明显减小。到 12450 m 高度数据获取率已低至 70％以下，到 14850 m 高度冬季的数据获取率已低于 20％。

另外，还对有、无降雨时的风廓线雷达探测数据获取率分别进行了统计，两者统计结果在各个高度差异不大（图略），都与图 6.4 相似。这一结果与边界层风廓线雷达在降雨天气时，2 km 高度以上的数据获取率明显高于晴天统计结果是不同的，原因可能有两条：一是对流层风廓线雷达具有较大的功率孔径积，对 8 km 以下的晴空回波具有较强的探测能力，因此不管有雨还是无雨，8 km 以下高度的数据获取率都比较高；而 8 km 以上高度，除了夏天的雷雨，其他季节的降雨很少能影响到那么高。二是对流层风廓线雷达具有较大的波长，受降雨影响要小于边界层风廓线雷达。

应该指出，风廓线雷达在我国南方的数据获取率一般都要高于北方。数据获取率还与风廓线雷达终端软件系统采用的质量控制方法和质量控制阈值有关。

6.3　探测数据准确性分析

风廓线雷达是新的测风设备，要进入业务应用，就要了解其数据准确性，由于缺乏比对手段，目前还主要是与业务中已经使用的气球测风方法进行对比。

6.3.1　气球测风的可对比性

气球测风方法是利用自由上升的气球，其水平运动随风向和风速而改变的原理，来测量高空风的。这种方法必须对气球进行连续的空间定位，得到气球在不同时刻的方位角、仰角和距离或高度的数据，才能计算出风向风速值。对气球定位的方法主要有：（1）定速均匀上升的气球和经纬仪法；（2）气压高度换算和经纬仪法；（3）双经纬仪基线法；（4）雷达定位法。

气球测风本身也是有误差的，除了测定气球漂移位置的测角和测距误差将对风向风速的测量误差产生影响外，气球在上升过程中的受力变化，也会影响气球测风结果的代表性。图 6.5 表示气球在上升过程中的受力情况。

如图 6.5 所示，气球在刚刚施放时，初速度为零，受气球举力作用而上升，此阶段气球上升的加速度最大。随着上升速度越来越大，气球所受的阻力越大，其阻力很快与举力平衡，达到匀速上升的阶段。这一过程的时间由气球的大小确定，通常不会超

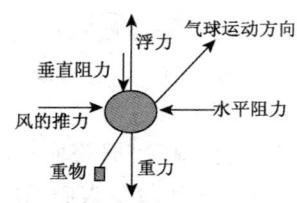

图 6.5　气球上升过程中的受力示意图

过 30 s。

在匀速上升阶段,气球除受上述平衡力以外,还受风的推力而作水平运动。与气球在垂直方向上的作用力一样,气球在刚刚放飞时,水平初速度为零,风的推力造成了水平加速度,同时使水平方向上的阻力增加。其平衡过程与垂直上升运动相同。如果风向风速保持不变,气球将以风的推力和阻力达到平衡时获得的速度匀速运动,其水平运动分量正好反映了风速的大小。

关键在于风向风速变化时的情况。此时将要打破对气球作用力在水平方向上的平衡。若风速增加,风的推力增加,而相应的阻力也随之增加,需要一段时间才能达到新的平衡。在这段时间内,气球的水平运动速度将小于实际风速。若风速减小,情况则相反。这种效应,与呈一阶测量系统特性的气象传感器一样,在气象量变化时,其测量结果有明显的滞后现象。

描写一阶测量系统的重要参数是时间常数。气球的体积越大,时间常数就越大。采用较小的气球,可以较好地反映风的瞬时变化。这就是经常看到的,用 10 号气球测风时,气球在空中往往有较大的跳动,而用 120 号气球时,其运动较为平稳的原因。

从物理意义上说,风在加速过程中,因气球的惯性滞后所造成的误差,正好与风在减速过程中,因同样的惯性滞后所造成的误差,其方向正好相反。经过一定的空间尺度,这种误差就会相互抵消。其测量结果与实际风矢量的平均值一致。根据这一性质,在用气球探测高空风时,必须取较大空间尺度的平均值,其测量结果才能接近实际风速的平均值。空间尺度太小,气球由于湍流作用所造成的惯性滞后不能抵消,测量结果就会有较大误差。因此,用气球测量高空风时,必须取一定时段的平均值。因此试图用缩短取样时间间隔,来得到瞬时值的做法,会包含很大的误差,是不可取的。

另一方面,由于气球测风方法在由定位装置给出的角度和距离(或高度)计算水平距离时,总有一定的误差。从风速的计算公式可知,在水平距离误差不变时,时间间隔越短,风速测量误差就越大,以至于误差可能超过实际的风速值。例如探空雷达的距离测量误差一般为 50 m,在气球上升的倾角为 45°的情况下,如果测角误差可以忽略,水平距离误差可以估计为 35 m,两次定位的误差就可估计为 49 m,如果采样间隔为 1 s,风速测量误差就是 49 m/s。只有将采样间隔增加到 1 min,才能使测风误差限制在 1 m/s 以内。从这一意义上说,即使在风向风速稳定的情况下,用缩短取样时间间隔,试图得到高空风瞬时值的做法也是错误的。

风廓线雷达测量的也不是瞬时风。根据所采用的脉冲宽度不同,其对风的观测有一定的空间厚度(即高度分辨力),即是在一定的空间厚度内累积测量的。另外,由于必须顺序地对三个或五个方向上进行测量,波束转换和测量需要一段的时间,都不是瞬时可以完成的。因此,风廓线雷达测量的是一定空间和一段时间的风的平均值。

从总体上看,在气流平稳,风向少变的环境下,气球测风方法与风廓线雷达测风是可比较的。

6.3.2　边界层风廓线雷达对比情况

6.3.2.1　与小球测风对比

这里的小球测风是指光学经纬仪气球测风,为提高气球测风精度,一般宜采用双光学经纬仪基线观测,利用矢量法计算风(孙学金 等,2009)。

在开展边界层风廓线雷达与双光学经纬仪基线测风比较时,风廓线雷达所取的平均时间为 15 min,经纬仪之间的基线长度为 680 m,基线测风时每分钟对气球定位观测一次。共施放了 82 个气球,其中有效球 75 个。按高度进行误差统计分析,风廓线雷达与光学经纬仪基线测风之间的平均偏差和标准差随高度的变化如图 6.6 所示。图 6.6 中实线为平均偏差,虚线为标准差。

由于风廓线雷达与光学经纬仪基线测风的测量原理不同,对试验结果进行判定时,必须考虑以下因素:(1)测量原理之间的差异;(2)采样空间不同;(3)对风场湍流波动的动态响应不同;(4)基线测风本身的误差。以小球测风为基准,在风速较小(不大于 5 m/s)或试验空域有风向、风速切变时,两种方法测得的结果有较大的差异,这是测量原理不同造成的,在进行误差统计时,予以剔除。

在风速 5 m/s 以上,空中气流稳定、均匀时,两种测风方法的测量结果基本相同。因此,风廓线雷达与光学经纬仪基线测风的测量结果在大多数时间具有一致性和可比较性。

表 6.6 为按照小球测风的风速大小进行分级误差统计的结果,表中 $\overline{X}$ 表示平均偏差,S 表示标准差(下同)。从表 6.6 可得,在小球测风风速大于 5 m/s 时,两者间的系统误差,风向小于 1°,风速近似为零,说明两种测量方法所得结果具有可比较性。根据表 6.6,可以算出小球风速大于 5 m/s 时的综合标准偏差(两者平方和的根)风向为 8.2°,风速为 1.31 m/s。

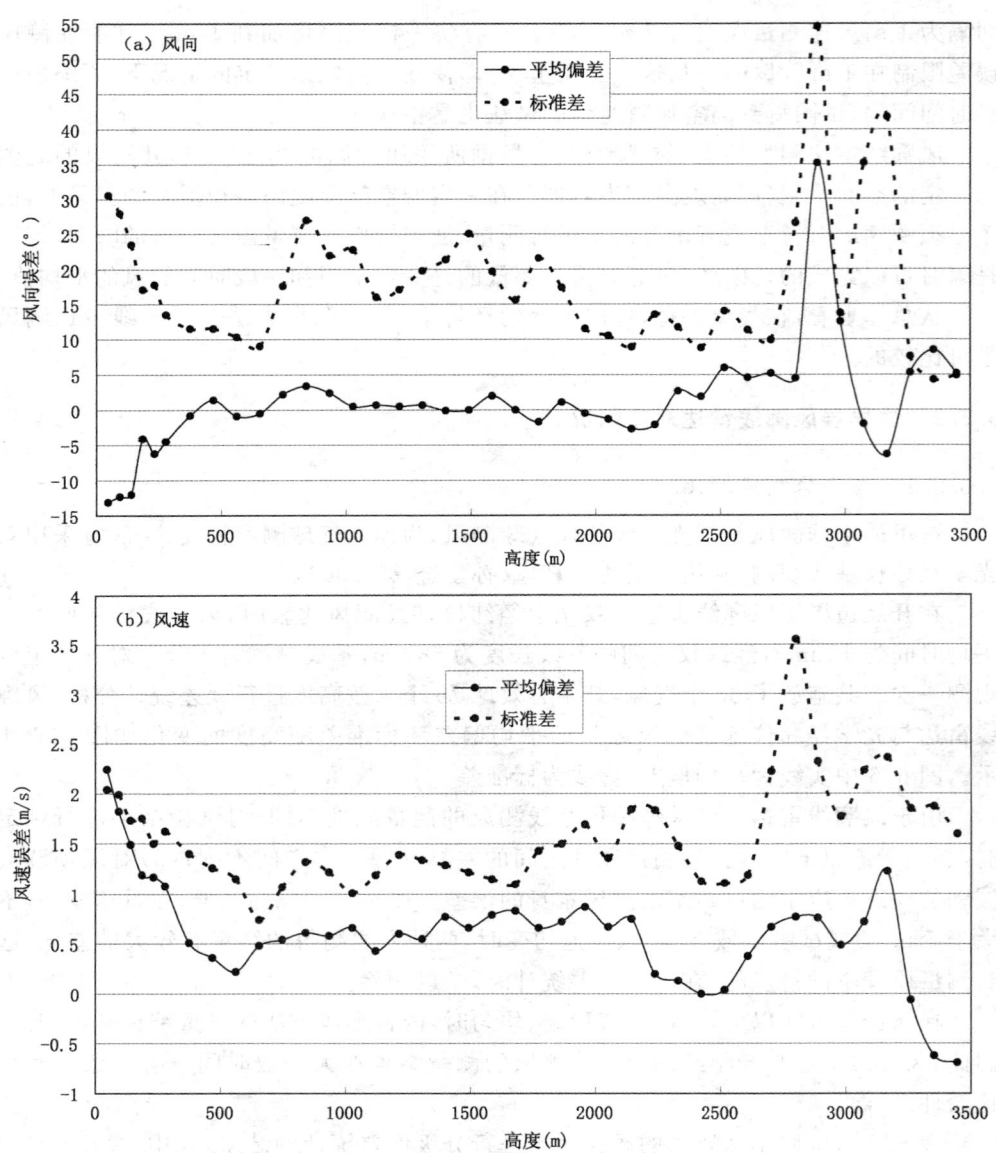

图 6.6　边界层风廓线雷达与光学经纬仪基线测风比对试验结果

表 6.6　风廓线雷达测风与小球基线测风比对试验结果(按风速大小分段统计)

风速范围(m/s)	风向(°)		风速(m/s)	
	$\overline{X}$	S	$\overline{X}$	S
≤5	−0.6	40.7	1.45	1.58
5~10	−0.1	9.9	0.64	1.23
>10	−0.4	6.3	−0.63	1.39

6.3.2.2　与铁塔测风对比

在铁塔上安装有超声波测风仪,分别位于 46 m 和 100 m 进行测量,与边界层风廓线雷达相距约 600 m。对比观测了五次,以超声波测风仪数据为比对标准,对风速、风向、垂直气流分别计算平均偏差和标准差,结果如下表 6.7。

表 6.7　风廓线雷达与超声波测风仪比对试验结果

			1	2	3	4	5
		次序					
高度 46 m	风向(°)	$\overline{X}$	−46.3	19.0	−53.1	2.8	−34.7
		S	10.1	27.2	19.1	9.4	23.2
	风速(m/s)	$\overline{X}$	−0.91	−1.37	−1.83	2.57	1.17
		S	0.80	0.80	1.24	1.14	1.22
	垂直气流(m/s)	$\overline{X}$	0.33	−0.49	0.08	0.82	0.65
		S	0.83	0.64	1.09	0.46	1.21
高度 100 m	风向(°)	$\overline{X}$	−43.1	29.3	−49.3	6.74	−30.1
		S	10.6	22.7	22.0	8.1	21.2
	风速(m/s)	$\overline{X}$	−1.49	−0.23	−1.61	1.50	0.31
		S	0.95	0.60	1.43	0.90	1.31
	垂直气流(m/s)	$\overline{X}$	−0.56	−0.16	−0.95	1.94	1.09
		S	0.83	1.04	1.09	0.46	1.21

由于超声波测风仪的动态响应很灵敏,风的脉动性对结果的影响很大,因此在风廓线雷达与超声波测风仪比对试验结果中应除去超声波测风仪测量的风向风速的散布值。风场散布是指其在短时间内的变化量对于其平均值的标准偏差,应对风向、风速和垂直气流分别处理。采样时间间隔为 20 s,平均时间为 15 min,每次测量录取数据 45 组。统计得到超声波测风仪测量的风向风速的散布值如表 6.8。

表 6.8　超声波测风仪测量的风场散布值

次序	高度 46 m			高度 100 m		
	风向 (°)	风速 (m/s)	垂直气流 (m/s)	风向 (°)	风速 (m/s)	垂直气流 (m/s)
1	9.3	0.95	0.78	9.0	1.09	0.99
2	3.6	0.34	0.27	4.9	0.46	0.30
3	11.6	1.24	0.67	16.9	1.41	1.18
4	6.4	0.99	0.69	5.6	0.86	0.75
5	17.6	0.86	0.48	15.5	0.88	0.76
平均	10.8	0.92	0.61	11.5	0.99	0.85

　　表 6.7 中标准差扣除表 6.8 中对应栏的数值可得,在 46 m 和 100 m 高度上风廓线雷达与超声波测风仪比对试验的风速标准偏差平均值为 0.96 m/s。

6.3.3　对流层风廓线雷达对比情况

　　对流层风廓线雷达测风最大高度 12～16 km,因此一般与探空气球测风进行比较,具体开展了对流层风廓线雷达与数字式无线电经纬仪的测风对比。在对试验数据处理过程中必须注意如下三个方面:

　　(1)采样时间一致

　　无线电经纬仪测量一组数据大约要 30 min(400 m 升速,12 km 高度),风廓线雷达在五波束测风时每 10 min 给出一组风廓线。二者的数据进行比对时,时间要尽可能靠近,在空中风变化比较剧烈时,选取二组或三组连续的风廓线拼接成一组风廓线和无线电经纬仪的测风数据进行比对,在空中风变化不大时,可选取一组进行比对。

　　(2)采样空间一致

　　无线电经纬仪的放球地点选在既不会干扰风廓线雷达测风,又不离风廓线雷达太远的地方。

　　(3)分辨力一致

　　风廓线雷达运行模式有低、中、高三种,对应的脉冲宽度分别是 0.5 μs、2 μs、10 μs,对应的测风采样厚度分别是 75 m、300 m、1500 m。因此,用无线电经纬仪的位置坐标计算风时,也要按照 75 m、300 m、1500 m 的厚度给出。

　　对流层风廓线雷达所取的平均时间为 30 min,无线电经纬仪每秒对气球定位观测一次,30 s 平均后给出风。共施放了 41 个气球,其中有效球 32 个。按高度进行误差统计分析,对流层风廓线雷达与无线电经纬仪测风之间的平均偏差和标准差随高度的变化如图 6.7 所示。图中实线为平均偏差,虚线为标准差。由于大球在初始上升段测量误差较大,所以 1000 m 以下测风偏差较大。

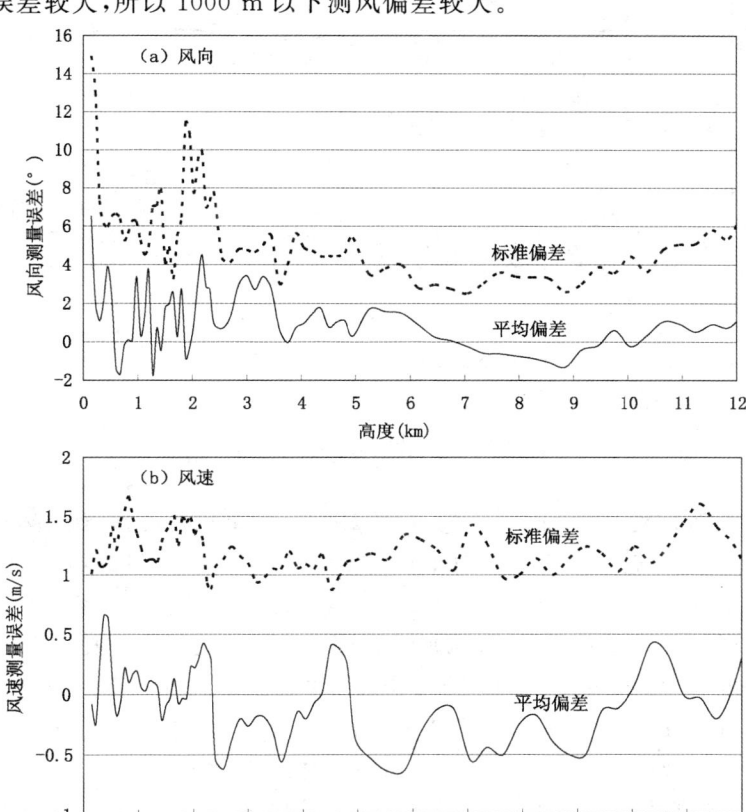

图 6.7　对流层风廓线雷达与无线电经纬仪测风比对试验结果

　　由图可见,风廓线雷达与数字式无线电经纬仪测风结果比较,其风向、风速的综合系统误差很小,说明两种测量方法所得结果具有很好的可比较性。

6.4　风廓线雷达自比对分析

6.4.1　边界层、对流层风廓线雷达比对情况

　　为了弥补对流层风廓线雷达与无线电经纬仪在 1000 m 以下比对的不足(参见图 6.7),2005 年 12 月 8—20 日,对两种不同型号的风廓线雷达进行了低空观测对比,样本数 430 条风廓线。统计结果如图 6.8 所示。

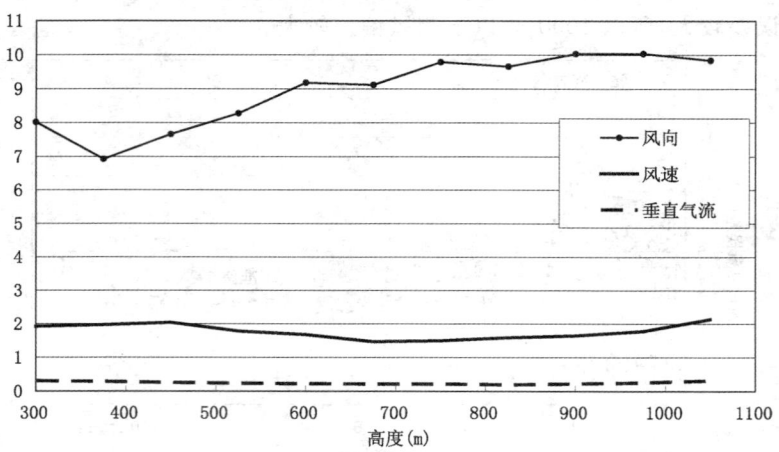

图 6.8　对流层风廓线雷达与边界层风廓线雷达比对试验结果

　　图 6.8 分别为风向、风速、垂直气流的标准差,横坐标为高度,纵坐标为标准差,风向时单位为度,风速和垂直气流时单位为 m/s。可见两种风廓线雷达测量的风向标准差在 6°～10°左右,风速在 1～2 m/s 左右,垂直气流在 0.5 m/s 以下。

　　作者还对 2006—2009 年两台风廓线雷达观测结果进行了对比。对流层风廓线雷达的探测范围为 150～16650 m,而边界层风廓线雷达的探测范围为 50～3450 m,所以作者选择在 150～3450 m 高度范围进行水平风向风速的对比分析。作者规定两部风廓线雷达观测数据的时间差在 5 min 以内、高度差在 50 m 以内即认为是一组可对比样本,共搜索到 2083267 个样本,风速风向的误差统计结果分别如表 6.9 所示。

表 6.9　对流层风廓线雷达与边界层风廓线雷达比对试验结果

	均差	方差
风速(m/s)	1.83	4.47
风向(°)	0.36	48.81

　　总体上说,两部风廓线雷达的测风资料是一致的,这也佐证了风廓线雷达所探测到的风场资料的准确性。

6.4.2　不同观测模式间的比对情况

　　对流层风廓线雷达采用低、中、高三个模式工作,其中低模式测风的高度范围为 150～3825 m,高度分辨力为 75 m,共计 50 层;中模式测风的高度范围为 2100～7952 m,高度分辨力为 150 m,共计 40 层;高模式测风的高度范围为 4950～16650 m,高度分辨力为 300 m,共计 40 层。低模与中模之间、中模与高模之间有高度上的重叠覆盖。

作者对不同观测模式在重叠区内观测值之间的一致性进行了统计分析。统计时规定,不同模式在重叠区内观测数据的时间差若在 5 min 以内且高度差在 50 m 以内,即被认为是一组可对比观测样本。统计结果见表 6.10。2006—2009 年的风廓线雷达探测数据,低模与中模在重叠高度共有 1887058 个对比样本,中模与高模在重叠高度共有 1094525 个对比样本。

表 6.10　不同观测模式在重叠区内测风结果的对比

	低模与中模之间		中模与高模之间	
	平均偏差	标准偏差	平均偏差	标准偏差
风速(m/s)	0.45	1.33	0.68	1.65
风向(°)	3.24	32.14	5.40	25.10

从表 6.10 可见,不同观测模式在重叠区内观测值的平均偏差,风速小于 0.7 m/s,风向小于 6°,都比较小,说明风廓线雷达不同观测模式的测量结果具有可比性。风速的标准偏差在低模与中模之间为 1.33 m/s,在中模与高模之间为 1.65 m/s,风速标准偏差与风廓线雷达测量精度 1.5 m/s 相当,因此可以认为不同观测模式在重叠区内观测的风速是一致的。

在表 6.10 中,风向的标准偏差稍大,如果按照地面观测中 16 个风向方位计算,则每个风向方位角范围为 22.5°,也与表 6.10 中风向的标准偏差相当,因此风廓线雷达不同观测模式在重叠区内观测的风向近似一致。

需要说明的是,统计时并未对偏差在 3 倍方差以上的粗大误差进行剔除,如果按照误差分析理论(吴石林 等,2010),对粗大误差进行剔除,表 6.10 中的数据会更小些。

下面给出一个个例,来直观地看看不同模式测量结果的异同。图 6.9 是 2005 年 11 月 15 日 14:31 分,对流层风廓线雷达低模、中模、高模观测结果,纵坐标为高度(单位 km)。图中粗实线为气球测风结果,虚线为低模测量结果,细实线为中模测量结果,点实线为高模测量结果。可见,在重叠高度处数据有差异,但是两种模式所测风的切变高度和随高度的变化基本一致。

图 6.10 是 2006 年 9 月 20 日对流层风廓线雷达低模与中模在重叠高度观测结果的对比,两种模式所观测的切变高度和随时间演变非常一致。

针对图 6.10,将两种模式观测数据的时间差在 5 min 以内、高度差在 50 m 以内的认为是一组可对比样本,当日文件共搜索到 1968 个样本,风速风向的误差统计结果见表 6.11。

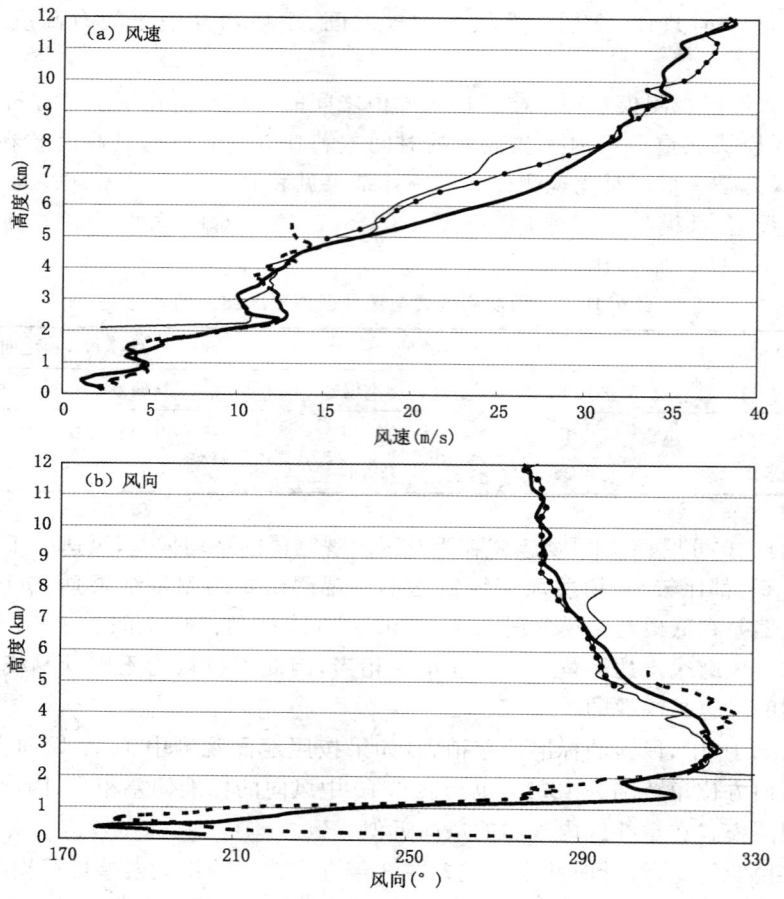

图 6.9　低模、中模、高模观测结果对比

表 6.11　2006 年 9 月 20 日中模与低模测风结果对比

	均差	方差
风速(m/s)	−0.15	1.88
风向(°)	−4.56	33.91

　　根据大量的比对试验结果,以及对多年来雷达的实际运行情况的分析,作者认为,在雷达硬件研制水平有保证的前提下,风廓线雷达探测数据是可信的。风廓线雷达在应用中的主要问题不是探测数据与气球测风相比有误差,而是:(1)数据获取率随季节、月份、天气过程的变化比较明显,测量高度常常很难达到雷达标称的最高高度;(2)风廓线雷达只能测风,测量要素单一,目前还难以代替气球探空;(3)风廓线雷

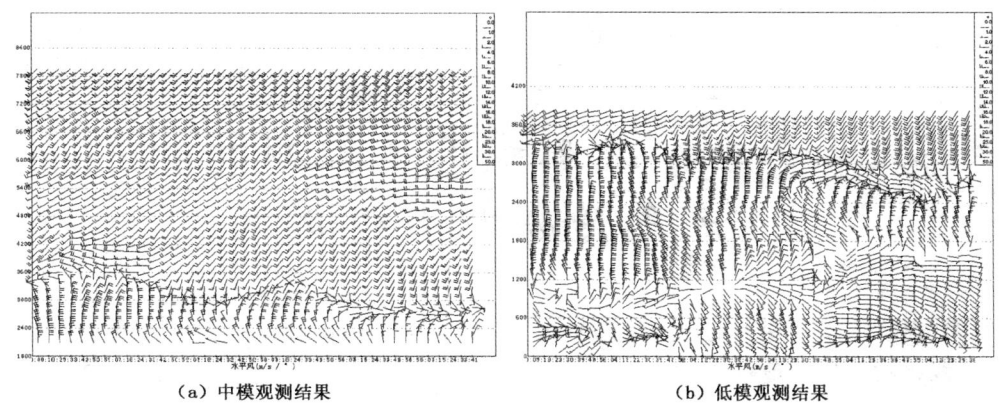

（a）中模观测结果　　　　　　　　　　　　（b）低模观测结果

图 6.10　低模与中模的观测个例

达测量的是垂直单点的风廓线,代表的空间范围有限,只有当天气过程影响到测站及其附近时,测量结果才能反映出天气的影响。但是由于风廓线雷达可以无人值守、连续工作,且数据的时空分辨力很高,因此在对天气的连续监测中是十分有用的。

　　最后,作者想引用世界气象组织发布的《气象观测指南》第六版(中国气象局监测网络司译,气象出版社)中关于风廓线雷达作用的描述,来作为风廓线雷达探测性能的结论性语言:风廓线仪是为在所有天气条件下测量风廓线而设计的高频和甚高频多普勒雷达。风廓线仪能够在无人值守状态下工作,并且几乎能在站址的正上方做连续的风测量,和通过跟踪气球来测量风的系统相比,这一特性是最主要的优点。对流层廓线仪可能是最适合于进行天气尺度的和中尺度的测量,它们具有中等大小的外形尺寸,相对来说受降雨的影响较小。边界层廓线仪价格便宜并且使用小型天线,虽然雨天不能测量垂直气流,但是雨滴增加了回波信号强度,实际上也就增大了水平风测量的有效最大高度。

第7章　风廓线雷达探测过境天气的分析与识别

　　从风廓线雷达探测的风廓线随时间变化的图上,分析识别出过境天气类型,这是风廓线雷达应用的最基本的工作。

7.1　基本原理

　　天气学分析教材中指出(乔全明 等,1990),用加密观测的气球探空测风资料可以分析锋面、槽线等天气过境的时间及其演变,其基本方法是:将不同时间探测的风廓线显示在以横坐标为时间轴、纵坐标为高度轴的图上,组成风场的时间高度显示垂直剖面图,由于我国绝大部分天气系统是自西向东移动的,剖面图的起始时间列在右端,时间从右向左推进。这样,从剖面图上分析出来的风场变化的表现形式,可参照等压面图上的情况进行识别。

　　图 7.1 给出了天气系统过境时,一天两次气球探空观测的风廓线演变情况。如果把图 7.1 当作平面看待,风向的变化特点与等压面图上天气系统过境前后风向的变化是一致的。事实上,这正是时空置换性的具体表现(参见第 2 章 2.1.2.1)。当

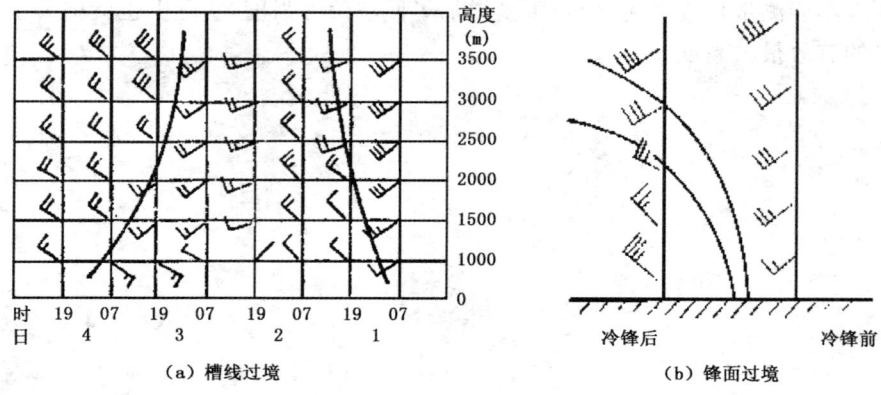

图 7.1　不同天气系统过境时风廓线演变模型图(乔全明 等,1990)

然,时空可置换性要求流场在一定的时段内应属于定常流场。另外,在等压面上的槽线是出现在二维空间平面上的,而探空资料反映的是单点的高度剖面随时间演变情况。

　　风廓线雷达探测数据的显示方式与上述图例是一样的,而且时空分辨力更高,信息量更大,因此也可以按照天气图分析方法来分析判断出过境的槽、脊、高压、低压等,为天气预报、科学研究服务。

7.2　雷达探测图例分析

7.2.1　模型图识别

　　在 Vaisala 公司风廓线雷达的使用说明书中,给出了槽、脊、高压、低压等天气过境时,风廓线随时间的变化情况,如图 7.2 所示。图 7.2 中横轴表示时间,从右往左逐渐演变。纵轴表示高度,从下往上逐渐升高。图 7.2(a)表示无倾斜的槽自西向东经过雷达站时所测量风廓线的变化情况;图 7.2(b)表示前倾槽自西向东经过雷达站时所测量风廓线的变化情况;图 7.2(c)表示后倾槽自西向东经过雷达站时所测量风廓线的变化情况;图 7.2(d)表示无倾斜的低压自西向东经过雷达站时所测量风廓线

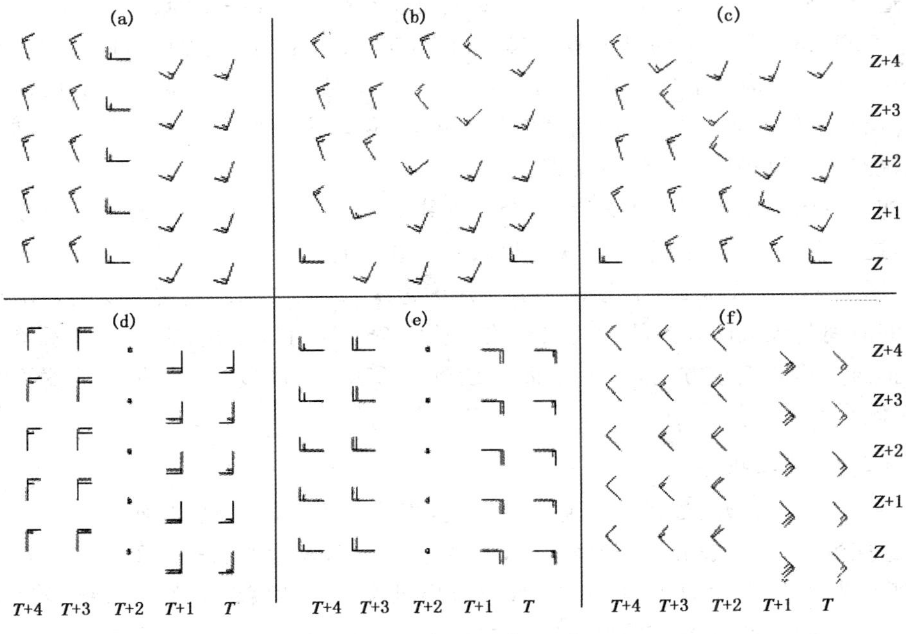

图 7.2　不同天气系统过境时风廓线随时间变化的示意图(Vaisala,2004)

的变化情况。图 7.2(e)表示无倾斜的低压自南向北经过雷达站时所测量风廓线的变化情况。图 7.2(f)表示无倾斜的低压自西南向东北经过雷达站时所测量风廓线的变化情况。

从图 7.2(a)可见,T 时刻表示槽开始影响本站,雷达站位于槽前,测量显示为西南风;$T+2$ 时刻表示槽线中心正经过本站,雷达测量显示为西风;$T+4$ 时刻表示槽线已经移过本站,雷达站位于槽后,测量显示为西北风。图 7.2(a)显示的五个时间段风廓线的变化与天气图上槽的识别图是一致的。其他图可以自行分析。

以上典型图例分析表明,可以参照天气图分析方法,开展风廓线雷达探测结果的应用分析。但是,由于天气系统有深厚与浅薄、前倾与后倾、强与弱、不同移动路径(如正西移来、西北移来、西南移来)的差别,造成风廓线雷达探测结果的复杂性,需要仔细分析和不断总结。

7.2.2　典型个例分析

7.2.2.1　高压过境

图 7.3 所示为 2006 年 2 月 4 日至 5 日的风廓线雷达连续监测结果。图中显示,2 月 4 日 00 时(北京时,下同)风廓线雷达探测的低空显示为东风,随高度增加风向发生逆时针旋转,至 2000 m 高度为北风,再往上至 4000 m 高度为西风。从 00 时到 19 时,2000 m 以下逐渐演进为整层东风,而 3000 m 以上为整层西风,这种变化表明高压逐步向测站移来,于 19 时左右经过本站。19 时之后,风向随高度增加发生顺转,低层逐渐转为东南风,中间高度转为南风,上层转变为西南风。至 5 日 10 时,高压系统对本站风场的影响基本结束。

如果将图 7.3 当作平面看待,整个风廓线的时间高度剖面图呈现出一个顺时针环流,这与高压在天气图上的表现是相似的。事实上,2 月 4 日 08 时 850hPa 的天气图上(图 7.4),显示本站正处于一个弱高压的边缘,对流层风廓线雷达观测显示高压过境的时间与天气图外推的时间相一致。从图 7.3 还可以看出,本次高压系统是从本站正西方移向正东方的,且从地面延续到了 2500 m 高度,没有发生明显的前倾(或后倾)。

7.2.2.2　槽线过境

在天气图上,槽线处风向为逆时针切变,槽前为西南风,槽后为西北风。在风廓线雷达探测显示的风场时空剖面图中,槽线经过时,风场也具有这样的变化特点。图 7.5 所示为 2006 年 3 月 15 日至 16 日对流层风廓线雷达观测到的一次槽线过境天气。图 7.5 中可见,3 月 15 日 15 时左右在 1200 m 高度上,风开始由西南风转为西风,表明槽的前沿开始影响本站上空的风场。此后,西风逐渐向 1200 m 以下高度伸

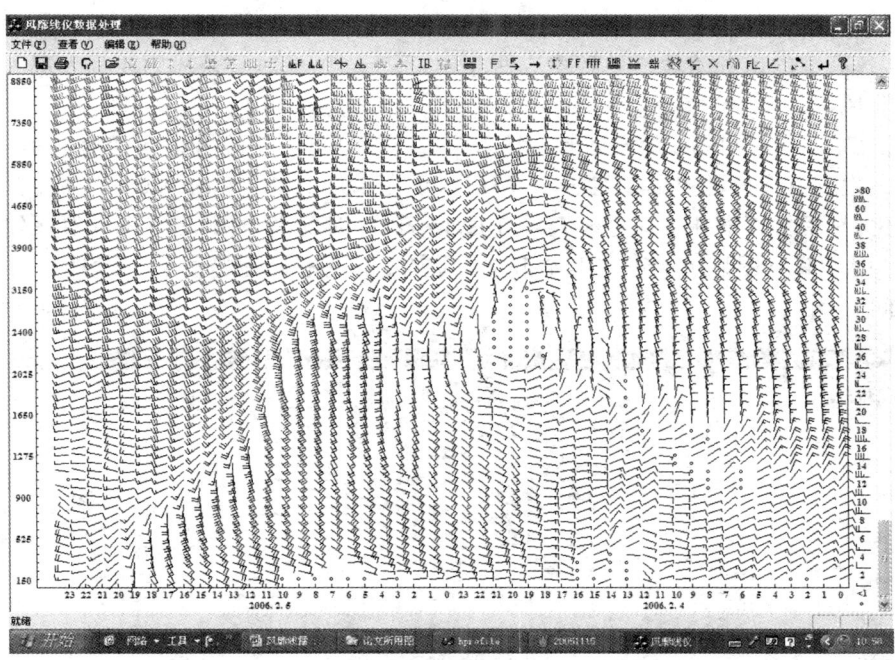

图 7.3　高压过境时风廓线随时间演变

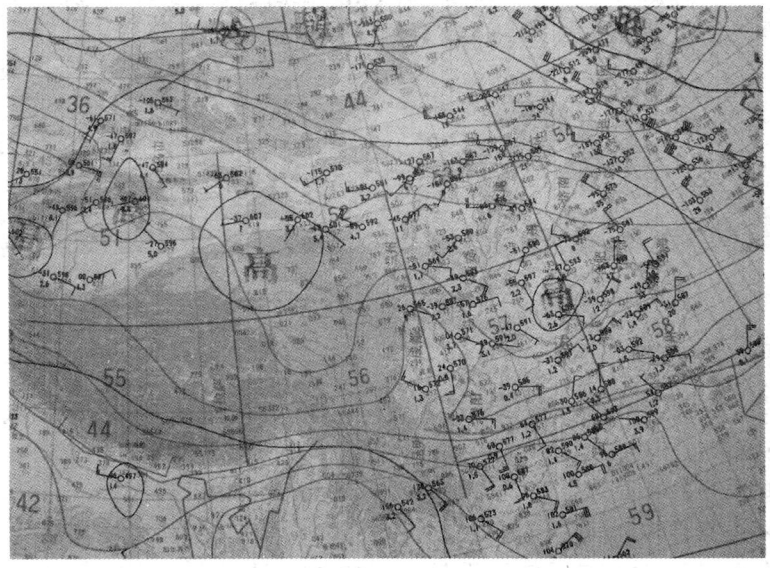

图 7.4　2006 年 2 月 4 日 08 时 850hPa 天气图

展,至 20 时 150～3150 m 高度的风都已经转变为西风,表明槽线正经过本站。21 时之后,各高度的风开始缓慢地转变成西北风,至 16 日 09 时整条风廓线都表现为明显的西北风。

图 7.5 所显示的风廓线变化与图 7.1(a)中第 3－4 日的风廓线变化相似,表明这是一次具有前倾特点的槽线过境,所以风场在 3 月 15 日 15 时 1200 m 高度首先开始变化,然后再逐渐往下演进。查看 3 月 15 日 08 时的高空图(图 7.6),本站处于槽前,20 时的高空图显示槽正在本站上空,风廓线雷达准确地监测到了槽线经过本站的时间。

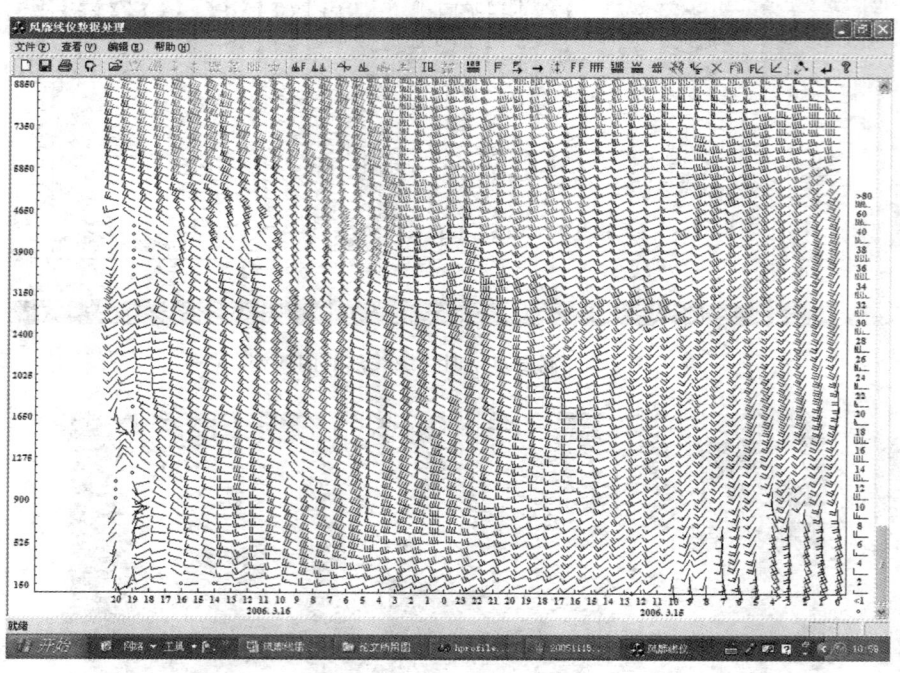

图 7.5　槽线过境时风廓线随时间演变

7.2.2.3　冷锋过境

从图 7.1 可见,锋前多西南风,锋后多为西北风,锋面过境前后风向会发生气旋性转变,锋面常位于风的气旋性切变最大处。图 7.7 为 2006 年 2 月 21 日至 22 日风廓线雷达观测到的锋面过境时风廓线演变情况,从 21 日 00 时至 16 时,1200 m 高度以下总的来说都是南到西南风,而在 13 时至 16 时 500 m 以下低空风场显示比较乱,风速小风向有点乱,这应该是锋面逐渐移近本站时,造成空气的挤压升温,在风场上的表现。17 时锋面移到本站,从第一高度 150 m 开始都为明显的西风,风速达到 8

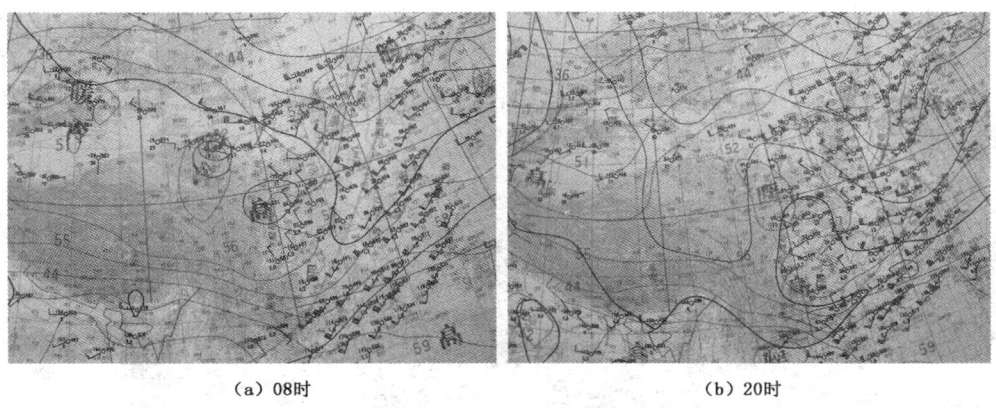

（a）08时　　　　　　　　　　　　　　　（b）20时

图 7.6　2006 年 3 月 15 日 850hPa 高空图

m/s,18 时以后低层开始逐步转变为西北风,且风向转变的高度随时间逐渐升高,至 22 日 10 时西北偏北风的大气层厚度达到 3000 m 高度(22 日 10 时至 15 时风廓线雷达故障)。

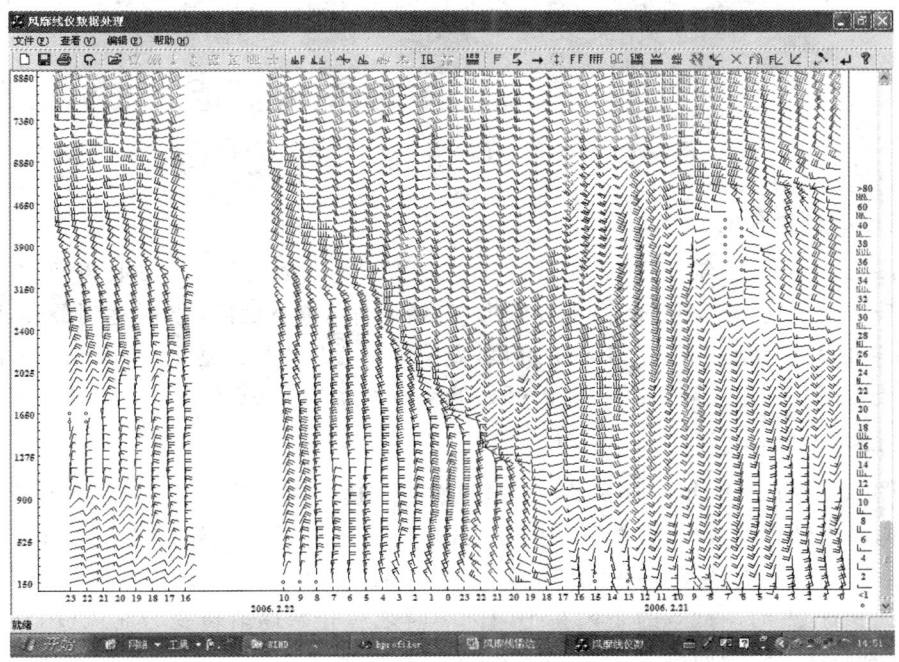

图 7.7　锋面过境时风廓线随时间演变

　　槽线过境时槽前为西南风槽后为西北风,锋面过境时锋前也是西南风锋后也是西北风,但是对比图7.5和图7.7可见,槽线过境时风场变化比较缓慢,风向变化有一定的连续性,而锋面过境时风场变化比较剧烈,风向变化存在不连续的高度层,且锋后呈西北偏北风的特点。

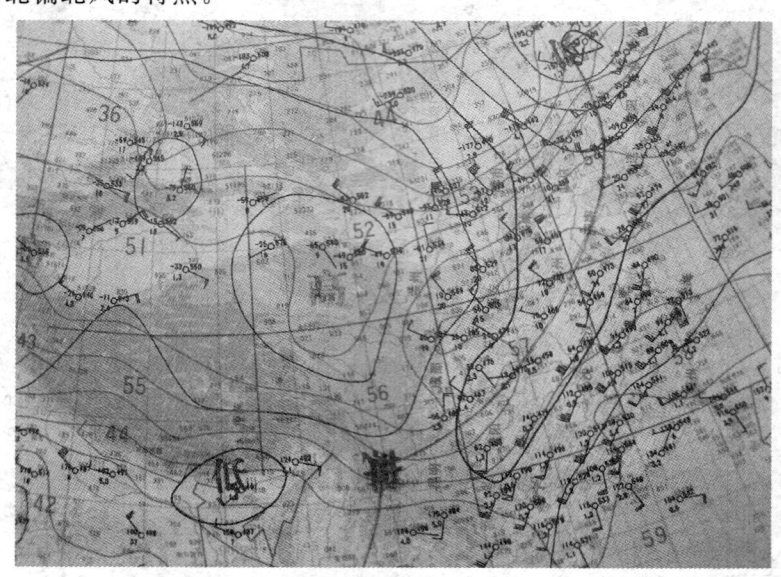

图 7.8　2006 年 2 月 21 日 08 时 850hPa 高空图

7.2.2.4　低空急流

　　图 7.9 为 2007 年 5 月 13 日至 14 日风廓线雷达观测结果,从 13 日夜间 19 时开始出现低空急流,从 1200 m 高度开始出现,并逐渐向上下延伸,22 时达到最强,低空 16 m/s 的大风舌延伸到了 2400 m 高度,急流轴中心最大风速达到 20 m/s。14 日 00 时急流舌高度开始下降,14 日 04 时开始低空急流逐渐消失(图 7.9 的彩图见书后)。

7.2.2.5　东风入侵

　　图 7.10 为 2008 年 5 月 8 日至 9 日风廓线雷达探测结果,5 月 8 日 05 时开始低层西南风逐渐转变成东风,并逐渐向上延伸,8 日 16 时整层东风达到 2200 m 高度,风速达 8 m/s 左右,8 日 21 时在 1000 m 高度层出现风速 12～16 m/s 的强东风,并持续到 9 日 09 时。低空的东风在 10 日 02 时之后开始逐渐转变为北风(图略),10 日 20 时后逐渐转为西风。

7.2.2.6　先槽后脊过境

　　图 7.11 为 2006 年 1 月 1 日至 2006 年 1 月 4 日雷达观测结果。根据 1 日 08 时

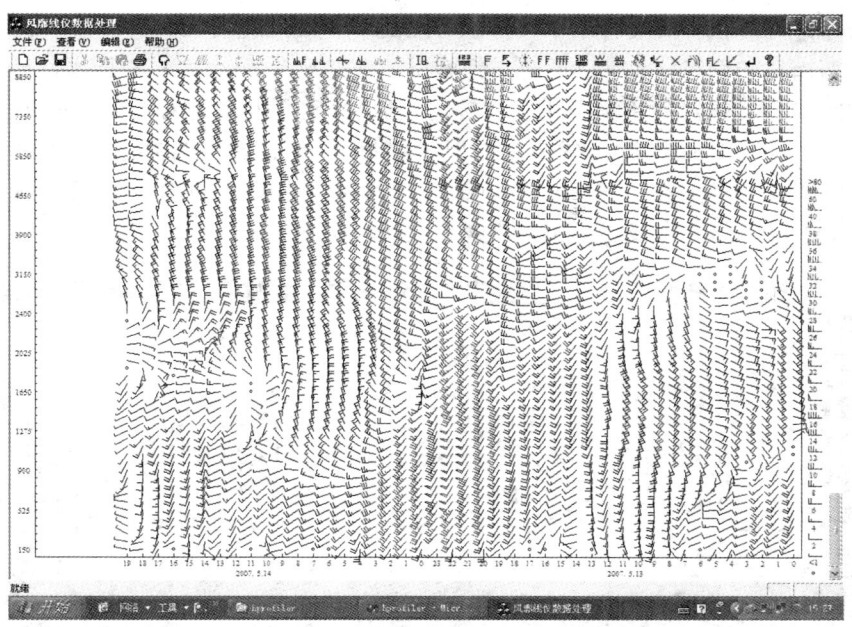

图 7.9 低空急流时风廓线随时间演变

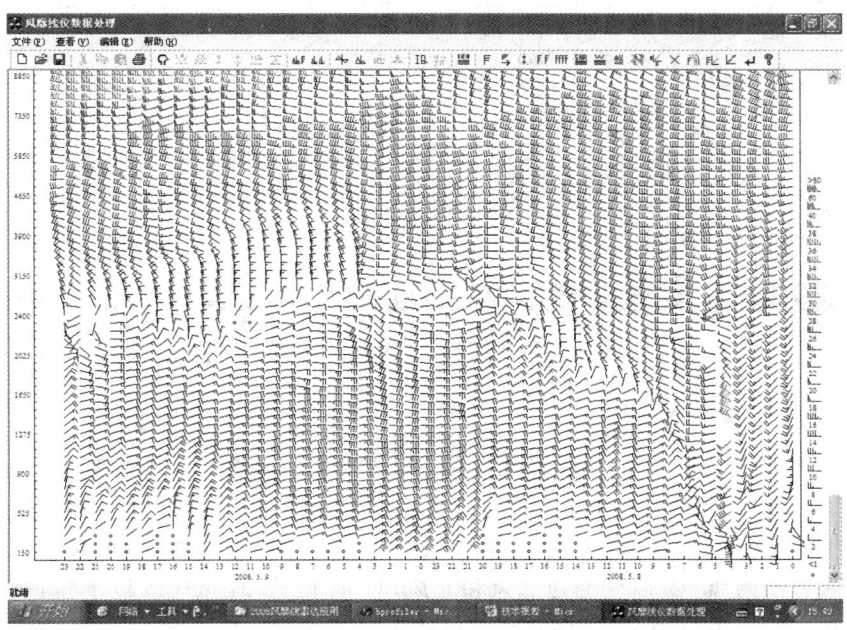

图 7.10 东风入侵时风廓线随时间演变

500hPa 图分析判断,槽线将于 17 时经过本站,雷达观测显示 3000 m 以下的风廓线逐渐由西南风转西风,18 时以后转变为整层的西北风。2 日 02 时开始本站受槽后高压影响,天气渐渐转好,小雨渐止多云转阴,风廓线逐渐由西北风转变为北风,2 日 12时开始 2000 m 以下逐渐转为东风,20 时槽线过境后,再转变为东南风,该高压对本站风场的影响基本上在 3 日 20 时结束,此后本站逐渐受到西南方向低压系统的影响,2000 m 以下的风廓线逐渐由东南风转变为东北风。

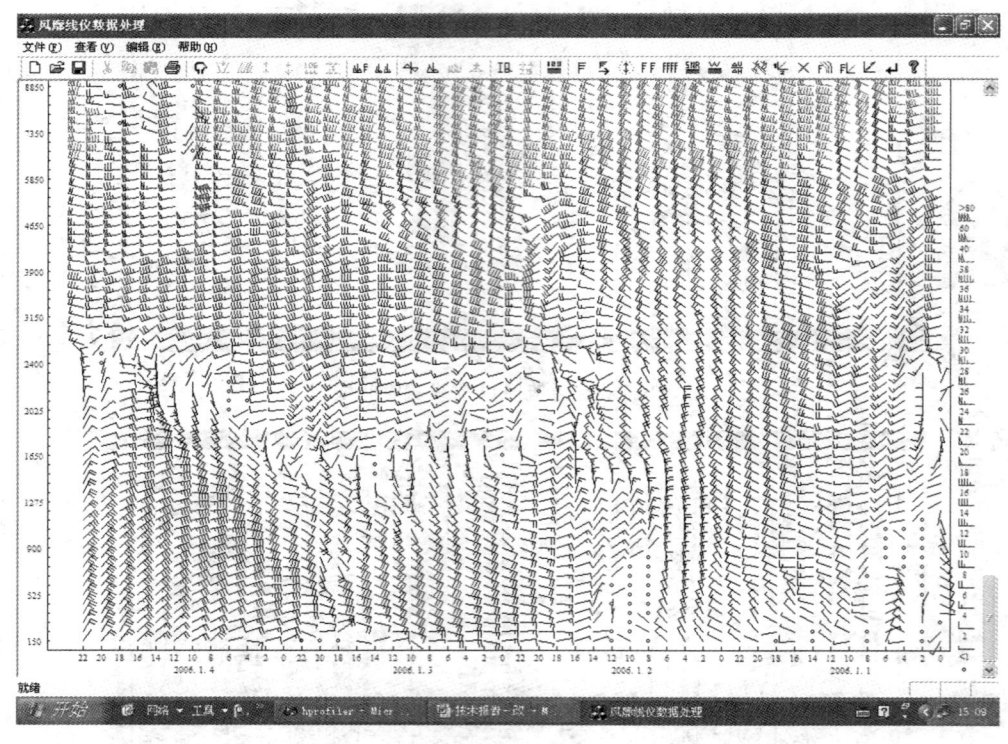

图 7.11　槽脊先后过境的风廓线演变

7.2.2.7　切变线过境

图 7.12 为 2006 年 2 月 14 日至 2 月 15 日观测的一次切变线影响本站的情况。在 14 日 08 时的地面天气图上(图 7.13),可以看到有一条呈西南—东北向的切变线,08 时正经过本站(南京)。从雷达观测图上可见,14 日 10 时 900 m 以下的风廓线表现为西和西南风,13 时变为西北风和北风,11 时和 12 时 500 m 以下雷达缺测,这是由于切变线过境时因风向急剧变化,雷达测值未通过质量控制被丢弃造成的。

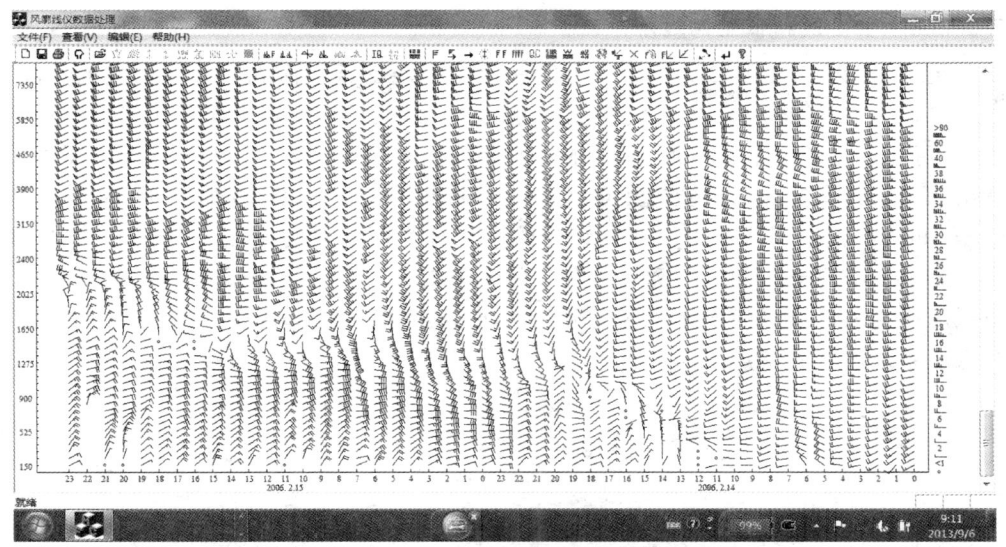

图 7.12　切变线过境时风廓线随时间演变

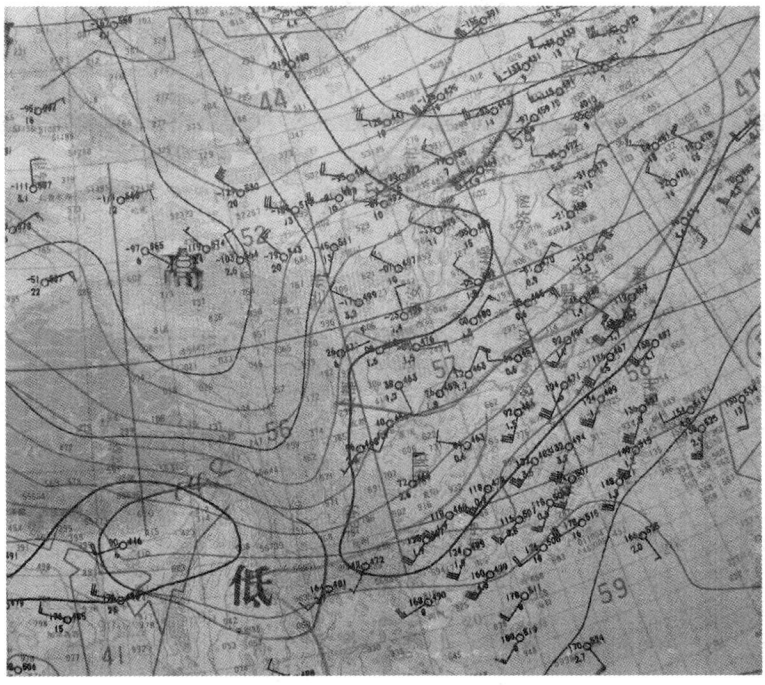

图 7.13　2006 年 2 月 14 日 08 时地面天气图

7.2.2.8　中空浅槽低空涡过境

图 7.14 为 2008 年 3 月 6 日观测的一次中空浅槽低空涡先后影响本站的情况。在 08 时 700hPa 和 500hPa 天气图上都可以看到从我国东北边境至胶东半岛有一条短槽,可往下延伸至本站附近,而在本站西南方向有一个低压,对比两张天气图可以看出该低压具有向东北前倾的特点。在雷达观测图上可见,从 06 时至 10 时在 2000 m 至 3900 m 高度风廓线由西南风转为西风再转为西北风的特点。而在 1200 m 高度以下,从 07 时至 17 时,风廓线由西南风转为南方,再转为东风,最后转为东北风,与低压过境前后风场的变化表现完全一致,而且风向的变化时间在高层早于低层,符合低压系统前倾的特点。

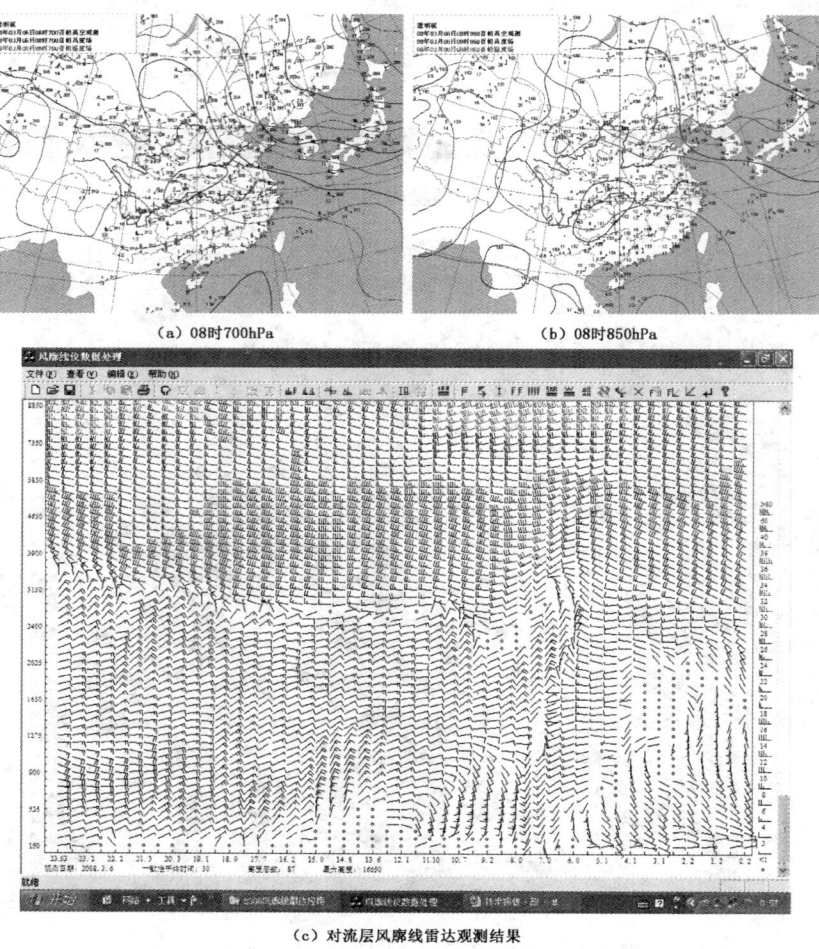

（a）08时700hPa　　　　　　　　　　（b）08时850hPa

（c）对流层风廓线雷达观测结果

图 7.14　2008 年 3 月 6 日中空槽低空涡过境的风廓线演变

7.3　一次飑线天气过境分析

2006 年 6 月 29 日一次飑线天气正面经过风廓线雷达观测站,当日 10:20 左右,本站值班员观测到尘土和落叶漫天飞舞,地面上的灰尘也纷纷扬起,短暂时间后,随之而来的是强降水。风廓线雷达连续观测了这次过程。作者利用地面自动观测站、多普勒天气雷达和风廓线雷达联合观测数据对比分析如下。

7.3.1　天气情况

2006 年 6 月 29 日 02 时地面天气图上,在(42°N,120°E)至(33°N,113°E)范围内有一条"舌"状的雷暴区,局部地区有明显的降雹。雷暴区的边缘由西北—东南走向的锢囚锋、东西向的暖锋和东北—西南走向的冷锋组成一个锋面气旋。在 08 时 850hPa 的高空图上,南京受暖气团控制,其北面有一个低压中心(约 37°N,118°E),并有一条明显的"T"形槽线。冷性气旋不断向南推进,与暖湿气团相遇造成强烈的对流天气。图 7.15 为每 10 min 的降雨量随时间的变化,图中横坐标为时间,纵坐标为降雨量(单位 mm)。

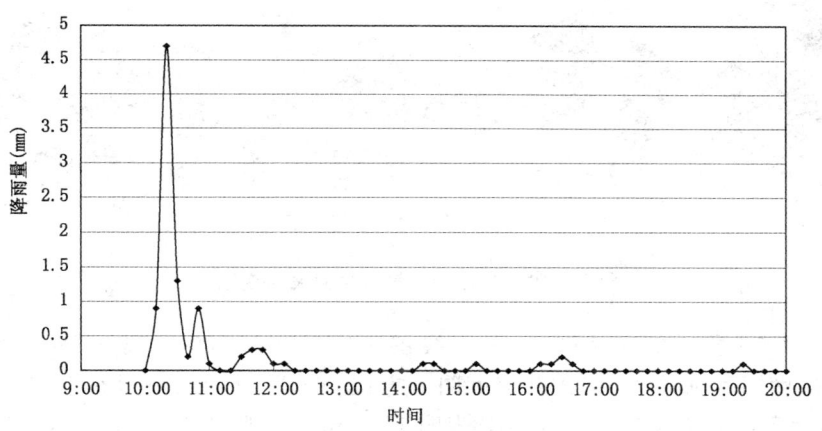

图 7.15　2006 年 6 月 29 日地面降雨量情况

降雨量是由自动雨量计连续观测的,雨量计站距离风廓线雷达约 1.5 km。从图 7.15 可见,降雨时间主要集中在 10:10 至 12:30,其中 10:20—10:30 降雨量最大达 4.7 mm,为暴雨量级,10:40—10:55 本站闻雷。

7.3.2　多普勒天气雷达回波演变

图 7.16 为南京 CINRAD—SA 多普勒天气雷达观测的回波演变情况,从左至右

观测时间分别为 9:00、10:10、11:00、12:01。图 7.16（a）为回波强度演变图,图 7.16（b）为相应时间观测的多普勒速度图。距离每圈 30 km,观测仰角 0.5°。（图 7.16 的彩图见书后）

　　从图 7.16 的强度图可以看出,09 时的回波强度图上强回波呈一条线,回波强度达到 45 dBZ,为比较明显的飑线回波特征;10:10 强回波前沿到达 CINRAD-SA 雷达站位置,11 时强回波带移过了 SA 雷达站,回波强度明显减弱,45 dBZ 以上的红色回波区已经断裂,12:01 的回波图表明本次降雨过程基本结束。图 7.16 反映的回波变化情况,与地面观测的降雨时间是一致的。

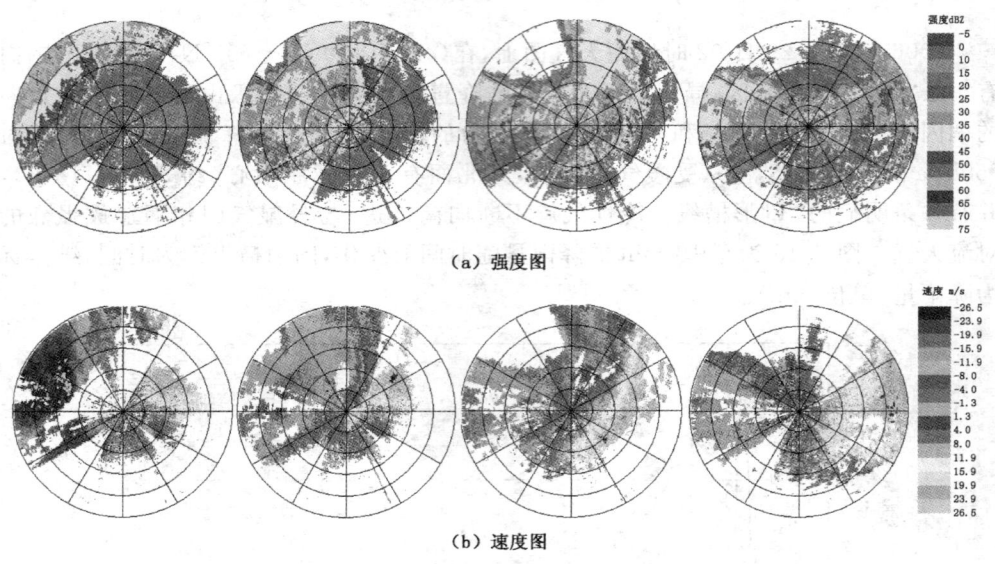

（a）强度图

（b）速度图

图 7.16　多普勒天气雷达回波演变图

　　在图 7.16 所示的回波图上,风廓线雷达位于方位 150°距离 40 km 处。从图 7.16 的速度图可见,09 时多普勒速度图上方位 300°距离 90 km 处出现了速度模糊现象（最大不模糊速度为 26.5 m/s）,表明 1200 m 高度风速大于 26 m/s。在风廓线雷达位置处,SA 雷达测值表现为西南风。10:10 SA 雷达测量表明,飑线向东南方向移动,逐渐经过风廓线雷达站,因此 10 时前后有一个西南风逐渐转变为西北风的表现。到 11 时 SA 雷达测量的速度图上零速度线基本上为 30°-210°的平直线,表明整层风向为西北偏西风。11 时的速度图上模糊区已经很小,表明与 09 时相比,1200 m 高度风速在减小。12:01 的速度图上,零速度线表现为反 S 形,表明风向随高度具有逆时针旋转的特点。

7.3.3　风廓线雷达数据分析

图 7.17 为对流层风廓线雷达从 08:06—13:26 观测的风廓线演变情况。从图 7.17 可见,05 时 2000 m 以下开始出现风速达 20 m/s 以上的西南低空急流,急流所在高度逐渐向下伸展,厚度不断增厚。急流中心最大风速随时间逐渐增大,9:59 在 1500 m 高度达最大值 28 m/s。10:19 低空由西南风突变为西北风,这正是由于飑线经过本站产生的阵风锋所致,低空的西北风一直维持到 12:32,此后再逐渐转变为西南风。结合图 7.15,风向改变的这段时间正好对应地面出现短时强降雨的时间。13 时之后地面降雨基本停止,低空的风廓线也表现为比较一致的西南风,且 2000 m 以下的低空急流消失。

仔细对照可以看出,图 7.17 上相应时刻风廓线的分布和变化与图 7.16 是一致的。

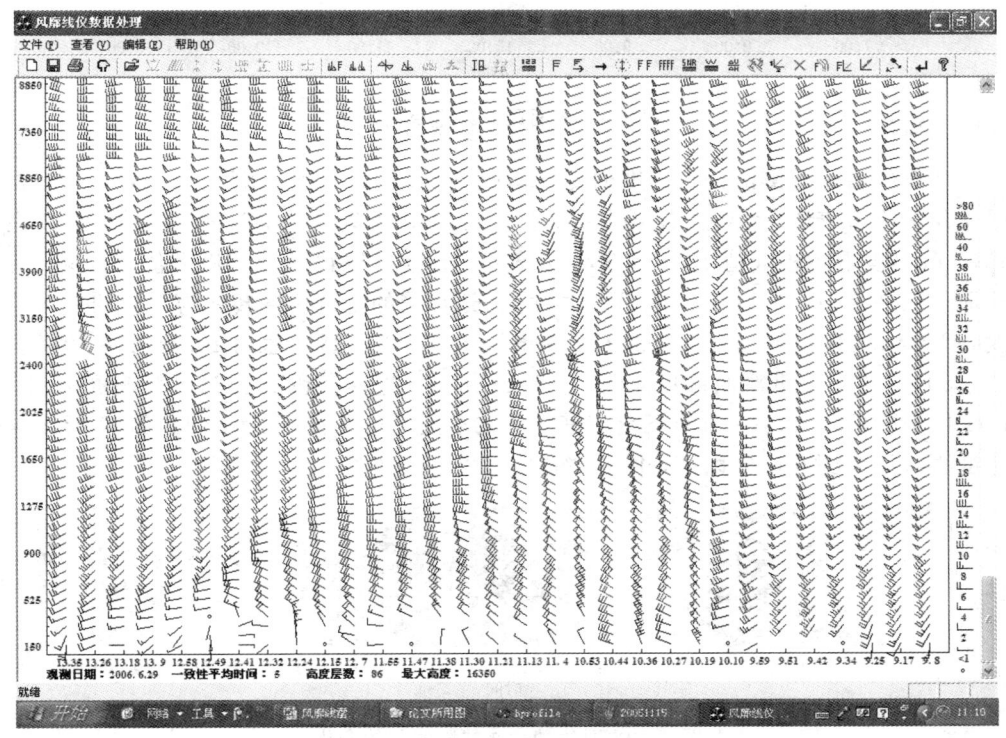

图 7.17　风廓线随时间的变化

图 7.18 给出了地面风向风速从 07 时到 13 时的变化情况,图中实线表示风速,虚线表示风向,横坐标为时间,左边纵坐标为风向,右边纵坐标为风速。在 10:20 地

面观测到 7.9 m/s 的风速极大值,这与风廓线雷达观测的飑线过境时间相一致,而且地面的风向也由西南风转为西北风。12:30 降雨停止后,地面再转为西南风,这一变化也与风廓线雷达在低空的观测结果相一致。

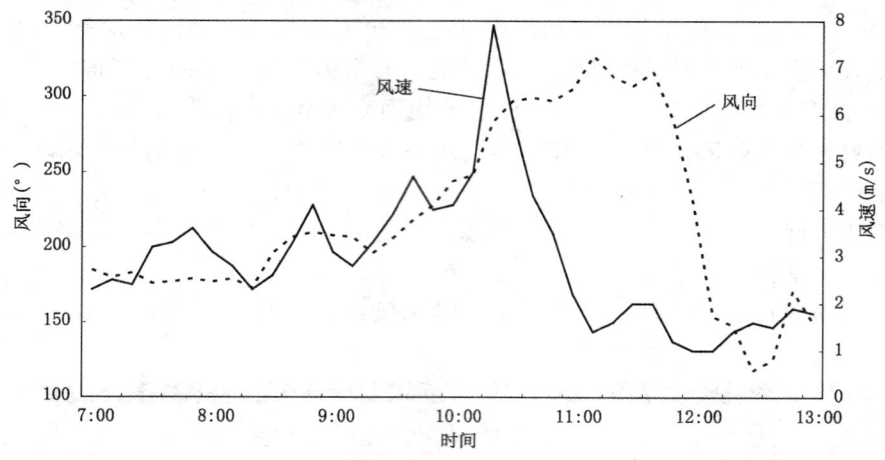

图 7.18　地面风向风速变化情况

风廓线雷达观测的垂直速度的变化情况参见图 7.19。从图可见,09:56 以前几乎整层为上升气流,速度在 0.5 m/s 左右;10:10 垂直气流上升速度急剧加大,并在 1275 m 高度取得极大值 1.55 m/s,而在 2550 m 高度取得另一个极大值 3.51 m/s。然而仅仅在 9 min 之后,由于降雨的发生,雷达观测的垂直速度转变为雨滴的下落速度,4800 m 高度以下垂直落速都大于 5 m/s,在 1200 m 高度达到 10.56 m/s 的极大值,150 m(雷达最低观测高度)测值达 7.52 m/s。此后直到 10:53,下落速度都在 5 m/s 以上。但是,11:04 垂直下落速度突然减小到 2 m/s 以下,而在 11:21 之后下落速度再次增大到 6 m/s 以上,并一直维持至 12:07。(图 7.19 的彩图见书后)

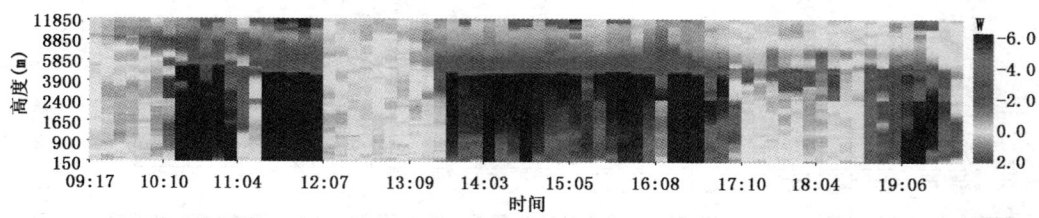

图 7.19　垂直速度廓线随时间的变化

从 10:10 开始的短短 20 多分钟内,垂直速度完成了"上升→积累→坍塌→下冲"的过程。这次过程的演变与 Kevin 等(2003)描述的微下击暴流的形成相吻合。一开始,上升气流携带小水滴及一些粒子穿过融化层,由于环境温度降低使小水滴以及水汽凝结而成为过冷水滴或凝华、冻结为冰晶或者是雹块,且由于惯性继续上升。在水滴、冰晶及雹块的上升过程中,上升气流时强时弱,对这些粒子的作用力也时大时小,使得这些粒子作上下翻滚运动,翻滚运动使它们的位能和动能之间不断转换,并使体积和质量增加。

上升气流之所以能够维持,是由于有低层暖湿空气呈对流性不稳定而不断地向上输送。当雷暴云下的阵风锋向前移动切断暖湿气流的供应时,上升气流减弱、消失,失去了上升的浮力,含有大量冰雹和过冷水滴的气团把所具有的位能及水平动能全部转化为下沉动能,到达地面后形成强大的出流。这个过程的特点是下落速度和水平出流速度都很大,分别在 10 m/s 和 20 m/s 以上。如 10:20 的下落速度达到 10.10 m/s,此时正是微下击暴流的前沿经过测站,随后下落速度有所减弱。微下击暴流像是一个柱体,中心气流的速度比四周的弱,因此 10:24 下落速度的突然增大和随后的减弱,表明微下击暴流的后沿正经过测站,前后沿经过测站的时间间隔仅为 10 min。

在图 7.19 中,13:30 以后下落速度又比较大,2000 m 至 4000 m 高度垂直下落速度超过 6 m/s。但是在 2000 m 往下,随高度降低,下落速度越来越小,150 m 高度的观测值已达 -1 m/s,对照图 7.15,该时间段地面观测无降雨,因此这一时段下落速度随高度的变化与雨幡的表现相一致。

另外,Kevin 还指出下沉的冷空气会使融化层的高度下降。他认为:一方面,当冰晶、雹块和过冷水滴等随下沉气流经过融化层时,粒子从外界吸收热量,把空气中的一部分热量转换成潜能,使周围空气变冷、下沉加速;另一方面,在融化层下方,雹块等融化成的水滴或雨滴在下沉气流中蒸发冷却,进一步助长了下沉气流的强度。在冷空气团下落的过程中,由于不断吸收热量,使周围的气温降低,从而也使融化层的高度下降。从图 7.19 可以看出,10:10 至 11:04 时间段,下落速度大于 6 m/s 的深蓝色区域开始的高度为 4850 m,而 11:20 至 11:55 时间段,下落速度大于 6 m/s 的深蓝色区域开始的高度为 4350 m,融化层的高度下降了 500 m,验证了微下击暴流在下沉过程中使融化层高度降低的事实。

下击暴流会将中高空的冷空气裹胁到低空,造成低空温度骤降,图 7.20 为风廓线雷达配套的声探测系统(RASS)探测的气温廓线随时间变化情况,横坐标为温度(单位℃),纵坐标为高度(单位 m),图中不同的曲线形式和颜色代表不同的观测时间,具体见图右列的图标。RASS 在正点前 55~60 min 进行测量,每小时观测一次,最小探测高度为 150 m,高度分辨力为 75 m,图 7.20 中 0 m 高度的气温为地面观测站所观测。由图可见,10:10 开始的降雨,使地面温度由 10 时的 33.6℃突降到 11 时的 25.5℃。在 12 时降雨基本停止之后,整层温度才再次逐渐升高。

谱宽值的变化也可以看出降雨粒子相态和形状的变化。因为相态、形状及体积的不同,粒子的下落速度也不同,因此粒子类型越丰富,则速度分布的范围越广,会造

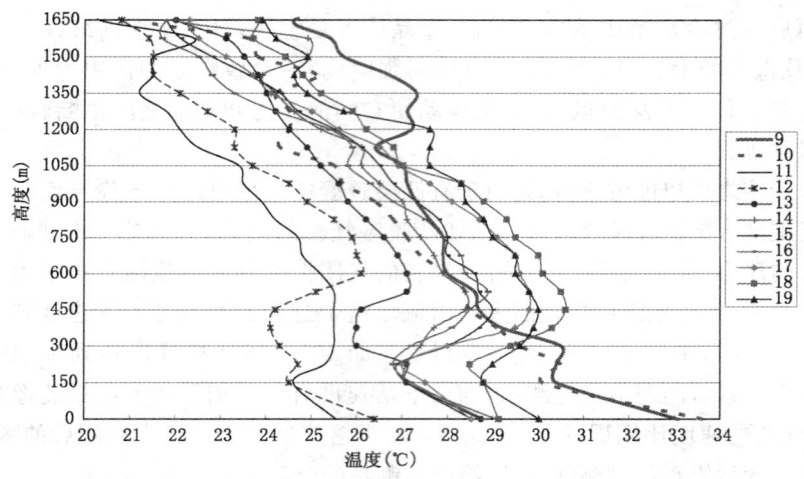

图 7.20　气温廓线随时间的变化

成谱宽值越大。图 7.21 是风廓线雷达观测的多普勒速度谱宽的变化情况。（图 7.21 的彩图见书后）

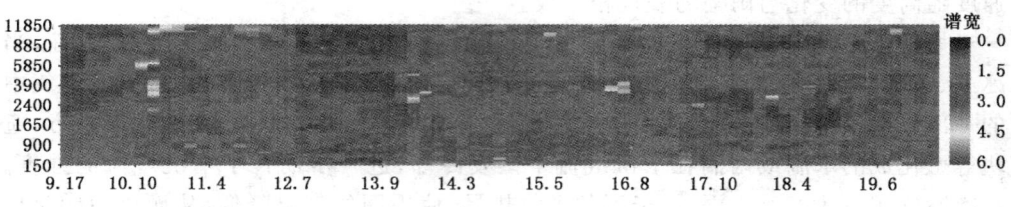

图 7.21　速度谱宽的变化

从图 7.21 可见，10:10 以前谱宽在 1 m/s 左右，降雨时谱宽增大到 2～4 m/s，而且降雨时从高度 4000 m 往下，谱宽还有一个由大变小再增大的变化过程。作者分析认为，4000 m 高度的谱宽大值区反映的是融化层所在高度。这是由于在融化层上方，因为气温在 0℃ 以下，除少量的过冷水滴之外，都以固态形式存在，云滴运动速度大体趋向一致，因此谱宽值比较小。而在融化层下方，水凝物经过了融化层下的一段距离，大部分都融化成液态，破碎成小雨滴，下沉的速度都接近于末速度，比较一致，所以谱宽的值也比较小。只有在融化层中，由于粒子相态多样，粒子大小和形状差异大，运动速度差异也大，造成谱宽出现极大值。

通过对风廓线雷达探测个例的分析，可以看出，风廓线雷达系统观测的风、垂直速度、谱宽、温度随时间的变化，比较一致地反映了飑线天气过境变化的特点，与地面观测相吻合。

第 8 章　风廓线雷达探测风切变

风切变是影响飞行安全的一个重要天气。为确保飞行安全和经济效益，国内外从 20 世纪 70 年代以来在这方面都投入了大量的人力、物力和财力进行探索和研究，研制出多种探测风切变的仪器，这其中就包括风廓线雷达。可以说，边界层风廓线雷达最直接、最广泛的应用，就是在机场开展对低空风切变的监测，以保障航空飞行安全。

8.1　风切变

风切变泛指气流在水平和垂直方向发生的变化。低空风切变一般是指发生在3000 m 以下的风切变，发生在飞机着陆进场或起飞爬升阶段的低空风切变，不仅会使飞机航迹偏离，而且可能使飞机失去稳定，严重的低空风切变对飞行安全威胁极大。资料显示，世界上 30％的空难皆由低空风切变引起。

风切变问题被人们重视是在 20 世纪 70 年代中期美国发生了三次严重飞行事故，当时以著名中尺度气象学家藤田教授为首的美国国家安全运输局事故调查组进行了事故分析，并确认低空风切变是飞机失事的主要原因。1976 年以后，国际民航组织，世界气象组织，以及各国的航空和气象机构先后分别组织召开各种关于低空风切变和湍流的学术会议，制定多项大型研究计划，各项研究工作蓬勃开展。

风切变在近几十年成为航空事故焦点，主要是因为喷气式运输机大量取代了螺旋桨运输机和航空运输量的剧增。因为当飞机在风切变中失去升力时，可以通过加大马力来增加升力，螺旋桨运输机几乎可以立即向机翼增加升力，而喷气式飞机对发动机推油门的反应要慢得多，因为喷气发动机增速时间慢，提高空速来补偿升力也慢，以致不足以应付风切变区中飞机的空速损失和升力减小。

风切变的强弱与天气形势有着密切的关系。高压区（反气旋）通常受好天气所支配，而扰动天气一般出现在锋区或锋区附近。但是，我们不能概要说明这些简单关系而不考虑大气扰动的尺度，即不同尺度天气系统带来的不同性质的风切变，对飞机飞行安全的影响也不同。在风切变研究早期，人们利用高塔探空资料对低空风切变进行研究时发现，风切变与当时影响当地的天气系统有着密切的关系。早在 20 世纪

60 年代,美国国家海洋大气环境研究所的 Alfred 等(1981)利用高塔资料列出了带来风切变的各种天气系统的影响范围和尺度,如表 8.1 所示。

表 8.1 风切变源及其影响尺度

风切变源	典型尺度	作者
雷暴外流	几十千米	Goff、Bedard 等
雷暴下冲气流	小于一千米	Fujita
夜间急流	几百米~几十千米	Alfred J. Bedard Jr
冷锋	几百千米	Greene 等
暖锋	几百千米	Greene 等
下坡风暴	几十千米~几百千米	Lilly
障碍物气流效应	几十千米	Förchtgött
尾流旋涡系统	几十米~几十千米	Olsen 等
重力波、切变波	四千米~二十千米	Greene、Hooke

从表 8.1 中可以看出,天气系统过境是风切变的主要源头之一。所以研究各类天气系统过境时的风场特征具有很大的意义,一方面可以为我们提前发出风切变警报,防止飞行事故发生;另一方面,如果获得足够详细的风场和风切变资料,将很可能通过探测风场来探测天气系统的过境。

目前风廓线雷达终端产品中主要提供 THD 产品,即时间高度风场图,图中可以看到各个高度层的各个时刻的水平风、垂直气流的大小和方向。如果用户需要,风廓线雷达最快可以每 3~4 min 给出一次风场廓线,因此风廓线雷达探测包含的信息量相当大,有助于识别天气系统过境时影响飞机飞行的风切变状况。

8.2 风切变的计算

风切变泛指空间任意两点之间风向和风速的变化,低空风切变主要来源于湍流及平均风的水平切变和垂直切变。但就风场对飞机造成的危害而言,多指风经过一个薄的垂直气层所发生的风向和风速的变化。

8.2.1 风的水平切变

风的水平切变也简称水平风切变,一般是指相同高度的两个点在水平距离间隔内风的变化,目前尚无统一的强度标准。

美国在机场低空风切变警报系统中采用了一个水平风切变强度报警标准值。该系统在机场平面有六个测风站,即中央站和五个外站。各外站和中央站间距离平均约为 3 km。系统规定每一分钟与中央站的风矢量差达 7.7 m/s 以上时系统即发出报警信号,以此推算,2.6 m · s^{-1}/km 可作为能对飞行构成危害的水平风的水平切变强度标准。

在风廓线雷达测量的时间高度剖面显示图上,前后之间的风切变反映了风场随时间的变化特征,计算时采用前后相差法,即相邻时刻的两根风廓线数值相减,而不作精确的时间平均。当天气系统过境时,在水平风切变等值线图上也可以看出过境前与过境后的风场变化。

8.2.2　风的垂直切变

风的垂直切变也简称垂直风切变。垂直风切变的计算式为:

$$M_j = \frac{\Delta V}{\Delta Z} = \frac{V_{j+1} - V_j}{Z_{j+1} - Z_j} \tag{8.1}$$

式中 M 为风切变值,V 为风速,Z 为高度值,即风切变值为单位厚度气层内风矢量的变化值。准确的风切变计算公式包括风向的作用而进行向量差计算,如下式所示:

$$|\Delta \boldsymbol{V}| = \sqrt{V_1^2 + V_2^2 - 2V_1V_2\cos D} \tag{8.2}$$

式中,D 为上下层的风向差,但为了简化计算在 D 小于 10° 时可以使用标量差计算;当风向差 D 超过 10°,风速超过 5 m/s 时不应使用标量差计算,否则计算结果偏小。作者在计算中采用矢量差计算风切变的大小,以尽量减小误差。

世界民航组织推荐,计算低空风切变时气层厚度取 30 m,认为有较好的代表性。表 8.2 所示为国际上制定的不同风切变强度等级所对应的垂直风切变值。其中垂直风切变值按两个单位形式给出。

表 8.2　垂直风切变强度等级分类标准

强度等级	垂直风切变值	
	m · s^{-1}/30 m	s^{-1}
微弱	< 1.0	< 0.033
轻度	1.1~2.0	0.034~0.067
中度	2.1~4.0	0.068~0.133
强烈	4.1~6.0	0.134~0.20
严重	> 6.0	> 0.20

而关于高空风切变,目前没有统一的计算方法和强度标准。由于在实际观测中,很难保证设备都能提供高度分辨力为 30 m 的观测值,因此,气层厚度可以根据实际情况选取。

依据公式(8.1)、(8.2)式,计算了风的垂直切变,并根据表 8.2 划分的风切变强度等级,进行了风切变强度等级显示,如图 8.1 所示。

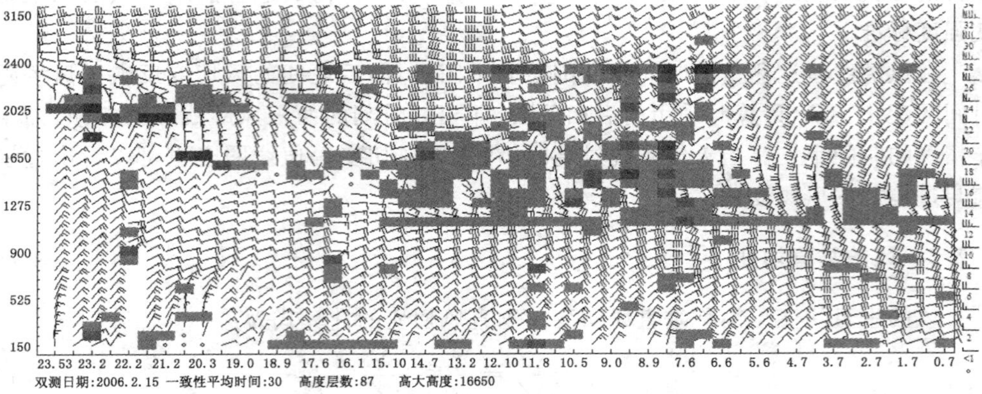

图 8.1　风切变强度等级显示

8.3　风切变的探测识别

8.3.1　风切变的等值线分析

8.3.1.1　等值线分析

气象要素场可分为标量场和矢量场,在对其进行可视化处理时,应采取不同的方法。标量场主要应采用体绘制方法,其效果取决于算法的描述;矢量场主要应考虑采取何种映射方式来表现其全场的分布特征。

等值线法是最常用的也是最有效的分析方法之一。等值线可以直观地反映要素场的分布、变化状况和变化趋势。目前气象要素场的等值线绘制方法大致有矩形网格法、三角形网格法等。风廓线雷达探测到的风场由风廓线组成,按时间顺序排列后,风场数据恰好形成一个矩阵,所以可采用基于矩形网格的点搜索法来绘制等值线。矩形网格法是在绘图区域内划分出若干矩形网格,将气象资料转换到网格节点上。判断等值线与每一网格的各边是否相交,如果有交点,计算出交点坐标,然后将交点按顺序连接起来。矩形网格法绘制等值线有三个主要步骤:首先将资料数据网格化,即将资料数据内插到直角坐标系中的矩形网格上,然后寻找并记录每一条等值线与网格交点的坐标,最后采用分段二次或三次曲线将这些点光滑连接,绘制出等值线。

在布好的矩形网格上,逐步计算等值线与网格边的交点,将这些等值点连接起来

即可得到一条等值线。使用矩形网格法绘制等值线时,具体步骤如下:

第一步,预处理格点值。在绘制数值为 Z 的等值线时,先搜寻矩形格点,检查有无等于 Z 的格点值,若有,则将此格点值减去一个适当的小量,这样在第四步容易判断走向,也不失准确性。

第二步,相交条件。等值线是否与网格的某一边相交,取决于该边的两个端点的值是否夹有等值线的要素值。即对于网格边 AB,若网格两端点的要素值为 $f(A)$ 和 $f(B)$,当满足 $f(A) \geqslant Z \geqslant f(B)$ 或 $f(A) \leqslant Z \leqslant f(B)$ 时,网格边与等值线 Z 相交。

第三步,求交点坐标。设网格边的两端点为 A、B,其要素值为 $f(A)$ 和 $f(B)$。如图 8.2 所示,网格边 AB 与等值线 Z 交点 C。

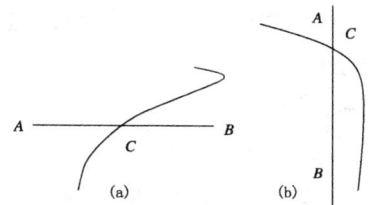

图 8.2　等值线与网格边横竖的交点示意图

图 8.2(a)的情况,交点坐标由下式计算:

$$X = X_A + \frac{[Z - f(A)](X_B - X_A)}{f(B) - f(A)}$$
$$Y = Y_A = Y_B \tag{8.3}$$

图 8.2(b)的情况,交点坐标由下式计算:

$$Y = Y_A + \frac{[Z - f(A)](Y_B - Y_A)}{f(B) - f(A)}$$
$$X = X_A = X_B \tag{8.4}$$

第四步,判断等值线游动方向。一般来说,等值线通过网格必从一边进入,从另一边离去,前一网格的离去边就是下一网格的进入边。根据下一网格四角点的要素值,判断出等值线游动方向,重复第二步至第四步,直到遇到该条等值线的终点。

第五步,确定终点。在矩形域内,等值线的终点有两种情况,一种情况等值线是封闭的,其起点同终点重合。第二种情况是等值线不封闭,从计算区域的某一边界开始,到区域的另一边界终止。

重复以上步骤,搜寻下一个数值的等值线。直到所有数值的等值线绘制完毕。

如果精度要求不高或网格线很密,用上述方法求出等值线与网格交点后,可直接用直线段将等值点连接成等值线,否则,必须采用某种方法将等值点序列拟合成光滑的曲线,如采用贝塞尔曲线或 B 样条曲线来拟合。B 样条曲线是贝塞尔曲线的拓展,与贝塞尔曲线相比,B 样条曲线局部拟合更光滑。

使用三次 B 样条曲线,考虑 4 个点进行光滑处理。假设邻近的 4 个点为 P_0、P_1、P_2、P_3,每两点之间分成 n 段进行光滑处理,$t=i/n,i=1,2,\cdots n$。则三次 B 样条曲线的矩阵表达式为下式所示:

$$P(t)=\frac{1}{6}\begin{bmatrix} t^3 & t^2 & t & 1 \end{bmatrix} \times \begin{bmatrix} -1 & 3 & -3 & 1 \\ 3 & -6 & 3 & 0 \\ -3 & 0 & 3 & 0 \\ 1 & 4 & 1 & 0 \end{bmatrix} \times \begin{bmatrix} P_0 \\ P_1 \\ P_2 \\ P_3 \end{bmatrix} \tag{8.5}$$

上式中 $0\leqslant t\leqslant 1$,在实际计算过程中,将(8.5)式中的 P_0、P_1、P_2、P_3,分别用各自的直角坐标值(X,Y)代替,即可计算出中间插值点的坐标值,然后将这些插值点用线段连接便得到一条光滑的等值线。

8.3.1.2　风切变等值线分析实例

图 8.3 是 2006 年 4 月 6 日对流层风廓线雷达探测到的南京地区 150～4000 m 高度的风廓线连续变化图。纵坐标表示高度,横坐标表示时间(从右至左表示时间逐渐增加)。从图 8.3 可以看出,在各个时刻,风速整体上均随高度增加而增大。从 10:00—14:00,大约在 1800 m 以下风向随高度增加由东南风转向南风,1800 m 高度以上盛行西北风;14:00 之后,低空盛行偏西风,随高度增加逐渐转为西北风。

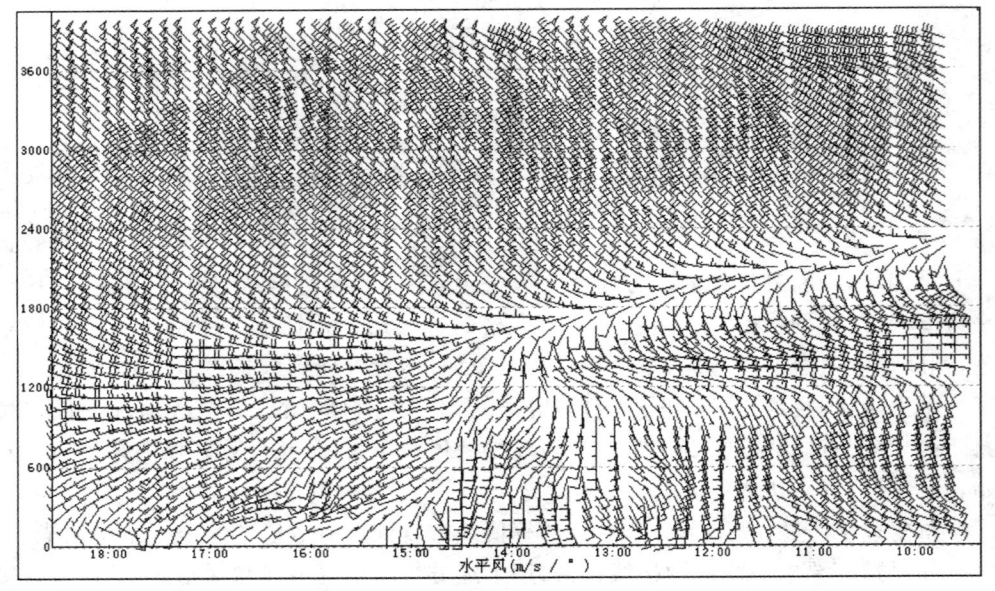

图 8.3　2006 年 4 月 6 日南京地区时间-高度风场图

　　分别对风速等值线、风向等值线、水平风切变等值线、垂直风切变等值线进行了计算，以分别了解各自分布的表现以及相互之间一致性如何，看看能否用于风切变区的自动识别。

　　图 8.4 是相应于图 8.3 的各物理量等值线分析结果图。图 8.4（a）为风速等值线图，从中可以看到，随着高度的增加，水平风速由低空的 1.19 m/s 上升到 3000 m 高度层的 15.8 m/s；12:00—13:45 在 1500 m 以下低空为风速较小区。从时间变化上看，高空和低空水平风速均在增大，16:40—19:40，低空水平风速急剧增大到 8.5 m/s，而高空风速随时间的变化相对平稳一些。随着时间的演变，风速等值线向下倾斜，说明高层动量向下传递。

　　图 8.4（b）为风向的等值线图，从图中可以看到风向随时间和高度的变化。图中风向零度为北风，90°方向为东风，180°为南风，270°为西风，风向等值线图中，等值线密集的区域对应风向剧变区，等值线稀疏的区域说明风向变化小。该风场存在从 2400 m 高度右上方向地面倾斜的风向切变线。在切变线以下为偏南风，风向角度先随高度增高而增大，然后从 1125 m 高度左右风向角度随高度增大而减小，风向变化很快，但幅度不大；切变线以上风向角度随高度增大而增大，但变化比低空更缓慢，整个切变线以上的高空风场比较平稳。

　　图 8.4（c）是水平风切变等值线图。与图 8.3 相比，图中标出了两个水平风切变较大的区域，13:00—15:00 时刻与 19:00—21:00 时刻。在时高风场图上，水平风切变实际上表示风场随时间的变化强度，强烈的水平风切变往往预示着天气系统的出现，但等值线图上没有表现出天气系统的其他特征。

　　图 8.4（d）为垂直风切变等值线图。从图中可以看到各个时刻和各个高度层的垂直风切变强度。图中强垂直风切变区的中心基本在一条从右向左下方倾斜的直线上，这实际上也标志出了切变线的位置。图中强垂直风切变中心位于 2100 m 高度，时间为 10:45；切变线高度下降，垂直风切变强度也逐渐变弱。

　　对比图 8.4 与图 8.3 可以发现，风向等值线的密集区和垂直风切变等值线的密集区与图 8.3 中风廓线的强风切变区有很好的对应，这预示着可以通过等值线的密集区及密集程度来用计算机自动处理与识别强风切变区域。

8.3.2　风切变的流线分析

8.3.2.1　基本思想

　　既然风廓线雷达观测的 THD 图可以参照天气图进行分析，作者就想能否将天气学分析中的流线分析技术引入风廓线雷达，探讨针对风廓线雷达数据，用计算机自动识别强烈天气过境的可能性。

　　从严格意义上来说进行流线分析的二维矢量场，其横坐标和纵坐标应属于同一

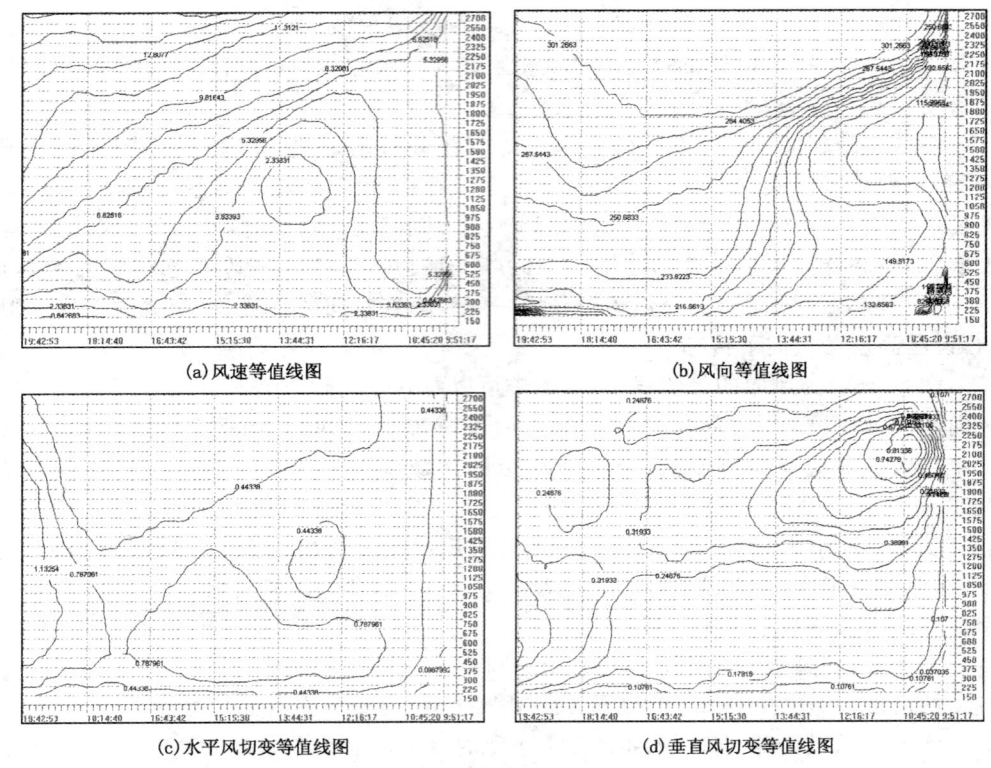

(a)风速等值线图　　　　　　　　　　　(b)风向等值线图

(c)水平风切变等值线图　　　　　　　　(d)垂直风切变等值线图

图 8.4　风切变的等值线分析

量纲。流线表示矢量场某一时刻特定空间范围流体的运动状态。风廓线雷达随时间探测出的 THD 风场图上，横坐标是时间轴，纵坐标是高度轴，量纲不同，所以分析的并不是严格意义上的流场。但是作者根据泰勒的"冰冻湍流"理论，考虑到时空的可置换性和相关性，借鉴流线分析思想和分析公式，把流线画法引入到风廓线雷达探测的时高剖面图上，用于直观地勾画出类似天气图上的天气系统。因此，本工作不追求流线的物理意义，只是借用流线分析公式，计算并在风廓线剖面图上画出风矢量的方向演变特点，用于协助过境天气特点的判断和风切变区的识别，作者认为这是一个有新意的尝试。

8.3.2.2　流线计算方法

气象上所谓流线就是在任意时刻，在二维气象矢量场中设想的一种曲线，该曲线上任一点的切线方向恰与该时刻该点的流速方向相一致。

流线具有如下特性：在任意时刻通过流线场内的任何空间点都有且只能有一条流线，整个流场形成流线族；流线因时而异，只在稳定流场中才不变；在连续流场中流线不能中断。流线的求解方法简要介绍如下。

根据流线定义,严格的三维流线微分方程如下式所示

$$\boldsymbol{V} \times \mathrm{d}\boldsymbol{s} = 0 \qquad (8.6)$$

式中 $\boldsymbol{V}$ 为流速,$\mathrm{d}\boldsymbol{s}$ 表示曲线的矢量元。

忽略垂直气流 w,且只在二维平面直角坐标系中讨论,即令 $w=0$,$\mathrm{d}z=0$,代入上式展开后,可得二维流线微分方程为

$$\frac{\mathrm{d}x}{u} = \frac{\mathrm{d}y}{v} = k \qquad (8.7)$$

式中 u、v 是 x、y、t 的函数。k 值的确定,可以将上式改写为

$$\mathrm{d}x^2 + \mathrm{d}y^2 = k^2(u^2 + v^2) \qquad (8.8)$$

因此,当 u、v 不同时为零时,可得到

$$k = \pm \frac{\sqrt{\mathrm{d}x^2 + \mathrm{d}y^2}}{\sqrt{u^2 + v^2}} \qquad (8.9)$$

当选取 $k>0$ 时:当 $u>0$ 时,则 $\mathrm{d}x>0$;而当 $u<0$ 时,$\mathrm{d}x<0$。对于 v 同理。这就意味着当选取 k 为正值时,流线沿着 u、v 本身的方向(定义为正向)。反之,当选取 k 为负值时,流线沿着 u、v 的反方向。所以为了得到任意给定初始点的一条完整流线,在实现过程中对于 k 的取值及其正负要同时考虑。

在(8.9)式中,$\sqrt{\mathrm{d}x^2+\mathrm{d}y^2}$ 为流线上相邻两点间的距离,即为求取流线时的积分步长(以下用 h 表示)。而 $\sqrt{u^2+v^2} = |\boldsymbol{V}|$,于是由(8.7)式和(8.9)式($k$ 取正值时)可得

$$\frac{\mathrm{d}x}{h} = \frac{u}{|\boldsymbol{V}|}$$

$$\frac{\mathrm{d}y}{h} = \frac{v}{|\boldsymbol{V}|} \qquad (8.10)$$

以 $\mathrm{d}x \approx x_{i+1} - x_i$,$\mathrm{d}y \approx y_{i+1} - y_i$ 代入上式,则可得

$$\begin{cases} x_{i+1} \approx x_i + h \cdot \dfrac{u_i}{|\boldsymbol{V}_i|} \\[2mm] y_{i+1} \approx y_i + h \cdot \dfrac{v_i}{|\boldsymbol{V}_i|} \end{cases} \qquad (8.11)$$

若已知初始点的坐标 (x_i, y_i) 及该点的速度 (u_i, v_i) 和给定的步长 h,则由(8.11)式可求出流线下一点的坐标位置 (x_{i+1}, y_{i+1})。

按照(8.11)式求解出的流线,一般不够光滑。因此,通常采用四阶龙格—库塔方法来改进流线方程组(8.10)式的求解。龙格—库塔方法实际上是欧拉(Euler)公式的改进。欧拉公式用起始点的斜率代替整个步长区间的平均斜率,龙格—库塔方法则是对步长区间内 4 个点的斜率加权平均后作为平均斜率。

令(8.10)式中的第一式等于 $f(x_i, y_i)$，(8.10)式中的第二式等于 $g(x_i, y_i)$，即

$$\frac{u_i}{|\boldsymbol{V}_i|} = f(x_i, y_i), \qquad \frac{v_i}{|\boldsymbol{V}_i|} = g(x_i, y_i) \tag{8.12}$$

于是根据积分步长区间内 4 个点的位置和相应的流速，可分别求得

$$\begin{cases} k_1 = f(x_i, y_i) \\ k_2 = f\left(x_i + \frac{1}{2}hk_1, y_i + \frac{1}{2}hl_1\right) \\ k_3 = f\left(x_i + \frac{1}{2}hk_2, y_i + \frac{1}{2}hl_2\right) \\ k_4 = f\left(x_i + \frac{1}{2}hk_3, y_i + \frac{1}{2}hl_3\right) \end{cases} \tag{8.13}$$

$$\begin{cases} l_1 = g(x_i, y_i) \\ l_2 = g\left(x_i + \frac{1}{2}hk_1, y_i + \frac{1}{2}hl_1\right) \\ l_3 = g\left(x_i + \frac{1}{2}hk_2, y_i + \frac{1}{2}hl_2\right) \\ l_4 = g\left(x_i + \frac{1}{2}hk_3, y_i + \frac{1}{2}hl_3\right) \end{cases} \tag{8.14}$$

将依次计算出的 k_1、k_2、k_3、k_4 和 l_1、l_2、l_3、l_4，代入下式

$$\begin{cases} x_{i+1} = x_i + (h/6) \times (k_1 + 2k_2 + 2k_3 + k_4) \\ y_{i+1} = y_i + (h/6) \times (l_1 + 2l_2 + 2l_3 + l_4) \end{cases} \tag{8.15}$$

就可以求得流线下一点的坐标位置 (x_{i+1}, y_{i+1})。如此重复，便可以求得整个流线。

绘制流线前，先对数据进行预处理。风廓线雷达风场中有可能存在一些空白（即未通过质量控制的数据点），所以必须对这些数据点进行插值。如果无效数据点在边界上，则采用前差或后差，在中间则采用矩形中心插值法，这样保证流场的延续性。

理论上流线不会相交，但显示在屏幕上时由于是像素整形坐标，在流线密集时看起来就已经重合，为减少细节损失，作者研究时未对流线之间的距离进行控制。

8.3.2.3　实例分析

图 8.5 为对图 8.3 进行的流线分析结果。可以看出，流线密集处是风向切变的中心，流线曲率越大表明风向切变越大。如果结合图 8.4 中的等值线图，可以看出在切变最强的右上角部分，风向的等值线、垂直风切变的等值线、流线三者表现得很一致：线汇聚且密集。因此，结合风场的等值线与流线分布，可以更直观地看出风场的变化状况。

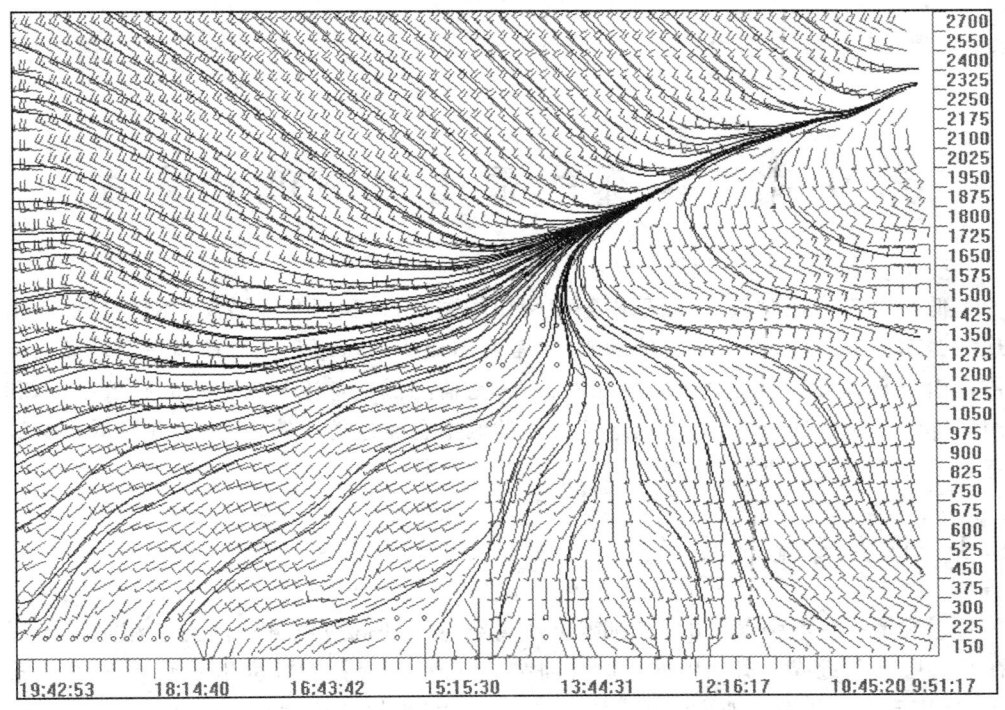

图 8.5　2006 年 4 月 6 日南京地区时间-高度风场流线分析图

　　初步的研究结果表明,对风廓线雷达探测的时高风场进行等值线分析,有助于更直观地看出风场的变化。等值线能比较明确地画出风速、风向、风切变的分布区域,并标志出风速较大的区域、风速较小区域、强风切变区域。

　　等值线可以很好地表示出风速和风向随高度、时间的变化情况;在要素值变化快的区域等值线密集,变化较小的区域等值线较稀疏。

　　总的来说,等值线使风场的分布与随时间和高度的变化状况变得直观明了,量化了整个风场随高度的变化和随时间的变化,这对分析风场风切变具有很重要的意义。

　　流线分析结果表明,流线越密集说明该处风场梯度越大;流线曲率可以表示风向的切变大小,流线的曲率越大、流线越密集,则该处风切变值越大。

　　必须指出,在风廓线雷达时高风场上进行流线分析是一个尝试,与通常天气分析中的流线相比,可能存在物理意义不够确切的地方,只是从研究的结果看,流线分析法也许可应用于风廓线雷达资料对过境天气的计算机自动识别算法中。

第9章　风廓线雷达探测低空急流

低空急流与强对流天气、暴雨等有密切的关系,在我国东南沿海内陆地区经常出现的西南低空急流,会带来充沛的水汽,常常造成华南暴雨和江淮梅雨暴雨。风廓线雷达由于其具有高时空分辨力的探测特点,是监测低空急流及其变化的有效手段,利用风廓线雷达探测资料,对南京地区出现的低空急流进行了统计分析,并对低空急流背景下的天气过程进行了初步讨论。

9.1　低空急流及其定义

急流是指一股强而窄的气流带,包括高空急流和低空急流。高空急流是指出现在对流层顶附近或平流层中的一股强而窄的气流,急流长度可达几千千米,宽几百千米,厚几千米。风速一般大于等于 30 m/s,中心最大风速可达到 50～80 m/s,最强的可达 100～150 m/s。急流中心的长轴为急流轴,沿着狭长急流带的轴线上可以有一个或多个风速的极大值中心,急流轴在三维空间中呈准水平,多数轴线呈东西走向。

低空急流是指在对流层中下层存在的一支强而窄的气流带,其中心最大风速、风速的水平切变和垂直切变值都不能满足以上高空急流的标准,并且尺度也比高空急流的尺度小得多。东亚大陆的低空急流一般呈东南方向,常发生在 7 月中旬以后,这时副高北抬至日本海,台风在中国大陆沿海登陆,在台风与副高之间就形成了强烈的东南低空急流,是造成暴雨的一个重要影响系统。

在我国东南沿海内陆地区经常出现的是西南低空急流,通常出现在 150～3000 m 的中低空。中心风速可达 12 m/s 以上,有时甚至可高达 16 m/s。其平均长度在 1000～2000 km 左右,宽度数百千米,常在华南前汛期和江淮梅雨期间出现。

低空急流除了出现的高度比较低外,还具有以下特征:(1)具有很强的地转风特性。这一特性说明了低空急流存在着很大的急流不稳定性。地转偏差的存在表征着天气系统演变剧烈,天气现象活跃频繁。所以,具有强烈超地转特点的低空急流总是与暴雨等强烈天气联系在一起。(2)具有较小的里查逊数。在湍流运动及小尺度扰动中,人们常常把里查逊数的大小作为扰动发展的一个标志。小的里查逊数使行星边界层内的湍流交换大大加强,增加了大气的不稳定性,有利于对流或中尺度天气的发展。(3)低空急流具有明显的日变化。

美国气象研究人员在 20 世纪 50 年代就开始注意到低空急流在强天气中的作用。1963 年,Hoecker 利用测风气球的加密观测研究了美国大平原地区低空急流的变化特征。1968 年,Bonner 进行了北美低空急流气候学研究,建立了北美低空急流完整的形态结构和演变规律的概念模式。1973 年,Browning 研究了冬季冷锋或锢囚暖风前的低空急流。1974 年,Manabe 模拟出了 7 月份印度洋和太平洋西岸的跨赤道急流。1975 年,Washing 应用 NCAR 的全球环流计算出了东肯尼亚与索马里地区的强低层季风气流,其位置和高度与观测事实比较一致。

我国的气象工作者早在 20 世纪 60 年代也开始研究东亚副热带高压北侧西南低空急流与我国强降水之间的关系。陶诗言等(1977)对暴雨的研究揭示出高低空急流特别是低空急流的加强与暴雨的密切关系,低空急流的位置、强度及其移动是预报暴雨落区的重要指标;朱乾根等(1975)研究了不同高度急流对暴雨产生的作用表明:超低空、低空和高空急流的作用主要表现在为暴雨提供大量的水汽、利于不稳定层结建立和维持,并触发对流不稳定能量的释放,加强了中尺度的上升运动。寿绍文(1993)研究指出:急流与天气系统的发展相互联系,高低空急流耦合使得大气潜在不稳定性加强,两者的耦合有利于强对流风暴的发生发展。

风廓线雷达探测具有高时空分辨力的特点,可以监测低空急流的出现及其连续变化过程。1996 年,Zhong 用风廓线组网资料对美国大平原的低空急流做了个案研究,风廓线资料完整地呈现了大平原夏季典型的低空急流,并用高分辨力中尺度模式讨论了引起大平原夏季夜间低空急流的原因。Jashi(2005)利用风廓线雷达资料研究了 2003 年季风期的低空急流,发现 7 月份是急流出现的高频率期,急流风速常常大于 20 m/s,白天与夜间的低空急流存在显著变化。刘淑媛等(2003)利用风廓线雷达资料研究了华南暴雨和南海季风科学实验期间暴雨过程中低空急流与暴雨的关系,指出低空急流的脉动对影响地区的强天气和强降水有一定的指示意义。金巍等(2007)分析了一次大暴雨过程低空急流演变与强降水的关系,指出低空急流的强度和伸展高度都直接制约着强降水的强弱。董保举(2009)在一次暴雨过程中发现风廓线雷达水平风廓线资料可以很直观地显示随时间变化的风场垂直结构,高空气流的向下脉动与降水强度的增强有着紧密的联系,风廓线雷达产品清楚地反映降水的开始、结束以及降水的强度。张京英(2005)用雷达风廓线产品分析了一次暴雨与高低空急流的关系,发现高低空急流及其向下的脉动与降水强度的增强有着密切的联系,由低空急流向下脉动和加强引起的降水加强幅度要比单纯的高空急流向下脉动和加强引起的降水加强大得多,暴雨的产生主要由低空急流的下传和加强引起的。

在上述研究中,关于低空急流的定义和标准不完全一样。Bonner(1968)在讨论北美低空急流时,定义的单站急流观测标准包括三个方面:一是距地高度,通常指最大风速出现在距地 1.5 km 之内的大风层;二是最大风速,最大风速层上的风速必须≥12 m/s;三是最大风速层的垂直切变要求,通常要求最大风速层上方风速随高度必须是减小的,最低要求是最大风速层与其上方出现的最小风速层之间要有 6 m/s 的风速差,或者距地 3 km 处的风速要比此最大风速层上的风速小 6 m/s。

我国气象学家在研究中国低空急流时一般将其定义为,600hPa 以下的大气低层,某一等压面上(指 700hPa、850hPa、925hPa)在某一区域内存在的风速达到某一标准的强风带(最常用的风速标准是≥12 m/s)(丁一汇,1991)。该定义并没有对风速的垂直切变提出要求,对大风层距地的要求也较宽,通常只用等压面上的风速大小为依据。

综合以上文献,作者在研究中将低空急流定义为:出现在 3000 m 高度以下,风速大于 12 m/s,且持续时间超过 4 个小时,风速随高度分布具有先增加后减小的鼻形结构的气流层,且该气层中各个高度层的风向一致。

9.2　低空急流的统计分析

我们用实验室的两台风廓线雷达数据进行了低空急流的统计研究(张柽柽,2011),结果主要反映南京地区的天气情况。南京地区出现的低空急流大多为西南风急流,常在江淮梅雨期间出现。另外,在 7 月中旬以后,伴随着台风的登陆,在我国东南沿海一带还会出现一支东南方向的低空急流。因此,风廓线雷达探测中出现的低空急流包括西南风低空急流和东南风低空急流。

9.2.1　月变化统计分析

为了保证统计结果的代表性和有效性,统计时对风廓线雷达探测数据做出如下规定:(1)一天中出现低空急流并且持续时间大于等于 4 个小时记为出现一个低空急流日。(2)若在同一天中低空急流出现一段时间后消失,间隔一段时间后又一次出现,也只记为一个低空急流日。(3)若出现连续 4 小时以上的急流,但是跨越 2 天,仍记为一个急流日。

9.2.1.1　边界层风廓线雷达统计结果

图 9.1 为边界层风廓线雷达逐年低空急流月变化统计结果,图中横坐标为月份,纵坐标为急流出现次数。该边界层风廓线雷达自 2005 年 2 月 26 日正式开机运行,故 1、2 月份的资料缺失。但是 2005 年雷达工作时间所占的比例达到了 77.8%,所以资料具有了一定的代表性。图 9.1 中可以看出,4、7 两个月份出现低空急流的概率最高,占一个月三分之一的时间;3、6、5、8、11 五个月份出现低空急流概率依次降低;9、10、12 月份没有出现低空急流。

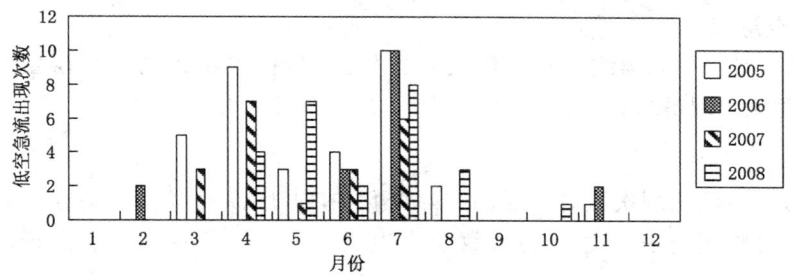

图 9.1　边界层风廓线雷达低空急流月变化统计图

2006 年边界层风廓线雷达 3—5 月由于机房装修,机器接线未连接好等原因无数据。从其余的几个月依然可以看出 7 月份低空急流出现的概率远远高于其他月份,出现了 10 次。2、6、11 月份出现低空急流概率相对较小。1、8、9、10、12 五个月份没有出现低空急流。

2007 年边界层雷达除了 5 月份有十天机器故障数据无效外,其他时间设备性能十分稳定,探测可靠。图 9.1 中显示 4 月份出现了 7 次;7 月份略少,出现了 6 次。3月份和 6 月份均出现了 3 次。1—2 月、8—12 月没有出现低空急流。

2008 年边界层风廓线雷达 7 月份出现低空急流 8 次,5 月份出现 7 次;4、8 两月相对较少。1—3 月、9 月、11—12 月都没出现低空急流。

9.2.1.2　对流层风廓线雷达统计结果

图 9.2 为对流层风廓线雷达逐年低空急流月变化统计图,图中横坐标为月份,纵坐标为频数。如图 9.2,与 2006 年边界层风廓线雷达统计的结果对比,除了边界层中缺失的 3—5 月份,其他月份的统计结果相当地一致,4 月和 7 月出现低空急流最多。可见,两部风廓线雷达测量结果是一致的,探测资料可靠。

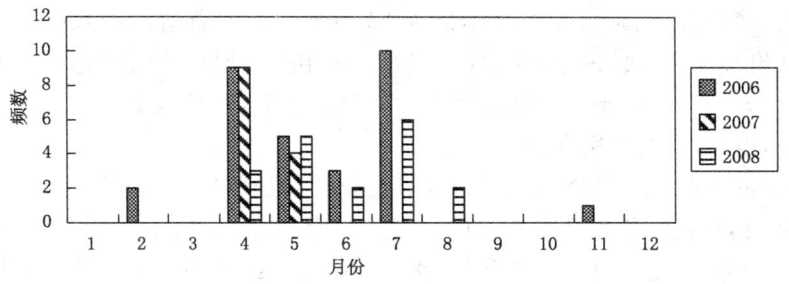

图 9.2　对流层风廓线雷达低空急流月变化统计图

2007 年对流层风廓线雷达 3 月、6—10 月,由于供电不稳定导致硬件故障,测风无效。但是 4 月、5 月的统计结果与边界层雷达还是一致的。4 月出现 9 次,5 月出现 4 次低空急流。

2008 年对流层风廓线雷达探测资料比较完整,探测结果与边界层雷达基本吻合。7 月急流出现最多,其次是 4 月、5 月、6 月和 8 月也有急流出现。

9.2.1.3　结论

(1)低空急流出现次数有明显的月际变化,在 4 月、7 月这两个月份出现的概率最高,一个月将近有三分之一的天数会出现低空急流。并且每一年出现的频数都相当。

(2)每年的 3 月、5 月、6 月、8 月基本上都会出现低空急流,频数在 2～5 次。

(3)2 月、10 月、11 月偶尔会有低空急流出现,但是出现频数不高,就在 1～2 次左右。

(4)统计的数据中,1 月、9 月、12 月没有出现过低空急流。但这仅仅是统计的四年内没有出现,不代表那几个月份就不会出现,只能说明那几个月份是低空急流活动的弱期。

(5)由上可见,低空急流季节性变化特征显著。3—5 月的低空急流主要是高空副热带西风急流底部下伸的反映,与逆温层的存在有很大的关系,与暴雨的相关性较差。6—8 月的急流与江淮地区梅雨、台风有关,往往与暴雨的产生有紧密的联系。

(6)两部风廓线雷达分别统计出来的结果具有较好的一致性,这从另一个方面也说明了风廓线雷达探测到的风场资料的准确性。

9.2.2　日变化统计分析

9.2.2.1　边界层风廓线雷达统计结果

图 9.3 为边界层风廓线雷达逐年低空急流日变化统计,图中横坐标为时间,纵坐标为次数。如图所示,2005 年统计结果为 06 时出现低空急流的频数达到了一个极大值,总共出现了 23 次,占总次数的 65%(2005 年边界层风廓线雷达探测到低空急流的天数为 34 天)。22 时、23 时达到了一个次极大值,占总次数的 59%。13 时、14 时为频数的极小值,占总次数的 28%。

2006 年边界层风廓线雷达低空急流日变化统计如图所示,频数的极大值出现在 21 时和 24 时,次极大值出现在 06 时,概率分别为 76% 和 65%(2006 年边界层风廓线雷达探测到低空急流的天数为 17 天);极小值为 01 时,10—15 时,占总次数的 41%。

2007 年边界层风廓线雷达统计结果所示,图中存在低空急流时刻最多出现在 06—08 时,频数为 14 次,占总次数的 70%(2007 年边界层风廓线雷达探测到低空急流的天数为 20 天)。极小值出现在 19 时,占总次数的 45%。

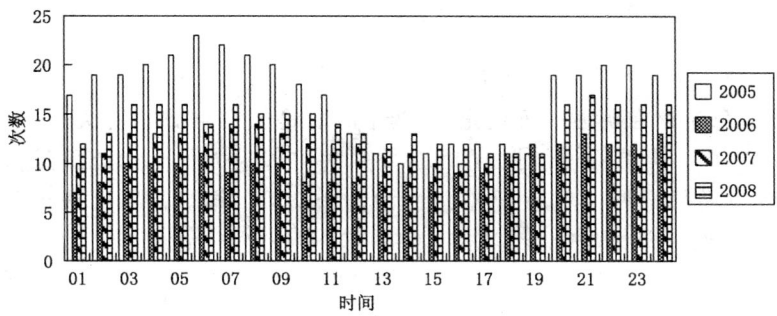

图 9.3　边界层风廓线雷达低空急流日变化统计

2008 年边界层风廓线雷达统计结果，频数的极大值出现在 21 时，占总次数的 68%（2008 年边界层风廓线雷达探测到低空急流的天数为 25 天）。次极大值 03—05 时、20 时、22—24 时出现的频数相当。极小值出现在 17—19 时，占总次数的 44%。

9.2.2.2　对流层风廓线雷达统计结果

图 9.4 为 2006—2008 年对流层风廓线雷达逐年低空急流日变化统计图。2006 年的统计结果，频数的极大值出现在 20—24 时，占总频数的 70%（2006 年对流层风廓线雷达探测到低空急流的天数为 30 天）。另一次极大值出现在 05—06 时，占总频数的 67%。极小值出现 16 时，占总频数的 40%。

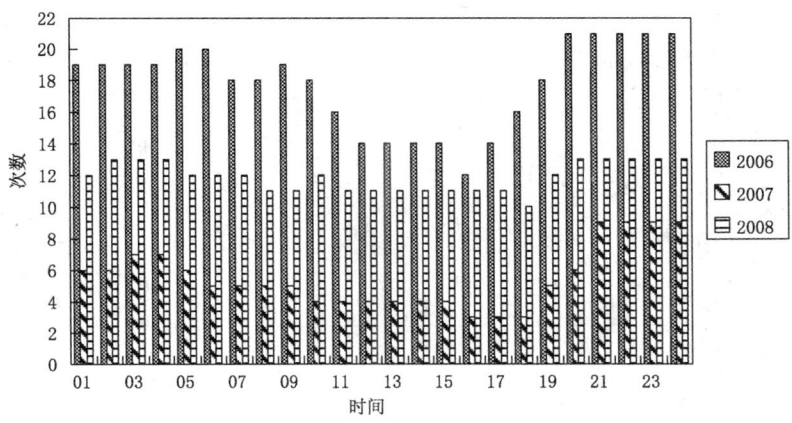

图 9.4　对流层风廓线雷达低空急流日变化统计

2007 年对流层风廓线雷达低空急流日变化 21—24 时频数出现极大值，16—18 时出现极小值。2008 年对流层风廓线雷达低空急流日变化统计，可以看出，02—04 时、20—24 时频数出现极大值，占总频数的 72%（2008 年对流层风廓线雷达探测到低空急流的天数为 18 天）。极小值出现在 18 时，占总频数的 56%。

9.2.2.3 结果与分析

由以上统计可以得出如下结论：

(1)低空急流存在明显的日变化：有两个时段是低空急流的活跃期，分别是03—08时，21—24时。尤其在06时、21时频数几次出现极大值。由此可见低空急流在凌晨和夜间发展得比较旺盛，是低空急流活动的高频时段。高频时段出现低空急流的概率占总次数的65%～75%左右。

(2)午后至傍晚这一时段是低空急流活动的低频时段，低空急流出现的频数相对较小。尤其在16—18时这一时段。低频时段占总次数的30%～40%左右。

9.2.3 中心特征统计分析

低空急流中心是指急流速度达到最大值时的位置，其特征包括出现时刻、最大速度值、所在高度。

9.2.3.1 出现时刻统计

取低空急流最大速度出现时刻时规定：若有两个或者两个以上时刻的中心最大速度相同时，取最大速度所在高度低的那一个时刻为低空急流中心速度最大时刻。(低空急流中心的速度和低空急流动量下传的高度可以作为判断低空急流强度的标准之一。)图9.5为低空急流中心风速达到最大时出现时刻的统计结果，可见01时、23时、24时为出现低空急流最大速度的主要时刻，10—19时出现较少。午夜出现极大风速的概率大于白天出现的概率。01—02时、22—24时是出现极大风速的高频时段。

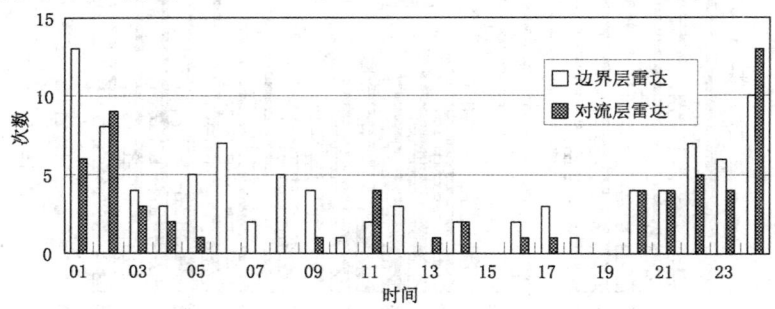

图9.5 低空急流中心风速达到最大时出现时刻统计结果

9.2.3.2 中心最大速度统计

图9.6为低空急流中心最大速度值出现的频次统计，图中横坐标为低空急流中心出现的最大速度值(单位 m/s)，纵坐标为出现的频次。由于边界层风廓线雷达为2005—2008年四年的统计，对流层风廓线雷达为2006—2008年三年的统计，所以总数少于边界层雷达的。从图可以看出急流中心最大速度值高达28 m/s，频次峰值位

置出现在 20 m/s。

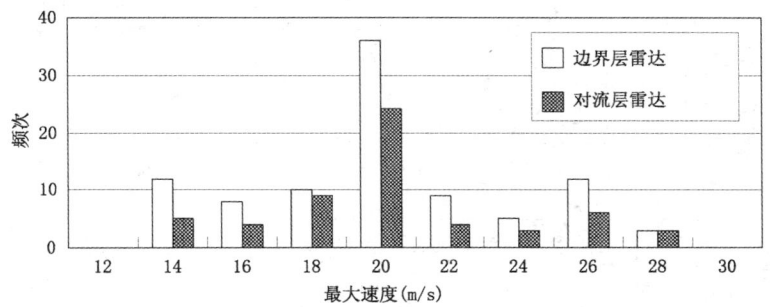

图 9.6　低空急流中心最大速度出现频次统计图

9.2.3.4　急流中心达到高度统计

图 9.7 为低空急流中心达到的高度频次统计,图中横坐标为低空急流中心达到的高度值(单位 m),纵坐标为出现的频次。

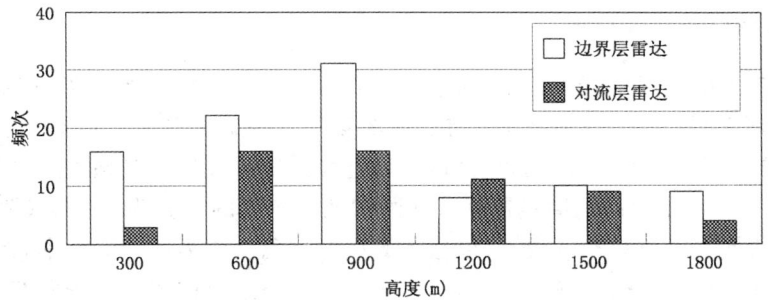

图 9.7　低空急流中心达到高度的统计

低空急流中心绝大多数存在于 1500 m 以下(1500 m 为 850hPa 相对应的高度)。在 900 m 高度以下急流中心出现的次数比在 900 m 以上出现的次数稍多。

9.2.3.5　急流中心速度与达到高度对比分析

对低空急流中心速度与所达到的高度进行的对比分析表明,急流中心速度与急流中心高度的变化趋势是一致的。急流中心达到的高度越高,相应地急流中心速度就越大。以 2007 年边界层风廓线雷达探测结果为例,给出两者的对比如图 9.8 所示,图中横坐标为有低空急流出现的日期,左侧纵坐标为高度,右侧纵坐标为速度。图中实线为低空急流中心所在的高度,虚线为低空急流中心的速度。图 9.8 中可以清楚地看出,1400 m 高度以上的急流中心有 2 个,1400～700 m 的急流中心有 6 个,700 m 高度以下的急流中心有 12 个。急流中心速度与高度的变化还是比较一致的。

从两条曲线的变化可以看出:低空急流中心的高度变化与急流中心的速度变化

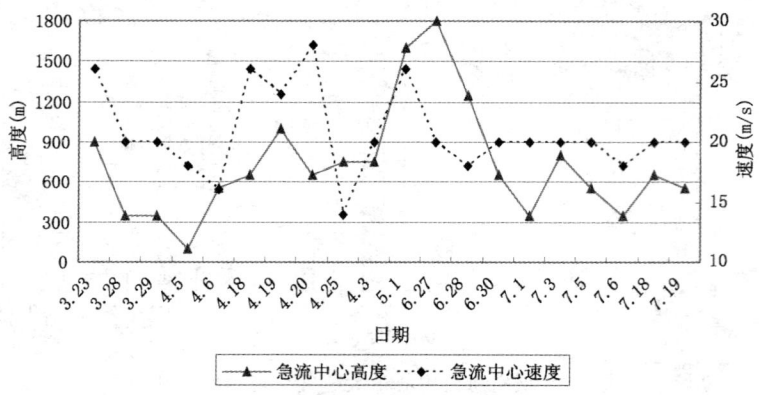

图 9.8　2007 年边界层风廓线雷达低空急流中心特征统计图

大体上是一致的,在 6、7 月份稍有出入,但都存在低空急流中心所在的高度越高,相对应的急流中心速度就越大。

9.2.4　天气特点统计分析

低空急流出现时伴随的天气现象不仅仅是暴雨,还有其他的天气系统。针对 2005—2008 年的低空急流样本,并结合这四年的气象观测资料,对这些样本进行了一个初步的归类,可为应用风廓线雷达进行过境天气系统的短时预报提供线索。

2005—2008 年两部风廓线雷达共探测到低空急流的天数为 116 次(两部雷达同日探测到的低空急流只算一次)。以这 116 次低空急流作为统计的样本,参照江苏省气象台南京小校场观测的降水资料,对 4 年来的低空急流样本分别按照有、无降水进行了分类统计,结果如表 9.1 所示。

表 9.1　低空急流按有无降水分类统计表

月　份	1	2	3	4	5	6	7	8	9	10	11	12	总计
有降雨天数	0	0	3	3	5	10	25	5	0	0	0	0	51
无降雨天数	0	2	5	29	14	9	9	0	0	1	2	0	65
合计(天)	0	2	8	32	19	19	34	5	0	1	2	0	116

分析表 9.1 可以看出,低空急流无降雨的天数为 65 天,有降雨的天数有 51 天,无降雨的天数多于有降雨的天数,分别占了总样本数的 56% 和 44%。但这个比例在 12 个月份中的体现并不一致,而且有很大的差别。4 月份出现低空急流的天数总共有 32 天,其中出现降雨的只有 3 天,无降雨的有 29 天,有降雨日占了其中的 9%。5 月有 19 个急流日,5 个有降雨日,其余 14 个无降雨日,有降雨日占了 26%。这两个月份都是低空急流出现频繁的月份,尤其是 4 月,但是伴有降雨的急流日只占了极少

的份额,这与 4、5 月份经常出现逆温现象有很大关系(见下文)。

表 9.1 中尤其值得注意的是 7 月出现了 34 个低空急流日,是低空急流活动最频繁的月份,其中有降雨日 25 天、无降雨日 9 天,有降雨日占了其中的 74%。还有 6 月出现了 13 个急流日,有降雨日 10 天,无降雨日 3 天,有降雨日占了 77%。8 月出现的急流日虽然不多,一共出现了 5 次,但是 5 次都有降雨,有降雨日达到了 100%。这个结果与前面的 4、5 月份截然不同,出现低空急流并且同时伴有降雨的概率非常之大。

6、7 月份受江淮梅雨带的影响,常常会伴随暴雨。梅雨期伴随的低空急流多数是西南向东北走向的,为西南风低空急流。

9.2.4.1　逆温与低空急流

从表 9.1 中看出,南京 4、5 月份出现低空急流的频率非常高,并且绝大多数时候低空急流伴随的是晴好天气过程。4、5 两个月份出现低空急流的总天数为 51 天,其中无降雨日有 43 天,无降雨日中有 38 天低空急流出现的时间在 0:00—10:00、19:00—24:00 这两段时间范围内。

4、5 月份的低空急流通常在夜间出现,于白天消散。据研究分析,低空急流主要在夜间形成,同时伴有逆温层结,两者有密切的关系。

与形成低空急流有关的逆温主要是辐射逆温,一是低空急流是在晴好的天气状况下出现,二是低空急流也是在日落之后形成并在日出之后慢慢消散。大气边界层的内部结构受外界条件的制约,日落前后下垫面温度的降低,导致边界层中逆温的生成。与此同时,风场和湍流场也发生相应的改变。

逆温出现的时间在凌晨和日落之后,这与探测到的风速廓线的变化相一致。可见逆温与低空急流的关系极为密切,一般逆温先于低空急流生成,它们的发展、演变、消失是同步伴随的。逆温层为稳定气层,它抑制了湍流的发展,阻碍了动量的下传,利于部分动量在逆温层中或层上附近堆积、储存动量,增强风速(赵鸣 等,1991)。显然,逆温层的先期出现,为急流提供了有利的层结条件。在急流发生后,如果逆温层与急流维持恰当配置则利于急流持续。观测证实,在有逆温层结的夜间边界层中往往有急流发生。

分析本站的低空急流特征及地理环境与地形特点,地形斜压性、惯性振荡是本站多发夜间急流的重要制约因子。南京为典型的丘陵地区,地表起伏、地形复杂,局地热力差异处处存在,这种局地性热力差异对边界层风温场特性有重要影响,局地热力差异引起气层斜压性。湍流交换对边界层风场有重要的影响,通常白天边界层内湍流混合强烈,混合层内风速为次地转。日落以后,湍流减弱趋于终止,气压梯度力则使运动加速恢复到地转风,而科氏力会引起惯性振荡,使风速在后半夜出现超地转,以致形成边界层夜间急流。

7月中旬至8月上半月在日本高压的南侧经常出现东南风低空急流,该东南风低空急流是在热带辐合带或台风与副热带高压之间形成的。故7、8月份的东南低空急流多与台风活动有关。当测站受台风外围影响时,其他天气条件配置不好,低空急流并不一定能引发降水(如2006年7月14—16日,南京站处在4号台风外围东北方向,以多云天气为主)。有时在夏季,本站上空虽出现低空急流,但若是受副热带高压控制,多为晴好天气。

9.2.4.2 暴雨与低空急流

6、7、8三个月份出现低空急流有52天,其中40天出现降雨,大多数降雨均为暴雨,下面主要分析夏季与暴雨相联系的低空急流。

在暴雨及强对流天气的研究中,低空急流的问题引起人们特别的关注,这是与它所起的特殊作用分不开的。低空急流是一支很好的传送带,它把有利于暴雨发生的物理属性,如水汽、低层热量向暴雨区输送。最大水汽通量区往往与低空急流的走向相一致,因此在夏季,低空急流是一支很好的暖湿气流的输送带。低层暖湿空气的积聚引起了气柱的热力不稳定。在东南风的低层气流中,经常传送来自热带的中尺度扰动,使低空急流成了中纬度相互作用的纽带。又由于急流本身积聚着大量的动能,并且在水平方向上分布的极不均匀,造成动量分布不均一,导致辐合、辐散以及相应的强烈上升,这些都有利于对流发展,对暴雨过程起着重要的作用。

我们对本站2005—2008年6—8月暴雨与低空急流的关系进行研究。规定本站12h内降雨量≥30 mm或者24h内降雨量≥50 mm的为一个暴雨日,低空急流由风廓线雷达观测资料分析得出,结果如表9.2所示。可以看出,在24个暴雨日中,出现低空急流的有21次,占总过程的88%。低空急流与暴雨密切相关,相伴出现。

表9.2　暴雨与低空急流相关率统计表

月份	暴雨日	有急流对应的暴雨日	占总暴雨日的比例
6 月	5	4	80%
7 月	14	13	93%
8 月	5	4	80%
合计	24	21	88%

9.2.4.3 梅雨锋与低空急流

6月中下旬至7月上旬的初夏,我国长江中、下游两岸的梅雨季节,副热带高压的西北侧,切变线以南,对流层的中低空,常稳定存在着西南风低空急流,风速在两至三千米处达到最大,一般在12 m/s以上,这就是西南风低空急流。西南风低空急流把低纬度的湿热海洋空气输送到长江中下游,形成空气的不稳定层结,造成梅雨锋暴雨。暴雨区内低空急流的加强是一种中尺度现象,急流轴北侧强烈的气旋式切变和正涡度加强使暴雨区和其下方风之间出现强的水平辐合,使水汽、能量和动量向暴雨区集中,这些条件有利于暴雨的形成,反过来暴雨的凝结潜热和不稳定能量的释放对于低空急流生成、维持和发展也有重要的作用。表 9.3 为 2005—2008 年梅雨期本站的降水情况与风廓线雷达探测到的低空急流的统计表。

表 9.3　2005—2008 年梅雨期低空急流统计表

年份	梅雨期	降雨日(天)	低空急流对应降雨日(天)
2005	6 月 26—29 日	3	3
2006	6 月 21 日—7 月 12 日	10	6
2007	6 月 19 日—7 月 24 日	11	9
2008	6 月 7 日—7 月 4 日	11	8

表 9.3 中统计的为梅雨期间降雨日中出现低空急流的天数。2005—2008 年本站在梅雨期有降雨的天数为 35 天,35 天中出现低空急流的有 26 天,占了 74.3%。统计事实说明,在梅雨期低空急流与降雨的关系密切,常相伴出现。

9.3　低空急流个例分析

为了进一步探索低空急流与天气系统之间的密切联系,本节利用风廓线雷达资料进行个例分析。

9.3.1　出现逆温时的低空急流

9.3.1.1　天气实况

2007 年 4 月 19 日 500 hPa 图上(图 9.9a)东亚大槽移至日本以南的北太平洋,南京位于槽后的西北气流中,风速为 20 m/s。在 850 hPa 上(图略)南京位于西南气流中,风速为 24 m/s。华中地区有一暖舌,南京受暖空气控制,天气晴好。4 月 20 日 500 hPa 上(图略)东亚大槽消失,南京受西南气流影响,风速为 24 m/s。850 hPa 图上(图 9.9b),我国北部有一低涡,槽线南端伸至江苏、安徽北部,南京位于槽前的偏西气流中。此时南京站的温度露点差为 1.4 ℃,水汽含量偏少,不利于降水。

9.3.1.2　风廓线分析

图 9.10 为 2007 年 4 月 20 日边界层风廓线雷达探测到的风廓线图。图中 00 时至 10 时出现西南低空急流,其中 00 时至 06 时强度较大,急流中心速度维持在 20 m/s 以上;急流中心最大速度出现在 04 时,风速最大达 28 m/s。06 时以后风速慢慢

减弱,逐渐变为西北风气流,10 时西南低空急流消失。

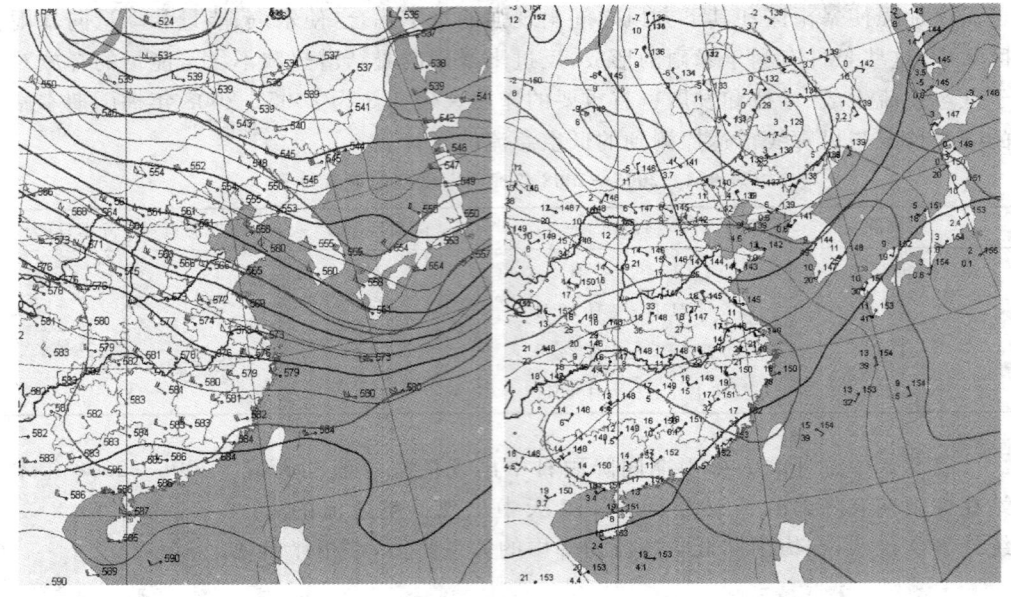

（a）2007年4月19日08时500 hPa天气图　　　　　（b）2007年4月20日08时850 hPa天气图

图 9.9　天气实况图

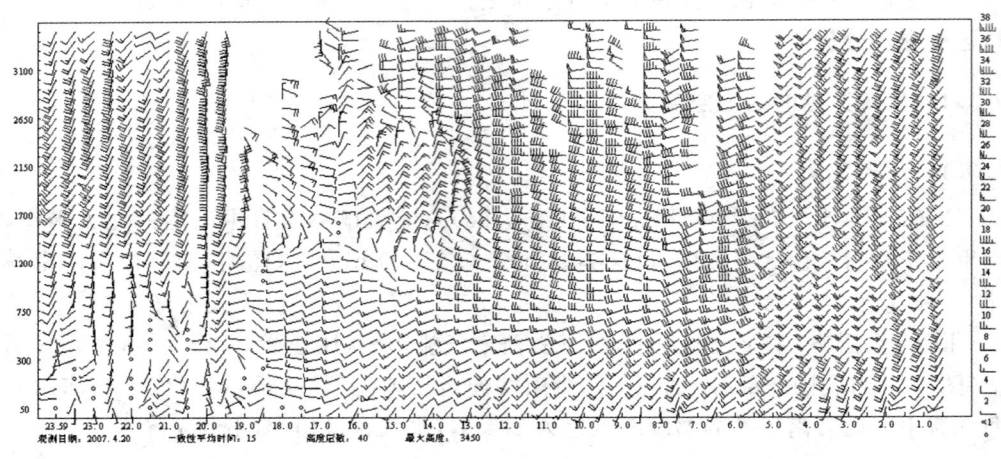

图 9.10　2007 年 4 月 20 日边界层风廓线雷达时间-高度剖面图

　　图 9.11 为 2007 年 4 月 20 日对流层风廓线雷达探测到的风廓线图,图中强盛西南低空急流从 00 时持续到 06 时,之后慢慢减弱直至 10 时转为西北气流。急流中心

最大速度为 28 m/s,出现在 00 时;00 时至 05 时急流中心速度一直维持在 20 m/s 以上。04 时 300 m 高度出现西风,随后下层风也慢慢转为西风,05 时 1000 m 高度处出现西风,同时急流强度减弱。

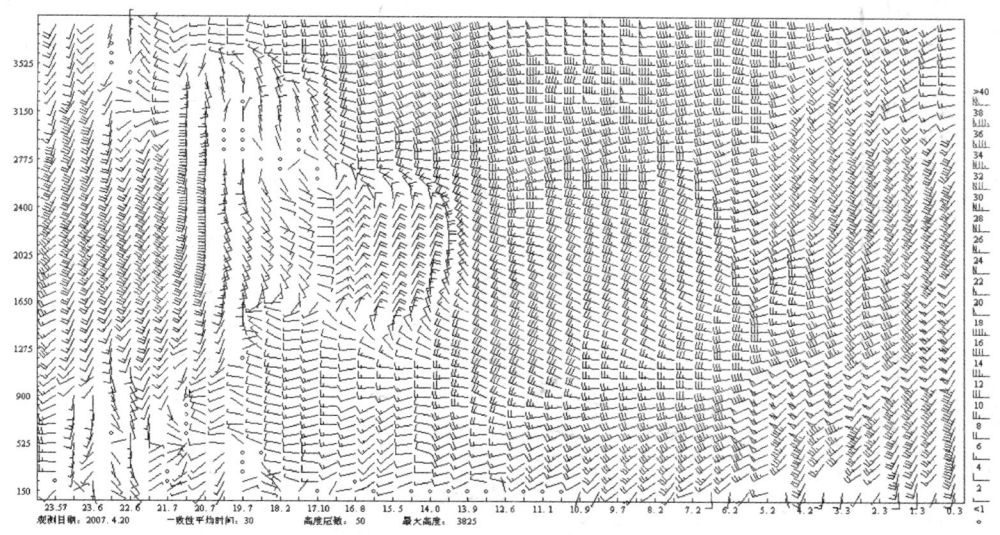

图 9.11　2007 年 4 月 20 日对流层风廓线雷达时间-高度剖面图

对比图 9.10 和图 9.11 两部雷达的风廓线图,可以看出它们所显示的低空急流演变过程是一致的,急流出现在夜间,并于日出之后慢慢消散。显示出的风廓线细节略有不同,边界层风廓线雷达在高层风资料有所缺失,对于高层风的探测不如对流层风廓线雷达来得完整。但是在低层,对流层风廓线雷达数据偶有缺失,受杂波的干扰比边界层风廓线雷达来得大。

图 9.12 为 4 月 19 日 19 时至 4 月 20 日 09 时出现的西南低空急流过程的曲线图,横坐标代表风速,纵坐标代表高度,图中不同的线型表示不同时间的风廓线。从图 9.12 可见,4 月 19 日 19 时,风场还是比较稳定的,风速从下到上递增。21 时,风廓线已有大幅度扰动,并且风速显著增加(净增达 5 m/s 以上),最大风速已经超过了20 m/s,风廓线开始出现"鼻"状特征。随后急流中心速度不断增大,最大速度所在高度不断降低,风廓线的"鼻"状特征越趋明显。4 月 20 日 05 时风廓线"鼻"状特征最明显,最大风速接近 28 m/s,急流最显著。07 时急流速度大大减小,最大速度已不到20 m/s,急流强度减弱。09 时廓线的"鼻"状特征开始消亡,急流濒于崩溃。

图 9.13 为对流层风廓线雷达配套安装的 RASS 系统所探测到的 4 月 19 日傍晚三个小时及 4 月 20 日日出后三个小时的温度廓线。横坐标为温度,纵坐标为高度,不同的线型代表不同的观测时间。为了避免夜晚测温时产生的声音对周围居民造成

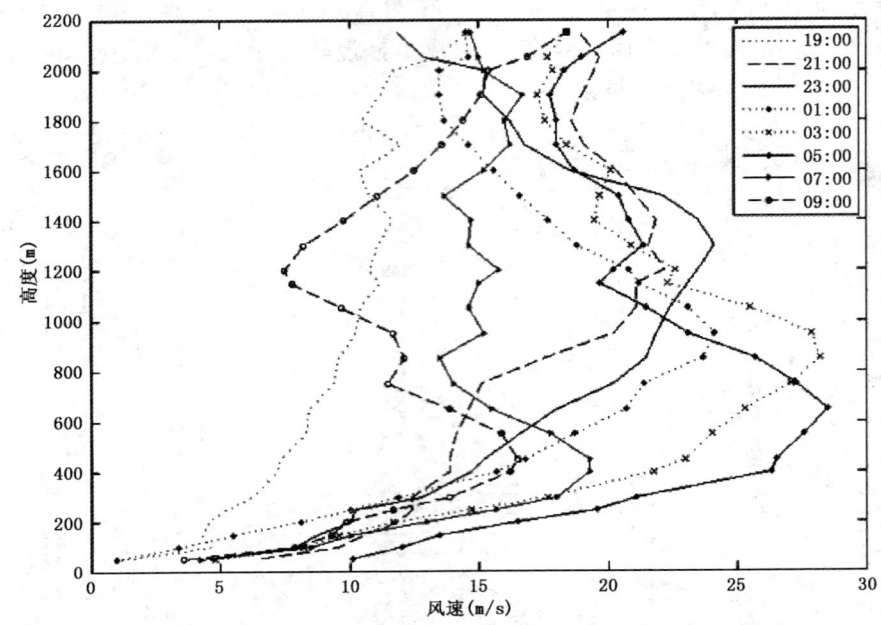

图 9.12　2007 年 4 月 19 日 19 时至 4 月 20 日 09 时风廓线

影响,该 RASS 系统只在白天工作,进行正点探测,探测时间为每天的 08 时至 19 时,故不能呈现出夜间温度的变化。但是从日落和日出前后的温度数据还是能看出一定的端倪。4 月 19 日 17 时在近地层有一浅薄的逆温层,此时逆温还不明显。19 时在 400 m 高度上下有明显的逆温层,可见逆温生成并向上发展。4 月 20 日 08 时在 600 m 高度还是存在逆温层,但是廓线已不那么突出,09 时逆温已经开始消散。

　　图 9.14 为 4 月 19 日 19 时的温度廓线及 19 时至 21 时的风速廓线。下面的横坐标表示风速,上面的横坐标表示温度,两个纵坐标都表示高度。19 时在 400 m 高度处已存在逆温层,此时的风廓线显示低空急流还没有形成。20 时风廓线开始扰动,风速突然变大,21 时低空急流的"鼻"状特征已经变得明显。由此可以看出逆温是先于低空急流出现的,逆温对低空急流的形成作用是客观存在的。

9.3.1.3　小结

　　(1)在晴朗的夜间,由于日落后下垫面温度的降低,会引起边界层逆温的生成。稳定层结使边界层中的超地转现象加强,导致低空急流的形成。

　　(2)两部风廓线雷达所显示的低空急流演变过程是一致的。对流层风廓线雷达 RASS 系统提供 08 时至 19 时的气温数据,有助于分析逆温对急流形成的作用。但是缺少夜间的温度资料,不便于对逆温和低空急流的相互关系作进一步的研究。

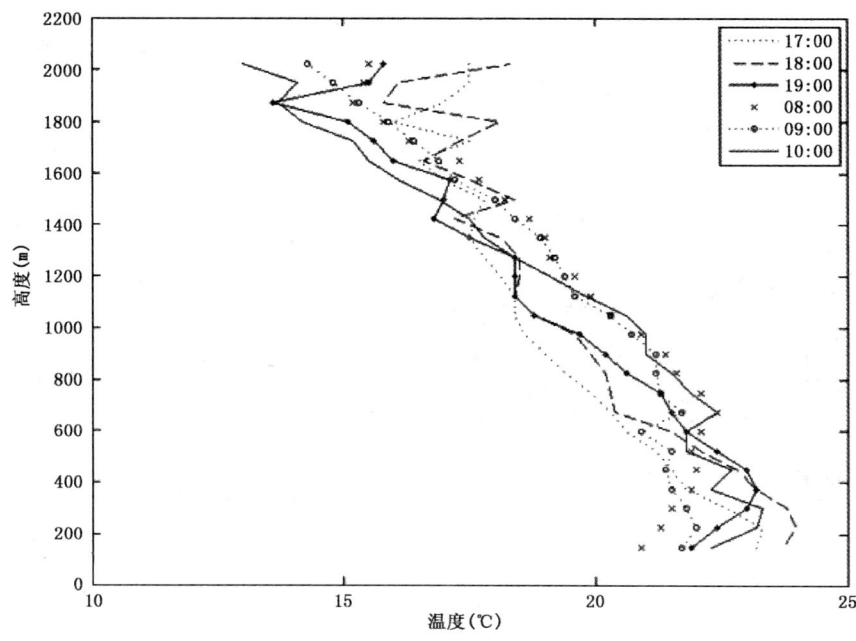

图 9.13　2007 年 4 月 19 日傍晚和 4 月 20 日上午的温度廓线

　　(3)低空急流发生前风场表现有显著的不稳定性。急流持续发展的直观标志是风廓线"鼻"状特征越趋明显,急流的典型结构和风速继续维持,急流中心高度略趋下降,急流强度在日出前达到最大;急流濒于崩溃时,急流的"鼻"状特征迅速消亡。

　　(4)逆温在日落后形成,低空急流晚于逆温生成,日出后开始消亡。

9.3.2　暴雨时的低空急流

9.3.2.1　天气背景

　　2008 年第 8 号台风"凤凰"于 7 月 28 日晚上 10 时在福建省福清市东瀚镇登陆后,沿着副高西侧的东南引导气流向西北偏北方向移动,同时强度明显减弱,7 月 30 日 08 时台风在江西余干县附近减弱为热带风暴,之后,热带风暴转向北偏东方向移动。7 月 31 日安徽处于减弱的热带低压中心,滁河地区及南京处于低压环流东部偏南气流中,同时河套地区有一高空槽正在东移。随着副热带高压增强西进,对流层中低层西南风速加大,20 时形成强盛低空急流,安徽东南部出现西南低空急流,风速达到 20 m/s,由西南风输送的水汽源源不断地流入,使得滁河地区不稳定能量和湿度激增,深厚的低压环流系统为 31 日晚安徽的特大暴雨发生提供了强大的动力条件。8 月 1 日 08 时,低压环流演变为深厚的低槽,20 时河套东部冷空气刚刚南下渗透到

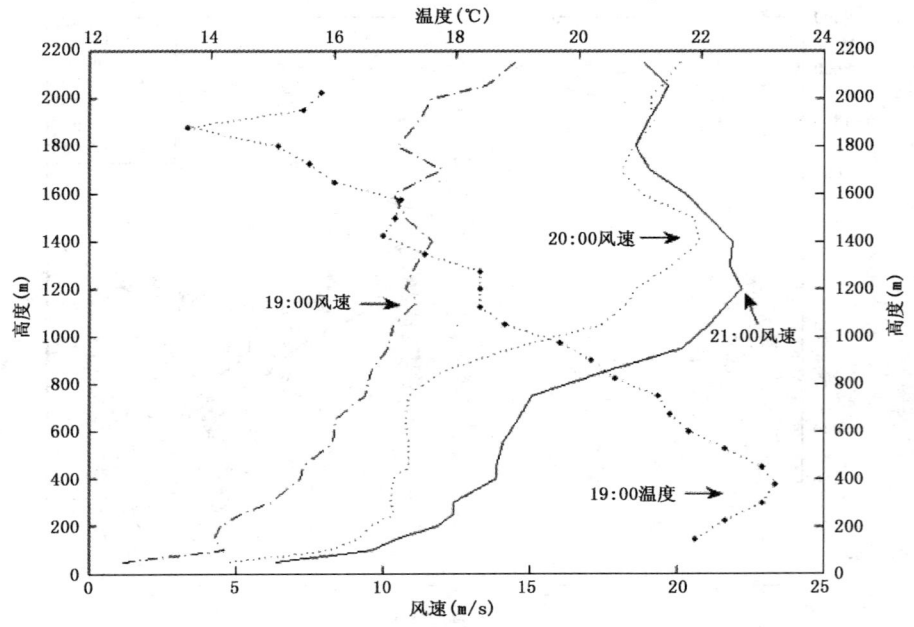

图 9.14　2007 年 4 月 19 日温度和风速廓线

滁河地区,700 hPa 风向已转为西北风。冷空气的南下,触发了不稳定能量的释放。8 月 2 日 20 时高空槽东移,滁河地区受槽后西北气流控制,降水过程结束。本次天气过程天气图如图 9.15 所示。

　　本次过程在江苏省沿江地区西部出现了暴雨天气,其中南京市主城区、浦口区、江宁区大部分地区出现了大暴雨、局部特大暴雨。8 月 1 日 05 时至 2 日 05 时全省共有 8 个市县雨量超过 50 mm,其中 5 个站降雨量超过 100 mm,南京小校场观测的降雨量参见图 9.18 和图 9.24。

9.3.2.2　风廓线分析

　　图 9.16 和图 9.17 分别为两部风廓线雷达在 2008 年 7 月 30 日探测到的风廓线图,对比这两张图可见,风速和风向的整体表现相当的一致。对流层风廓线雷达探测在 500 m 高度以下有部分缺测,是由于受地面杂波影响造成的。

　　天气图上显示台风在福建一带登陆后沿着副高西侧的东南引导气流向西北方向移动,7 月 30 日已经减弱为热带风暴向北偏东方向移动。7 月 30 日 02 时至 22 时在南京形成第一阶段强降水,30 日风廓线图上 0~3000 m 高度整层大气被强烈的东南风急流占据,而且风速很强。急流中心速度最大为 24 m/s,急流中心一直在 750 m 高度以下,东风急流已经向下扩展到地表,可见东风急流的强度之大。沿低空急流建

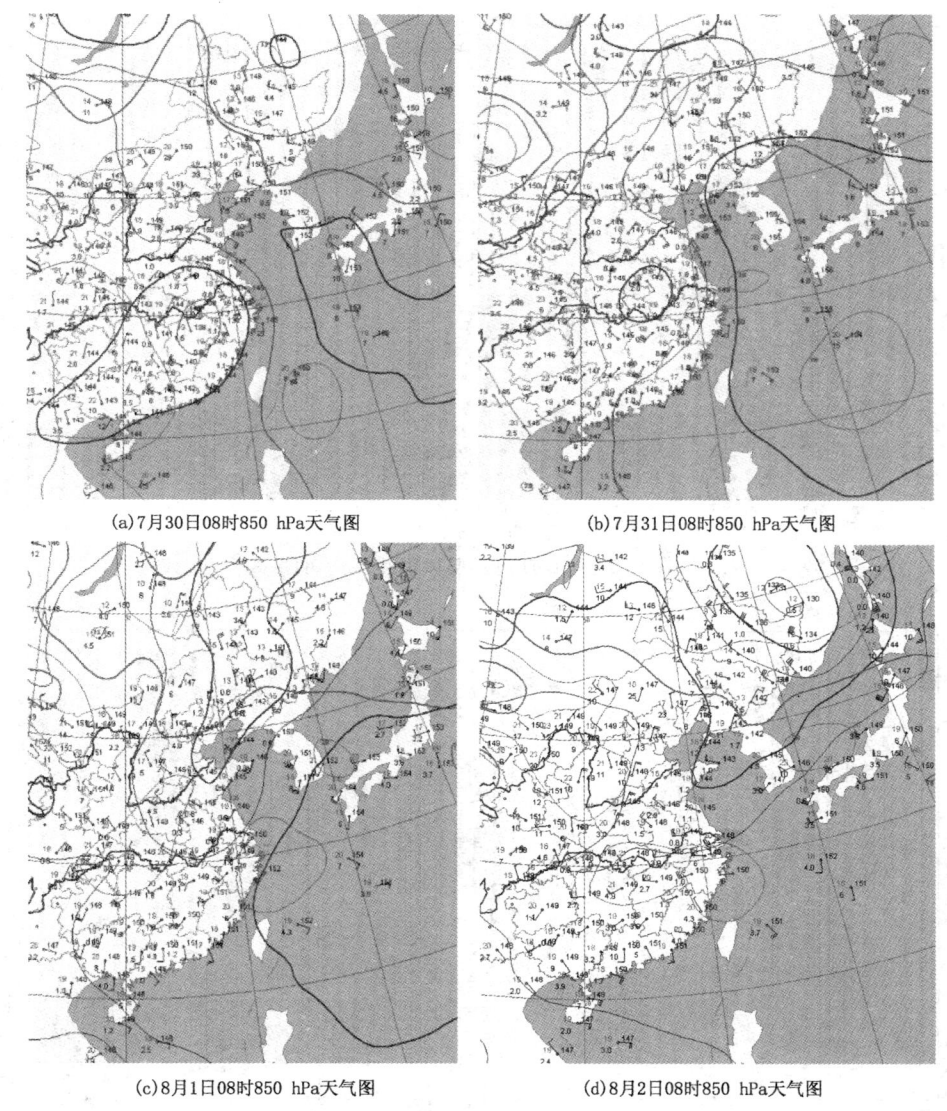

(a)7月30日08时850 hPa天气图　　(b)7月31日08时850 hPa天气图

(c)8月1日08时850 hPa天气图　　(d)8月2日08时850 hPa天气图

图 9.15　2008 年 7 月 30 日至 8 月 2 日 08 时 850hPa 天气图

立的从南海到长江地区的水汽通道,为暴雨发生发展直接输送暖湿空气,低层强烈的水汽输送和水汽辐合使暴雨区大气湿层迅速增厚,为暴雨发生发展提供了有利的水汽条件和充足能量。为了更具体地分析低空急流与降雨强度的密切关系,我们提取了低空急流的速度及急流扩散高度的特征,与降雨量进行对比,以便讨论两者之间的联系。

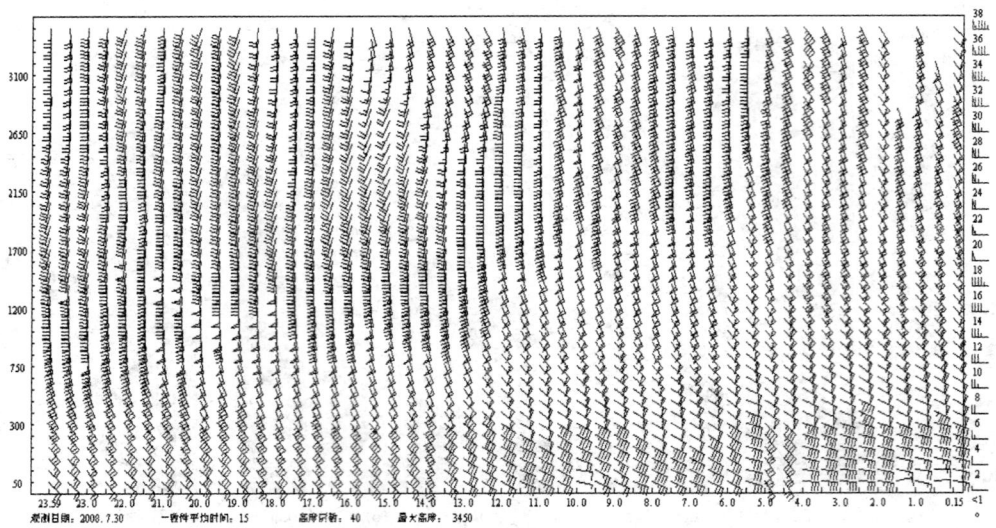

图 9.16　2008 年 7 月 30 日边界层风廓线雷达时间-高度剖面图

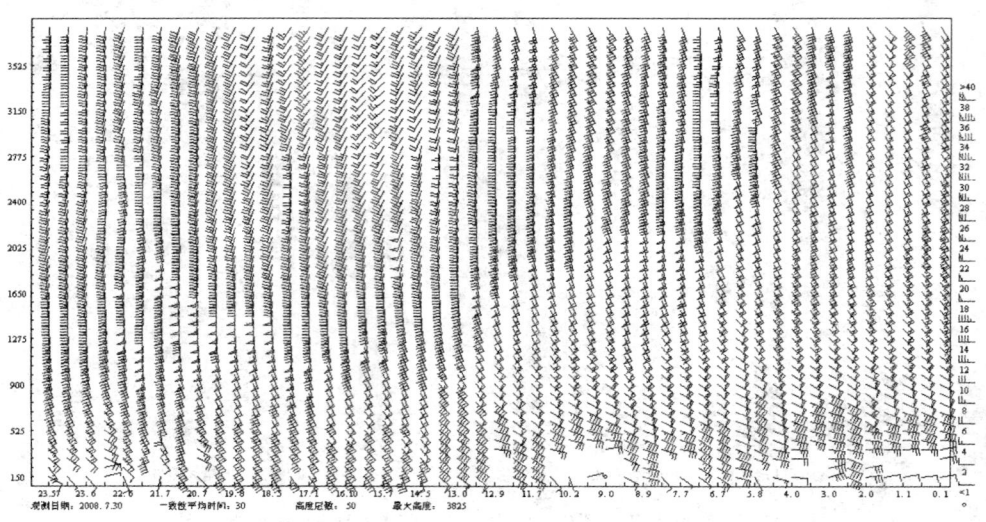

图 9.17　2008 年 7 月 30 日对流层风廓线雷达时间-高度剖面图

　　图 9.18 为 7 月 30 日降雨量逐时柱形图与低空急流最大风速的逐时对比图。横坐标为时间,左边的纵坐标为降雨量,右边的纵坐标为最大风速。柱形图代表降雨量的变化,折线图代表急流最大速度的变化。降雨量图上 03 时、06 时、11 时、16 时、18时的降水明显加强,相对应的风廓线速度图上 01 时、04 时、10 时、15 时、17 时出现峰

值,可见降雨量随着急流风速的增强而增大,并且风速的增大较降雨量的增大有 1～2 个小时的提前量。图 9.18 中 03 时、06 时的降雨量比后面几个时段降雨量大,同时 01 时、04 时的极大风速比 10 时、15 时、17 时的极大风速要大,20 时以后随着风速的减小降雨也逐渐停止,急流风速的大小与降雨量强度是正相关的。

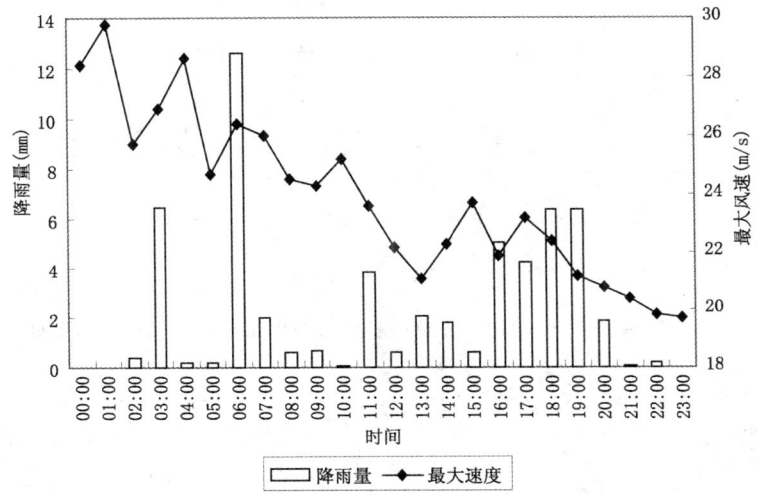

图 9.18　2008 年 7 月 30 日降雨量逐时柱形图与低空急流最大风速逐时图

　　图 9.19 为 7 月 30 日降雨量与低空急流往下延伸至最低高度的逐时对比图。图中左右两个纵坐标分别为降雨量和低空急流下延的最低高度,横坐标为时间。柱形图代表降雨量的变化,折线图代表低空急流所至的最低高度。图 9.19 中低空急流的最低高度在 02 时、05 时、10 时、16 时达到极小值,相对应的降雨量在 03 时、06 时、11 时、18 时达到极大值。同样急流的下传较降水的增强提前 1～2 个小时。10 时、15 时降雨量极小,急流下延的程度就小。20 时以后降雨逐渐停止,低空急流中心的高度就越来越高。可见急流的强度越大,急流下传越靠近地面,降雨量就越大。

　　8 月 1 日,随着对流层中层冷空气的入侵,配合低层强盛西南暖湿气流,使得上下层温差加大,对流不稳定性加强。同时随着冷空气向低层渗透,触发了滞留在滁河地区对流层中层不稳定能量的释放,从而导致了南京地区第二阶段强降水的再次发生。

　　图 9.20 为 8 月 1 日边界层风廓线雷达探测到的风廓线图,图 9.21 为对流层风廓线雷达低模式探测的风廓线图。从图 9.21 可见在 10 时至 12 时探测数据有点乱,估计对流层风廓线雷达探测受到了污染,除此以外两部雷达探测结果基本一致。

　　第二次强降水过程是从 8 月 1 日 15 时开始至 8 月 2 日 05 时结束,受副热带高压西进增强的影响,低层西南风速加大,图 9.20 和图 9.21 表明两部风廓线雷达探测

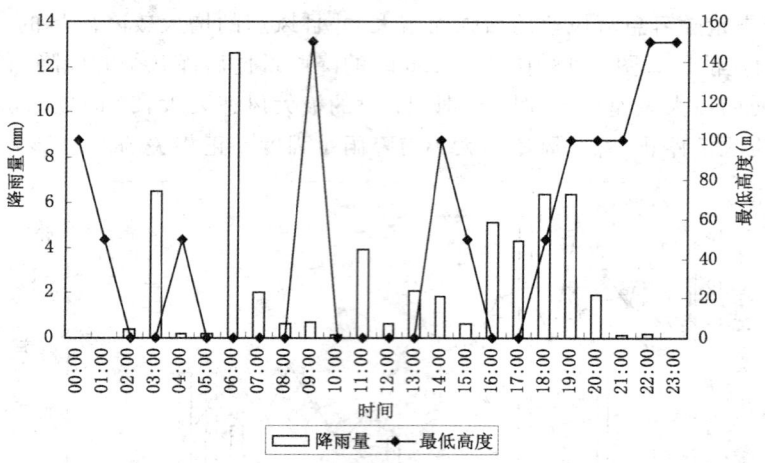

图 9.19　2008 年 7 月 30 日降雨量逐时柱形图与低空急流所至最低高度逐时图

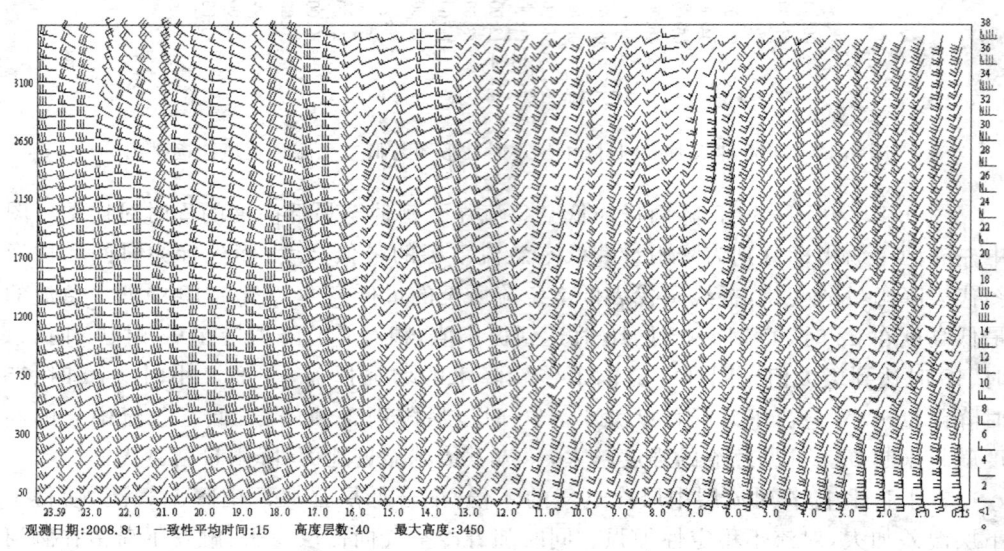

图 9.20　2008 年 8 月 1 日边界层风廓线雷达时间-高度剖面图

图上都呈现出了强盛的西南低空急流。

　　图 9.22 为 8 月 1 日对流层风廓线雷达中模式探测到的 2～8 km 风廓线图，图中 16 时开始 3 km 高度以上出现西北风，风速达到 14 m/s，表明对流层中有冷空气渗透，随后冷空气向低层扩散，21 时扩散到 1500 m 高度。南京站降水从 17 时开始突然增强，19 时的降水量达到 24.3 mm，22 时达到 29.2 mm。17 时至 22 时 6 个小时

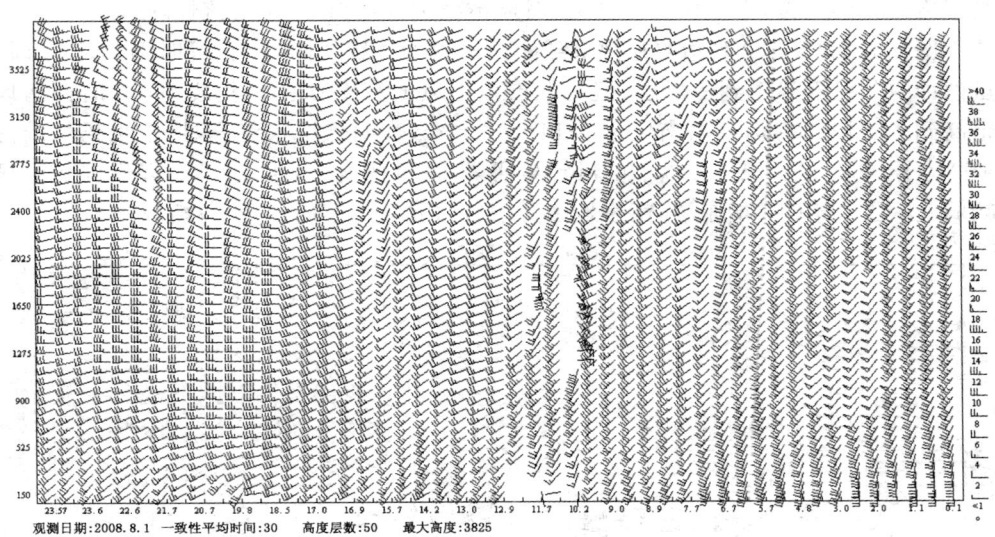

观测日期:2008.8.1　一致性平均时间:30　高度层数:50　最大高度:3825

图 9.21　2008 年 8 月 1 日对流层风廓线雷达时间-高度剖面图(低模式)

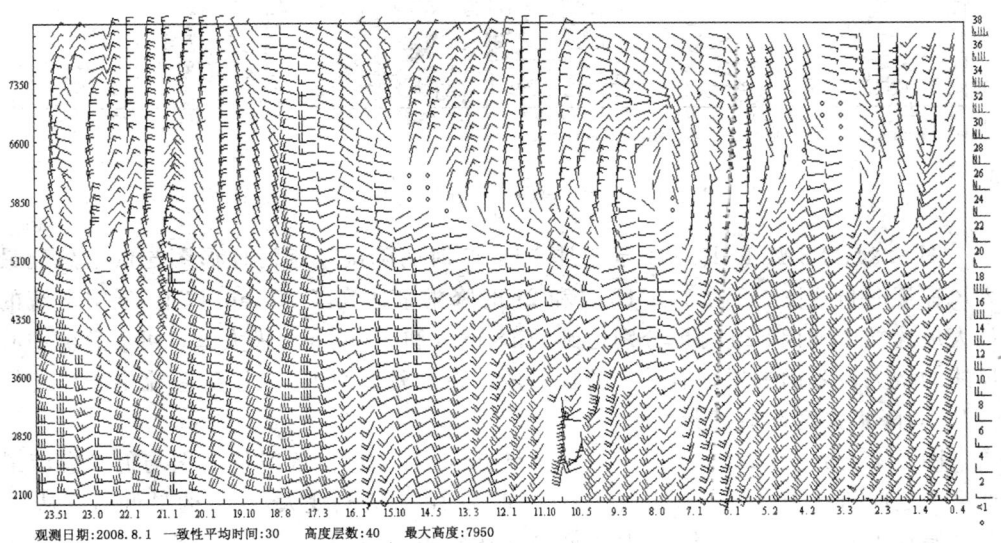

观测日期:2008.8.1　一致性平均时间:30　高度层数:40　最大高度:7950

图 9.22　2008 年 8 月 1 日对流层风廓线雷达时间-高度剖面图(中模式)

内降水达到了 107.9 mm。由于 17 时前各层为强盛西南暖湿气流控制,低层的水汽充足,当暖湿空气在上升过程中遭遇冷空气时,就会很快凝结成液态水滴。同时随着高层冷空气的入侵,上下层温差加大,对流不稳定性加强,产生对流性降水。

图 9.23 为 8 月 2 日边界层风廓线雷达观测的风廓线图,1 日 20 时到 2 日 02 时,虽然冷空气已经渗透到边界层,但是低层西南风的高度存在一些波动,00 时西南风抬高到 1.2 km 高度,且西南风速达 14～16 m/s,表明低层水汽充足,南京仍然维持强降水。02 时以后,1 km 以下的风转为西风,且风速变小,所以 02 时以后雨势明显减弱。8 月 2 日高空槽东移,南京地区受槽后西北气流控制,降水逐渐减弱至结束。

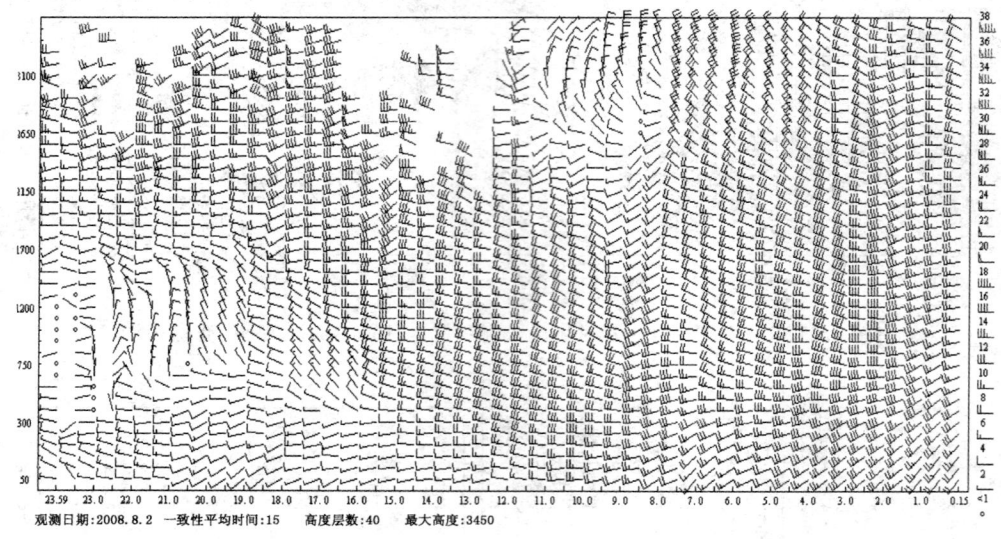

图 9.23 2008 年 8 月 2 日边界层风廓线雷达时间-高度剖面图

图 9.24 为 8 月 1 日 15 时至 8 月 2 日 07 时的降雨量逐时柱形图与低空急流最大风速逐时折线图。8 月 1 日 18 时和 21 时降雨量达到了 20 mm 以上,低空急流的最大风速在 17 时和 20 时也分别达到了 18 m/s 和 20 m/s 的极大值。可见急流中心风速的增大较降雨的增强有一定的提前量。在 8 月 2 日 01 时以后急流中心风速慢慢减小,降水强度逐渐减弱。

图 9.25 为 8 月 1 日 15 时至 8 月 2 日 07 时的降雨量逐时柱形图与低空急流最低高度逐时折线图。降雨在 8 月 1 日 17 时和 18 时突然变大,急流的最低高度从 15 时开始在不断降低。17 时、19 时最低高度达到极小值,18 时、21 时降雨量达到极大值。8 月 2 日 05 时以后急流的最低高度抬高到 1500 m 以上,降水也停止了。可见低空急流的下传对降水强度的加强有正作用。

9.3.2.3　小结

(1)本次南京站特大暴雨的第一阶段强降水过程是受第八号台风"凤凰"的影响

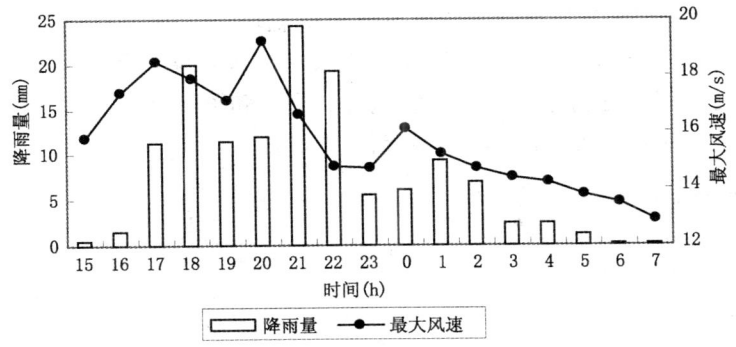

图 9.24　2008 年 8 月 1—2 日降雨量逐时柱形图与低空急流最大风速逐时图

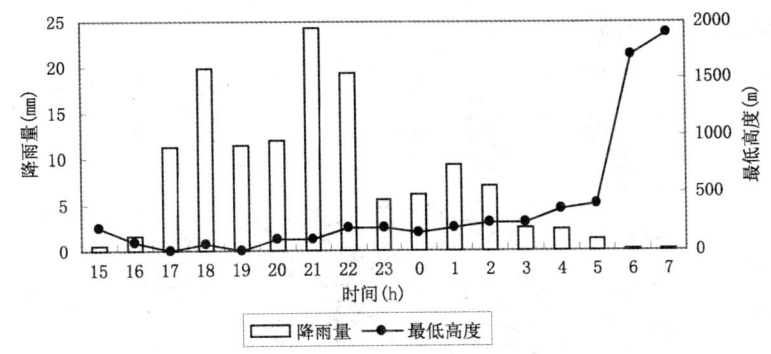

图 9.25　2008 年 8 月 1—2 日降雨量逐时柱形图与低空急流所至最低高度逐时图

而引发东南风低空急流,急流建立了从南海到长江地区的水汽通道,为暴雨发生发展直接输送暖湿空气。第二阶段强降水过程是深厚的低压环流系统与副热带高压西伸增强共同作用下形成了西南低空急流,并且河套低槽东移冷空气南下,加大了对流的不稳定性,诱发不稳定能量的释放,为暴雨的发生提供了有利的动力条件。

(2)对比边界层和对流层风廓线雷达提供的风廓线图,在 3000 m 高度以下,对流层风廓线雷达受杂波的影响相对较大,在底层偶有缺测,但是在整体的风向和风速上,两部雷达探测的资料具有很好的一致性。但是对流层风廓线雷达能探测到 3000 m 高度以上的风廓线,可以提供边界层所不能探测到的对流层风速资料,为天气形势的分析提供了帮助。

(3)两次强降水过程都伴有强盛的低空急流,低空急流源源不断地为暴雨输送水汽,并且加大了低层大气的不稳定性,为暴雨的发生提供了有利动力条件。低空急流的形成、加强和扩展与暴雨的发生密切相关。

(4)用低空急流中心每小时的最大速度和急流中心所达到的最低高度这两个特

征,与每小时降雨量进行了逐时对比。可知低空急流中心速度越大、下传程度越深、降水强度越大。并且这两个特征对短时强降水有一定的指示作用,低空急流到达测站上空不一定立即发生降水。低空急流风速的增大和急流脉动下传的程度对降水的增大有1~2个小时的提前量,有一定的预示作用。

9.3.3　梅雨期的低空急流

9.3.3.1　天气背景

图9.26为2007年6月27日20时500 hPa的高度场图,图中中高纬度出现了双阻形势,一个阻高中心位于(70°N,65°E)附近,另一个中心在(65°N,90°E)附近,在(62.5°N,90°E)处有一个切断低压。随着切断低压的南下,槽前的冷平流不断入侵东面的阻高,西边的阻高脊线不断北挺东进。

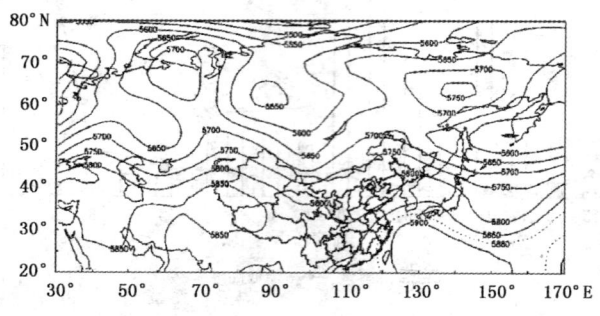

图9.26　2007年6月27日20时500hPa高度场

6月28日08时700 hPa为两槽一脊的天气形势(图9.27a),其中一槽为浅槽,经过内蒙古、甘肃;另一为深槽,经过渤海、山东、河南、湖北,南京位于槽前。山东、安徽、江浙一带有一股强盛的西南急流,此时本站700 hPa高度上的风速达到20 m/s。西南风把我国南海的水汽源源不断地输送到南京上空,有助于暴雨的发展。南京从28日06时开始降雨,06时的降雨量为19.2 mm,之后逐渐减小。到12时每小时降雨量增大到8 mm,随后降雨减弱至14时降雨停止。20时,低槽北部已移至黄海,南京位于槽后。南京700 hPa上风速为8 m/s,明显减小(图9.27b)。

9.3.3.2　风廓线分析

图9.28为6月28日边界层风廓线雷达探测到的风廓线图。从图9.28可见,南京从凌晨开始出现西南急流,下层风速达到12 m/s,3000 m高度风速达到20 m/s。03时风速减小,2700 m以下平均速度为6 m/s,但是之后风速突然增大并且下传至750 m高度,而且在05时2000 m高度出现20 m/s的大风,并且此时整层的最大风速达到26 m/s。值得注意的是在5时30分左右,近地层开始出现明显的西风,并且

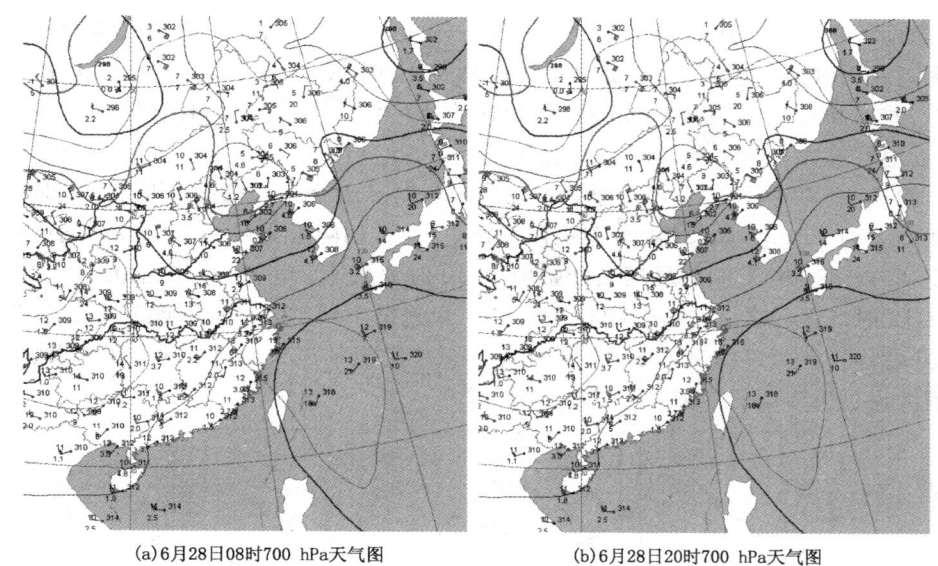

(a)6月28日08时700 hPa天气图　　　　　　(b)6月28日20时700 hPa天气图

图 9.27　2007 年 6 月 28 日天气图

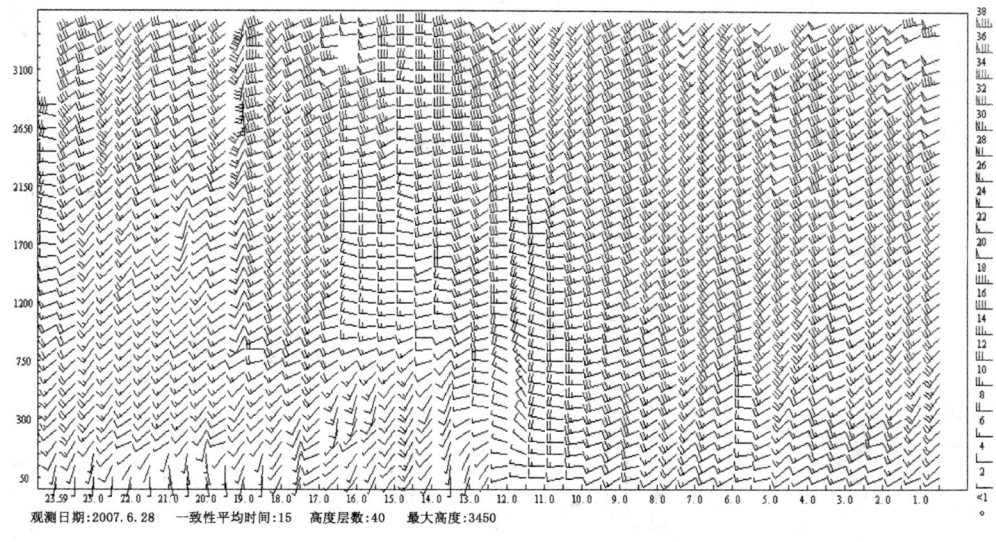

观测日期:2007.6.28　　一致性平均时间:15　　高度层数:40　　最大高度:3450

图 9.28　2007 年 6 月 28 日边界层风廓线雷达时间-高度剖面图

立刻向高层传播,虽然刚开始出现时,西风层高度很低,但在 06 时左右,西风层加厚上传至 1000 m 高度,降水开始,并且一小时的降雨量达到了 19.2 mm。之后风速减小,降雨随之减小。在 09 时和 10 时 300 m 高度风速达到 12 m/s,此时降雨并没有增大,在 11 时、12 时降雨才开始增大。同样在 10 时 30 分至 11 时 30 分近低层出现西风,并向高层传播至 2000 m 高度,对应降水的增大过程。12 时过后各层风速减小,近地层仅为 2 m/s,降雨逐渐停止。

图 9.29 为 6 月 28 日降雨量逐时柱形图与低空急流最大风速逐时图,05 时风速突然增大到 20 m/s 最大值,06 时突降暴雨,一小时的降雨量接近 20 mm。随后风速减小,降雨量减小。09 时风速又开始增加,10 时为风速又一极值,与此相对应的降雨量在 12 时增大。之后,风速逐渐减小,14 时风速已不到 12 m/s,可见急流消散,降雨在 15 时停止。可以看出每小时的降雨量与低空急流的最大风速之间为正相关,风速的增大提早于降雨的增强。

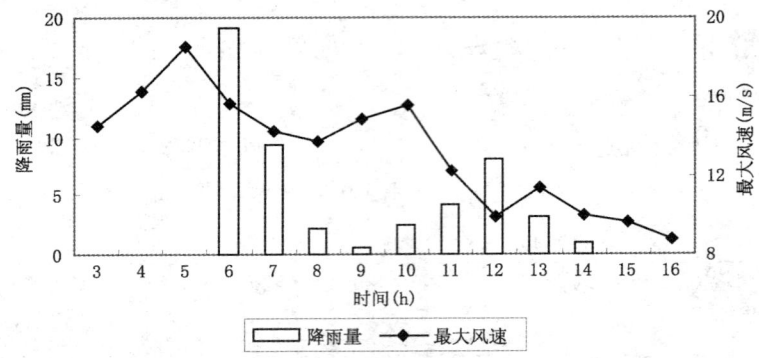

图 9.29　2007 年 6 月 28 日降雨量逐时柱形图与低空急流最大速度逐时图

图 9.30 为 6 月 28 日降雨量逐时柱形图与低空急流所至最低高度逐时图。图中 03 时急流开始下传,05 时低空急流下传至 500 m 高度,06 时降雨量达到最大。10

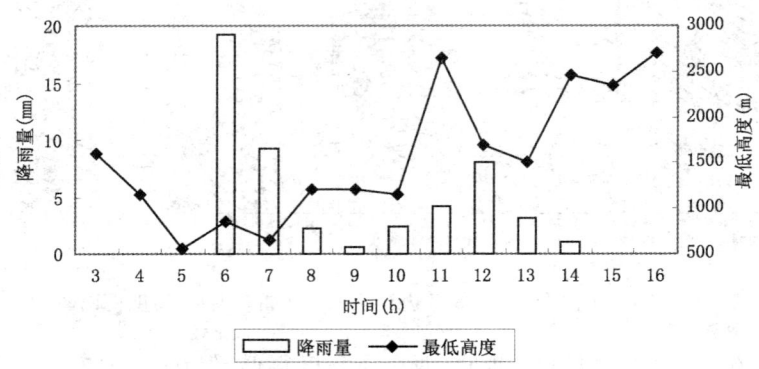

图 9.30　2007 年 6 月 28 日降雨量逐时柱形图与低空急流所至最低高度逐时图

时低空急流下传,高度又达到一个极小值,随后 12 时降雨量增大到一个极大值。10 时后急流下传程度减弱,低空急流的强度在减小,降雨也渐渐停止。可见急流下传的最低高度与降雨量之间存在相关性。下传高度的变化对应降雨量的变化有 1～2 个小时的提前量。

9.3.3.3　小结

(1)本次梅雨期降水个例持续时间不长,雨量主要集中在一个小时内,这一小时降雨量达到了 19.2 mm,降水具有突发性。

(2)本次降水伴随低空急流的出现,风廓线图上直观的呈现了整个低空急流的垂直结构和持续时间。低空急流到达测站上空不一定立即发生降水,降水出现时间有滞后性。

(3)低空急流中心速度的变化与急流下传高度的变化,较降水强度的改变提前 1～2 个小时,表明强降水与低空急流的出现存在着密切的联系。

第 10 章　风廓线雷达垂直
速度资料的应用

　　目前,风廓线雷达的应用还主要是在测风资料方面,对风廓线雷达测量的垂直速度的应用相对较少,这与垂直速度在晴天时一般很小,而在降雨时物理含义比较复杂有关,为了应用好这一数据,作者从风廓线雷达探测原理出发,研究分析了用风廓线雷达测量垂直速度的方法,对计算结果的物理意义及其随天气变化的情况进行了初步探讨。

10.1　垂直速度的计算

　　当雷达采用三波束测量时,只能用垂直波束测量的多普勒速度来作为垂直速度,参见(5.6)式。而当雷达采用五波束测量时,通常可以有四种方法计算垂直速度。

　　根据 5.3.2 节的研究,当风廓线雷达采用一垂四斜的五波束工作方式时,四个斜波束测量的多普勒速度 V_{r1}、V_{r2}、V_{r3}、V_{r4} 和垂直波束测量的 V_{r5} 分别为:

$$V_{r1} = u\cos\alpha\sin\theta + v\cos\alpha\cos\theta + w\sin\alpha \tag{10.1}$$

$$V_{r2} = u\cos\alpha\sin(\theta+90°) + v\cos\alpha\cos(\theta+90°) + w\sin\alpha \tag{10.2}$$

$$V_{r3} = u\cos\alpha\sin(\theta+180°) + v\cos\alpha\cos(\theta+180°) + w\sin\alpha \tag{10.3}$$

$$V_{r4} = u\cos\alpha\sin(\theta+270°) + v\cos\alpha\cos(\theta+270°) + w\sin\alpha \tag{10.4}$$

$$V_{r5} = w \tag{10.5}$$

其中斜波束指向仰角相同(都为 α),方位角两两正交,即假设一个斜波束方位角为 θ 时,其余三个斜波束方位角分别为($\theta+90°$)、($\theta+180°$)、($\theta+270°$)。则:

$$V_{r1} + V_{r3} = 2w\sin\alpha \tag{10.6}$$

$$V_{r2} + V_{r4} = 2w\sin\alpha \tag{10.7}$$

$$V_{r1} + V_{r3} + V_{r2} + V_{r4} = 4w\sin\alpha \tag{10.8}$$

　　于是由(10.5)～(10.8)式,可以计算得到四个垂直速度 w。在大气水平均匀,以及每个波束指向探测的目标谱峰被正确检测的情况下,四个计算值应该是相等的。图 10.1 为 2005 年 11 月 15 日 14:31 计算结果,横坐标表示高度(单位 m),纵坐标表示垂直速度(单位 m/s)。垂直速度向上为正,向下为负。

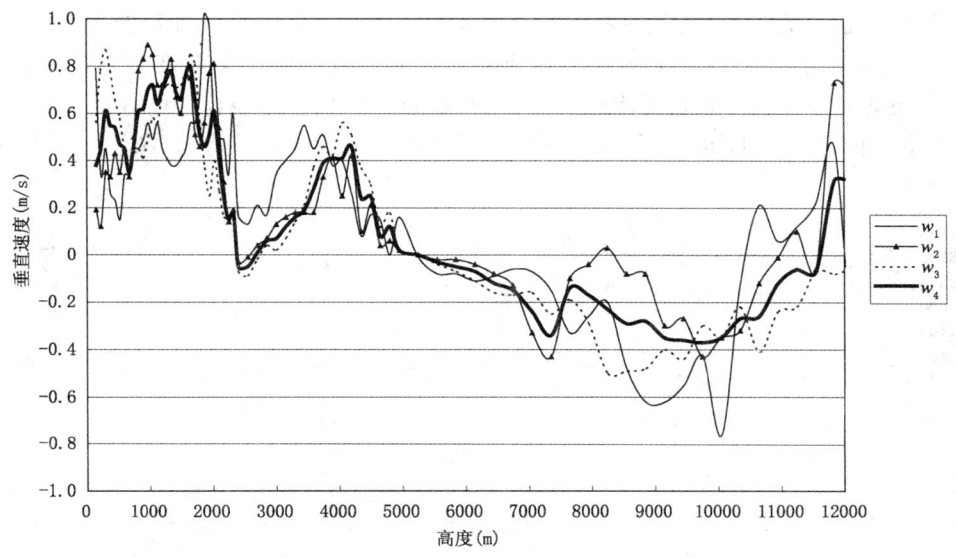

图 10.1　四种方法计算的垂直气流

　　从图 10.1 可以看出,四种方法计算结果大小相当,但是具体到每一个高度,四种方法计算结果又都存在着一定的差异,这可能是由两个原因造成的:一是在探测时段内不同波束指向处大气风场不是完全均匀的,二是环境杂波对不同波束指向的干扰污染程度不同。由(10.5)式计算的 w_1(细实线),是垂直波束直接测量的,随高度变化的幅度最大;相对来说,由(10.8)式计算的 w_4(粗实线)随高度变化比较平缓,震荡的幅度较小,这是由于它是由四个斜波束观测结果联合计算得到的,较好地克服了个别波束可能存在的误差影响。

　　根据上述研究结果,作者建议在实际工作时都采用五波束探测,且应用(10.8)式计算垂直速度。

10.2　个例分析

　　图 10.2 为用 2005 年 11 月 15 日风廓线雷达测量的垂直速度,图中纵坐标表示高度(单位 m),横坐标表示时间(格式为时:分)。当时为晴到少云天气,风廓线雷达测量的垂直速度应该是大气的垂直气流。从图 10.2 可见各高度层的垂直速度都很小,几乎都在 $-1 \sim 1$ m/s。从 13 时到 18 时表现为大气低层为弱的上升气流,这与晴天午后地表一般发生向上的感热输送相一致。3 km 的中空垂直气流几乎为零,7 km 以上的高空为弱的下层气流,这与当时天气为晴空少云是一致的。仔细分析图 10.2

还可以发现,垂直气流为正值的气层在 17 时达到最厚,从地面一直延伸到 7 km 高度。而在 17 时之后,随着太阳落山,7 km 高度的垂直气流逐渐转变为弱的下沉气流,并逐渐向下延伸,19 时延伸到了 5 km 高度,这反映了在太阳落山后,高层开始出现动量下传。而在 18 时之后,近地面层也开始出现弱的下沉气流。(图 10.2 的彩图见书后)

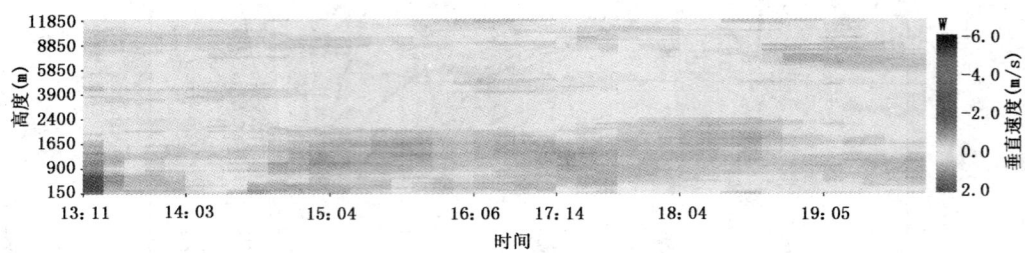

图 10.2　晴天的垂直气流变化

图 10.2 表明,在晴到少云天气,风廓线雷达测量的垂直速度应该是大气的垂直气流。下面再来看一个降雨个例。

2006 年 5 月 25 日江苏南京地区出现了一次以对流云降水为主的混合型降雨天气,这是该地区四五月份经常会出现的降雨类型。这次降水过程自西向东移动,持续时间约 8h,累计降雨量 36 mm。图 10.3 为地面自动雨量计记录的每 10 min 的降雨量随时间的变化,图中横坐标为时间,纵坐标为降雨量(单位 mm)。雨量计距离风廓线雷达约 1.5 km。由图 10.3 可见,降雨于早上 7:10 开始,有两次降雨加强,一次发生在 14:20,降雨量达 8.9 mm;另一次发生在 10:00,降雨量达 1.6 mm,15:20 降雨结束。

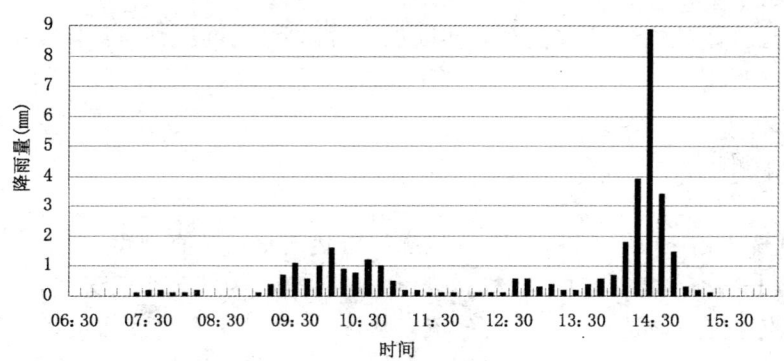

图 10.3　2006 年 5 月 25 日降雨量随时间的变化

　　图 10.4 为风廓线雷达测量的垂直速度随时间的变化图。图中纵坐标表示高度（单位 m），横坐标表示时间，色标表示风廓线雷达测量的垂直速度（单位 m/s）。从图 10.4 可见，6:30 之前整层的垂直速度都比较小，数值一般在 ±1 m/s 范围内，大多数高度层为正速度。6:50 开始 4000 m 以下高度的垂直速度都变为负速度（即为下落速度），7:00 观测到大于 4 m/s 的下落速度出现，7:30 降水发生。在降水持续期间，4000 m 以下都为下落速度，9:10—10:40、13:00—14:40 两个时间段的下落速度出现了两次极值，分别达到 8.46 m/s 和 8.49 m/s，正好对应于降雨量的两次峰值。而在 8:00—8:30、11:40—12:20 两个时间段，雷达测量的下落速度明显小于其他时段，对应地面降雨为两次强降雨的间隙；15:20 在 2400 m 高度层以上开始出现正速度，而 2400 m 高度以下各层的下落速度也减小到 2.2 m/s 以下，此后降水结束；15:30 垂直速度为负值的层数继续减少，且下落速度减小到 1.05 m/s 以下，16:00 整层垂直速度再次转变为正速度。（图 10.4 的彩图见书后）

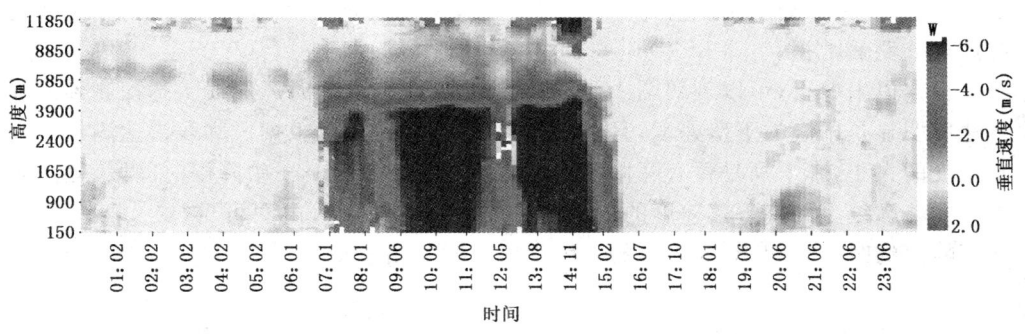

图 10.4　风廓线雷达测量的垂直速度随时间的变化

　　下面从风廓线雷达探测原理和实际的数据处理出发，来对图 10.4 反映的物理意义进行解释。我们知道，在降雨情况下，风廓线雷达回波是由大气湍流和雨滴对雷达波共同散射造成的，由于风廓线雷达输出的是整个功率谱数据，因此在谱上应该分别有反映空气垂直运动和雨滴落速的谱包络。如降雨发生初期，一般是上升气流，而雨滴是下落的，两个谱包络应该分别位于零速度线的两边；而到了降雨的后期，空气运动转为下沉气流时，两个谱包络可能会位于零速度线的同一边；但只要两者速度有差异，谱包络就会是分离的，如果能够正确地区分并识别出来，便可以同时得到垂直气流和降雨信息，依据这一点理论上可以开展降雨时垂直气流计算的研究，但作者在实际工作中发现这很难，因为降雨回波信号很强，常常会掩盖掉湍流空气的回波，尤其在边界层风廓线雷达探测时更严重。

　　根据以上分析，如果风廓线雷达在目标检测中采用的是"客观化方法"（参见 4.2

节),则降雨时雷达测量到的垂直速度是空气的垂直运动和降水粒子的下落运动的合成,且是以各自的回波信号强度进行加权平均的。对于采用厘米波和分米波段的边界层风廓线雷达和对流层风廓线雷达而言,大气湍流散射比雨滴散射要弱两个量级以上,因此降雨时风廓线雷达测量的垂直速度主要反映降雨粒子的下落速度。

如果在目标检测中采用的是本书研究介绍的"综合识别法"(参见 4.3 节),即先识别出谱峰,再用局部积分法求各阶谱矩,则由于雨滴的回波信号明显强于大气湍流运动,在两者谱包络分离时,检测出的是雨滴下落运动的谱包络,因此给出的是雨滴在实际大气中的下落速度;而当两者谱包络有重叠时(部分或全部),湍流回波信号弱,强度权重小,雷达给出的也是雨滴在实际大气中的下落速度。

因此,作者认为边界层风廓线雷达和对流层风廓线雷达,在降雨时雷达测量的垂直速度是雨滴在实际大气中的下落速度。理论上,雨滴在实际大气中的下落速度为雨滴在静止大气中下落末速度与大气垂直气流之和,在只采用风廓线雷达测量数据的情况下,是无法分离出垂直气流的,因此作者未开展这方面的研究,而只考虑如何应用这一测量数据。

根据以上分析,可以理解图 10.4 的观测结果。即降雨时风廓线雷达探测到的垂直速度明显是雨滴的下落速度,且数值较大。由此,便可以根据风廓线雷达测量的垂直速度的大小,来识别是否有降雨的发生。图 10.5 为图 10.4 中降雨时间段,雷达测量的一条廓线上雨滴下落速度的最大值随时间的变化图。由图可见,最大下落速度出现峰值的时间与图 10.3 表示的降雨量峰值时间相一致。

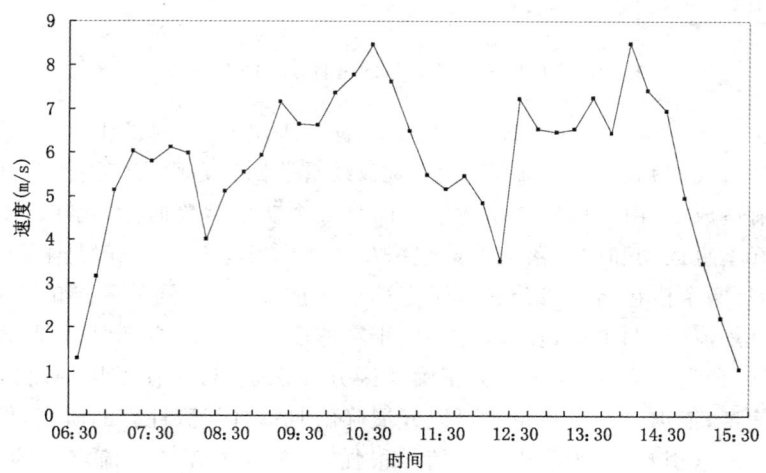

图 10.5　最大下落速度随时间的变化

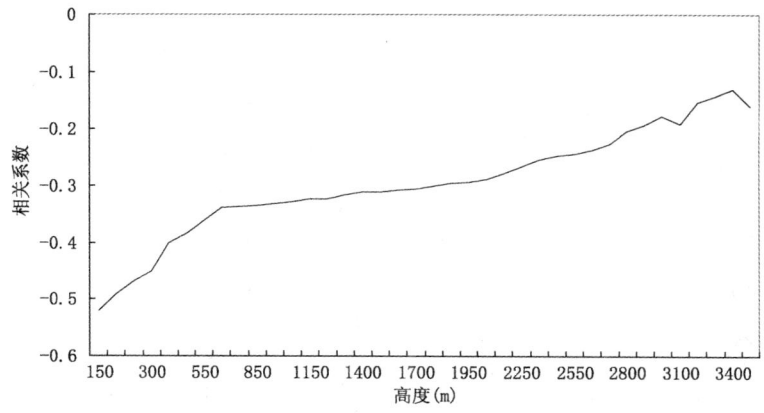

图 10.6　相关系数随高度的变化

我们还将降雨量与不同高度层的垂直速度分别进行了相关性分析,结果如图 10.6 所示。从图 10.6 可见,离地面的高度越低,线性负相关性越好(因为规定垂直速度向下为负,降雨时垂直速度为负值,降雨越强,垂直速度越小,所以是负相关。),在离地面 150 m 处的相关系数绝对值最大,为 0.547。高度越高,雷达垂直速度测值与降雨量之间的负相关性越小。因为雨量计给出的是地面降雨量,而雨滴在下落的过程中会有蒸发,因此雷达测量高度越低,空间差异越小,两者的相关性越好,这是合理的。

因此,作者将风廓线雷达测量结果笼统地称为垂直速度,在晴空或少云时为垂直气流,在降雨发生时为雨滴的下落速度。

10.3　统计分析与应用

对边界层风廓线雷达 2006—2009 年测量的垂直速度,按大小进行了分区间概率分布统计,结果如图 10.7 所示。图中纵坐标表示垂直速度在某个区间的样本占所有统计样本的百分数,横坐标表示垂直速度(单位 m/s),细实线表示风廓线雷达在 50 m 高度探测结果的统计,虚线为对 150 m 高度的统计,点实线表示对 300 m 高度的统计。

从图 10.7 可见,在近地面高度,边界层风廓线雷达测量的垂直速度在 ±0.5 m/s 以内的占到总数的 62% 以上,在 ±1.0 m/s 以内的占到总数的 78% 以上。当垂直速度大于 1 m/s 时,随着速度的增加,所占比例迅速减少。而在垂直速度小于 -1 m/s 的部分,情况稍复杂些。图 10.8 为对图 10.7 在纵坐标 1% 以下部分的放大图,从图 10.8 可见,在 0~-2.5 m/s,随着垂直速度绝对值的增加,样本占的百分比减少,但

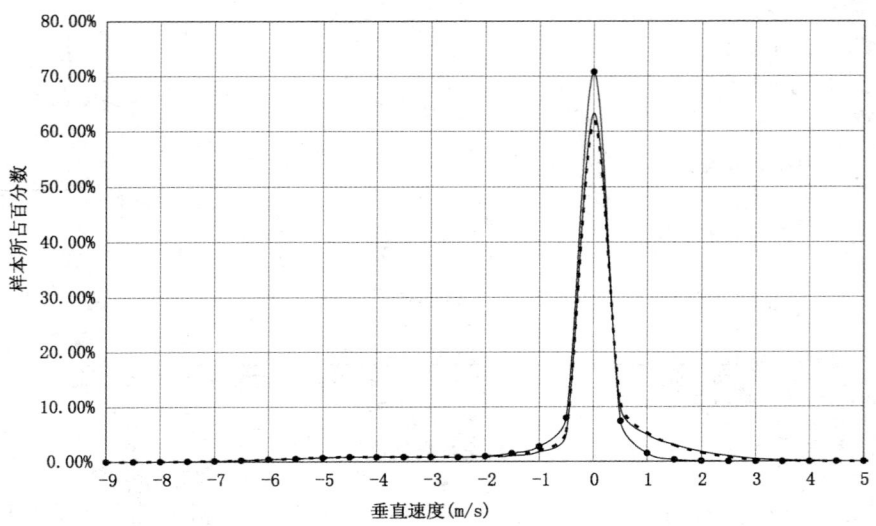

图 10.7　边界层风廓线雷达探测的垂直速度的统计

是在 -2.5~-5.0 m/s 区间,百分数开始有一点小的增加,在 -4.0 m/s 处达到一个极大值。而在 -5.0 m/s 之后又表现为迅速减少。

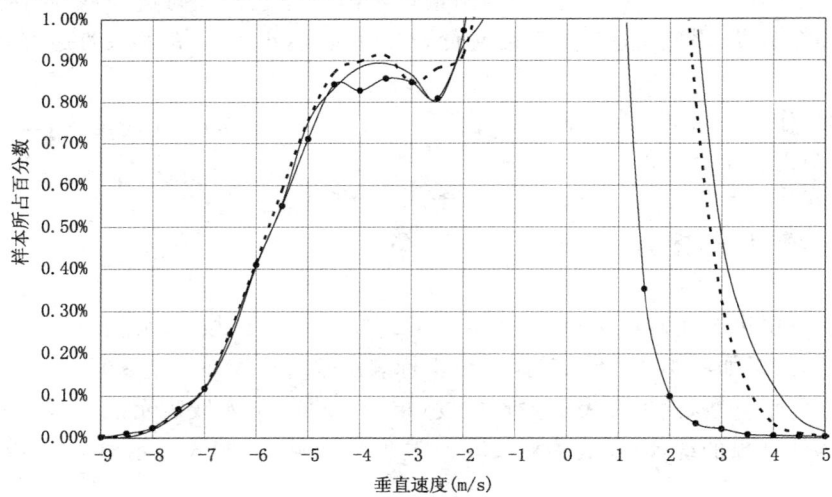

图 10.8　边界层风廓线雷达统计结果局部放大图

作者同时还对对流层风廓线雷达 2006—2009 年观测的垂直速度,也进行了分区间概率分布统计,整个图的分布与图 10.7 相似,所以只给出了在纵坐标 0.7% 以下部分的放大图,如图 10.9 所示,图中坐标含义同图 10.8。由于对流层风廓线雷达第一测量高度为 150 m,所以图 10.9 中只有两条线,为了与图 10.8 更好地对照,依然用虚线表示对 150 m 高度的统计,点实线表示对 300 m 高度的统计。从图 10.9 可以看出:在第一测量高度 150 m 处,对流层风廓线雷达测量的垂直速度在 ±1.0 m/s 以内的占到总数的 94.7% 以上,300 m 高度在 91% 以上。随着垂直速度绝对值的增加,样本所占比例迅速减少,但是在 −2.5～−6.0 m/s 区间,百分数分布有一个极大值区,同样也在 −4 m/s 处达到极大值。

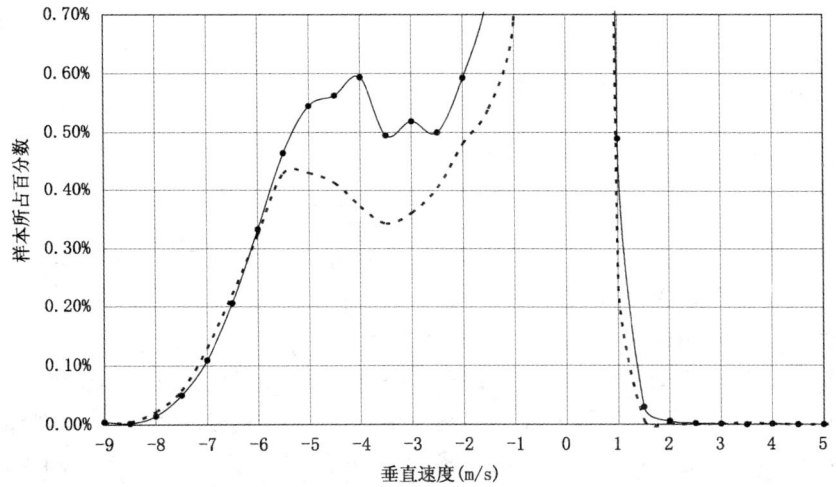

图 10.9　对流层风廓线雷达统计结果局部放大图

两部风廓线雷达观测地点相距 100 m。图 10.8 和图 10.9 是由两部雷达各自独立探测结果统计得到的,但是曲线的分布很相似。

关于图 10.8 和图 10.9 在 −2.5～−10.0 m/s 区间,百分数分布有一个极大值区的分析解释如下:雨滴在静止大气中的下落末速度 W_0 与其直径的关系式有下列两个计算式(张培昌,2001):

$$W_0(D) = 14.2D^{0.5} \tag{10.9}$$

$$W_0(D) = 9.65 - 10.3e^{-6D} \tag{10.10}$$

式中 D 以 cm 为单位,$W_0(D)$ 的单位为 m/s。

文献(张培昌,2001)介绍了采用不同的雨滴谱分布式和 $W_0(D)$ 分布式,得到的多普勒雷达垂直测量降雨时,观测的雨滴粒子群平均下落末速度和回波强度 Z 值之间的关系:

$$W_0 = 3.8Z^{0.072} \tag{10.11}$$

$$W_0 = 4.3Z^{0.052} \tag{10.12}$$

$$W_0 = 2.6Z^{0.107} \tag{10.13}$$

$$W_0 = 9.65 - 10.3/(1 + 0.065Z^{1/7})^7 \qquad (10.14)$$

表 10.1 为对不同 Z 值时分别由上述四种关系式计算的 W_0 值。可以看出这四种关系式的计算结果基本上是一致的,差异在 1 m/s 以内。

表 10.1 四种关系式计算的 W_0 值

dBZ	(10.20)式	(10.21)式	(10.22)式	(10.23)式
10	4.5	4.9	3.6	4.0
20	5.3	5.5	4.6	5.2
30	6.3	6.2	5.9	6.3
40	7.4	7.0	7.6	7.4
50	8.7	7.9	9.7	8.3
60	10.3	8.8	11.4	9.0

从表 10.1 可见,10~40 dBZ 强度的降雨,雨滴的下落末速度一般在 3.0~7 m/s,这一回波强度的降雨相当于小到大雨,在全年的降雨中出现的频次是最大的,这与作者得到的图 10.8 和图 10.9 的统计分析结果是一致的。

大量的观测显示,晴天时风廓线雷达所测量的垂直速度很小,一般在 ± 0.5 m/s 以内;但是,当有降雨发生时,风廓线雷达所给出的垂直速度是负的,其绝对值明显增大,一般能达到 4 m/s 以上。正是由于降雨时,风廓线雷达在 3000 m 以下测量的垂直速度会是明显的雨滴下落速度,因此可据此进行天气状况识别。

根据两部风廓线雷达测量结果的统计分析,作者研究认为:当风廓线雷达从最低层测量高度开始,连续五个高度层的垂直速度测量值都小于 -4.0 m/s 时,可以判定有降雨发生。

参考文献

丁鹭飞,耿富录,陈什春,等.2010.雷达原理(第四版).北京:电子工业出版社.

丁敏,卜祥元.2006.提升小波去地杂波方法.现代电子技术,**11**(1):32-35.

丁一汇.1991.高等天气学.北京:气象出版社.

董保举,刘劲松,高月忠,等.2009.基于风廓线雷达资料的暴雨天气过程分析.气象科技,**37**(4):411-414.

胡广书.2009.数字信号处理.北京:清华大学出版社.

金巍,曲岩,姚秀萍,等.2007.一次大暴雨过程中低空急流演变与强降水的关系.气象,**33**(12):31-38.

刘书君,冉强军,袁运能,等.2010.基于单通道合成孔径雷达子图像的动目标检测性能分析.系统工程与电子技术,**32**(12):2537-2540.

刘淑媛,郑永光,陶祖钰,等.2003.利用风廓线雷达资料分析低空急流的脉动与暴雨关系.热带气象学报,**19**(3):285-290.

吕达仁,王普才,邱金桓,等.2003.大气遥感与卫星气象学研究的进展与回顾.大气科学,**27**(4):552-566.

马大安,田文斌,丁渭兴,等.1989.对流层风廓线雷达的研制//中国气象科学研究院中尺度气象研究所.京津冀中尺度气象试验基地文集.

马振骅,陶善昌,葛润生,等.1986.气象雷达回波信息原理.北京:科学出版社.

缪锦海.1979.最大熵谱的优良特性和预报误差滤波系数阶数的确定.气象学报,**37**(4):1-8.

乔全明,阮旭春.1990.天气分析.北京:气象出版社.

石丸 A.随机介质中波的传播和散射.黄润恒,等译.北京:科学出版社,1986.

寿绍文.1993.中尺度天气动力学.北京:气象出版社.

孙学金,王晓蕾,李洁,等.2009.大气探测学.北京:气象出版社.

陶诗言.1977.有关暴雨分析预报的一些问题.大气科学,**1**(1):64-72.

王永生,盛裴轩,刘式达,等.1987.大气物理学.北京:气象出版社.

王勇,安建平,卜祥元,等.2008.基于小波变换的风廓线雷达间歇杂波抑制方法.北京理工大学学报,**28**(5):437-440.

吴石林,张妃.2010.误差分析与数据处理.北京:清华大学出版社.

熊安元.2003.北欧气象观测资料的质量控制.气象科技,**31**(5):314-320.

徐长发,李国宽.2005.实用小波方法(第二版).武汉:华中科技大学出版社.

张柽柽.2011.风廓线雷达资料探测低空急流的分析研究.解放军理工大学气象海洋学院硕士论文.

张京英,漆梁波,王庆华.2005.用雷达风廓线产品分析一次暴雨与高低空急流的关系.气象,**31**(12):41-45.

张培昌,杜秉玉,戴铁丕. 2001. 雷达气象学. 北京:气象出版社.

张培昌,王振会. 1995. 大气微波遥感基础. 北京:气象出版社.

赵鸣,苗曼倩,王彦昌,等. 1991. 边界层气象学教程. 北京:气象出版社.

赵树海. 1994. 航空气象学. 北京:气象出版社.

周秀骥,陶善昌,姚克亚,等. 1991. 高等大气物理学. 北京:气象出版社.

朱乾根. 1975. 低空急流与暴雨. 气象科技资料,21(8):12-18.

Alfred J B. 1981. 大气风切变源及其探测. AIAA—81—0391,AIAA 19th Aerospace Sciences Meeting. (1):12-15.

Atlas D. 1990. *Radar in meteorology*. American Meteorological Society.

Bandiera F,Maio A D, Greco A S,*et al*. 2007. Adaptive radar detection of distributed targets in homogeneous and partially homogeneous noise plus subspace interference. *IEEE Trans. on Signal Processing*, **55**(4):1223-1237.

Bomer W D. 1968. Climatology of the Low Level Jet. *Mon. Wea. Rev.*,**96** (6):833-850.

Brewster K A, Schlatter T W. 1988. Recent progress in automated quality control of wind profiler data. 8th Conf. on Numerical Weather Prediction. Baltimore, MD, AMS, Boston, 331-338.

Brewster K A, Schlatter T W. 1986. Automated quality control of wind profiler data. 11th Conf. on Weather Forecasting and Analysis. Kansas City,MD,AMS,Boston,171-176.

Browning K A,Pardoe C W. 1973. Structure of low-level jet streams ahead of mid-latitude cold fronts. *Quart. Jour. Roy. Meteor. Soc.*,**99**(422):619-637.

Burg J P. 1967. Maximum entropy spectral analysis. Proc. 37th Meeting of Society Exploration Geophysicists. Oklahoma City,Oct. 31.

Burg J P. 1972. The relationship between maximum entropy and maximum likelihood spectra. *Geophysics*,**37**:375-376.

Clothiaux E E. 1994. A first-guess feature-based algorithm for estimating wind speed in clear-air Doppler radar spectra. *J. Atmos. Oceanic Technol.*, **11**(2):888-908.

Cornman L B,Goodrich R K,Morse C S,*et al*. 1998. A fuzzy logic method for improved moment estimation from Doppler Spectra. *J. Atmos. Oceanic Technol.*,**15**:1287-1305.

Donoho D L,Johnstone I M. 1994. Ideal spatial adaptation via wavelet shrinkage. *Biometrika* (S0006—3444), **8**:425-455.

Donoho D L. 1995. De-Noising by Soft Thresholding. *IEEE Trans on IT*, **41**(3):613-627.

Doviak R J,Zrnic D S. 1984. *Doppler radar and weather observations*. San Diego:Academic Press.

Fukao S, Wakasug K, Sato T, *et al*. 1985. Direct measurement of air and precipitation particle motion by very high frequency Doppler radar. *Nature*,**316**(22):712-714.

Greisser T,Richner H. 1998. Multiple peak processing algorithm for identification of atmospheric signals in Doppler radar wind profiler spectra. *Meteorologische Zeitschrift*,**7**:292-302.

Hardesty R M,Mandics P A,Beran D W,*et al*. 1977. The Dulles airport acoustic-microwawe radar wind and wind shear measuring system. *Bulletin AMS*,**58**(9):109-113.

Hinses J R，Mclaughlin S A，Eaton F D，et al. 1993. The army atmospheric profiler research facili-ty：Introduction and capabilitis. AMS. Eighth Symposium On Meteorological Observation And Instrumentation. 237-242.

Hoecker W H. 1963. Three southerly low-level jet systems delineated by the Weather Bureau special pibal network of 1961. *Mon. Wea. Rev.*，**91**(10-12)：573-582.

Hogg D C. 1983. An automatic profiler of the temperature，wind and humidity in the troposphere. *Journal of Climate and Applied Meteorology*，**22**(5)：807-83.

Jordan J R，Lataitis R J，Carter D A. 1997. Removing ground and intermittent clutter contamination from wind profiler signals using wavelet transforms，*J. Atmos. Ocean. Tech.*，**14**(1)：280-297.

Joshi R R，Singh N. 2005. UHF wind profiler observations of monsoon low level jet over Pune Indi-an. *Journal of Radio & Space Physics*，**35**(5)：349-59.

Kevin A S. 2003. Polarimetric radar signatures in microburst producing thunderstorms. 31st Intel. Conf. On radar Meteor.，Amer.，Meteor. Soc.，581-584.

Kretzschmar R，Eckert R P，Cattani D，et al. 2004. Neural Network Classifiers for Local Wind Prediction. *Journal of Applied Meteorology*，**43**(5)：727-738.

Lambert W C，Merceret F J，Taylor G E，et al. 2003. Performance of five 915 MHz wind profilers and an associated automated quality control algorithm in an operational environment. *J. At-mos. Ocean. Tech.*，**20**(12)：1488-1495.

Lambert W C，Taylor G E. 1998. Data quality assessment methods for the Eastern Range 915 MHz wind profiler network. NASA Contractor Report CR－1998－207906，Kennedy Space Centre，FL，49.

Lehmann V，Teschke G. 2008. Advanced intermittent clutter filtering for radar wind profiler：signal separation through a Gabor frame expansion and its statistics. *Ann. Geophys.*，**26**：759-783.

Lehmann V，Teschke G. 2001. Wavelet Based Methods for Improved Wind Profiler Signal Process-ing. *Ann. Geophys.*，**19**：825-836.

Manabe S D，Hahn D G，Holloway Jr. J L. 1974. The seasonal variation of the tropical circulation as simulated by a global model of the atmosphere. *J. Atmos. Sci.* **31**(1)：43-83.

Merritt D A. 1995. A Statistical Averaging Method for Wind Profiler Doppler Spectra. *Journal of Atmospheric and Oceanic Technology*，**12**(5)：985-995.

Miller P A，Barth M F，Van de Kamp D W，et al. 1994. An evaluation of two automated quality control methods designed for use with hourly wind profiler data. *Ann. Geophys.*，**12**：711-724.

Morse C S，Goodrich R K，Cornman L B. 2002. The NIMA Method for Improved Moment Estima-tion from Doppler Spectra. *J. Atmos. Ocean. Tech.* **19**：257-273.

Peter H H，Sekhon R S. 1974. Objective determination of the noise level in Doppler spectra. *J. At-mos. Sci.*，**13**：808-811.

Riddle A C，Angevine W M. 1992. Ground Clutter Removal for Profiler Spectra. Proceedings of the

Fifth Workshop on Technical and Scientific Aspects of MST Radar. 418-490.

Sato T. 1982. Spectral Parameter Estimation of CAI Radar Echoes in the Presence of Fading Clutter. *Radio Sci.* ,**17**:817-826.

Schumann R S,Taylor G E. 1998. Performance Characteristics of the Kennedy Space Center 50-MHz Doppler Radar Wind Profiler Using the Median Filter/First-Guess Data Reduction Algorithm. *J. Atmos. Oceanic Technol.* , **16**: 532-549.

Sirmans D,Bumgarrner B. 1975. Numercial comparion of five mean frequency estimators. *Journal of Applied Meteorology*, **14**(9):991-1003.

Skolnik M I. 2003. 雷达手册(第二版). 王军,林强,米慈中,等译. 北京:电子工业出版社,6-7.

Strauch R G,Merritt D A,Moran K B,*et al.* 1984. The Colorado wind profiling network. *J. Atmos. Oceanic Technol* , **1**(1):37-49.

Washing W M,Daggupaty S M. 1975. Model of the Mean Condition during the Asian-African Summer Monsoon. *Mon. Wea. Rev*,**103**(2).

Weber B L, Wuertz B D, Welsh D C,*et al.* 1993. Quality controls for profiler measurements of winds and RASS temperatures. *J. Atmos. Ocean. Tech.* , **10**(4):452-464.

Weber B L, Wuertz D B, Strauch R G,*et al.* 1990. Preliminary evaluation of first NOAA demonstration network wind profiler. *Journal of Atmospheric and Oceanic Technology*, **7**(5): 909-918.

Weber B L,Wuertz D B. 1991. Quality control algorithm for profiler measurements of winds and temperatures. NOAA Tech. Memo. ERL WPL-212, 32.

Welsh D C, Wuertz D B, Weber B L,*et al.* 1993. Comparison of quality control and processing algorithms on NOAA 404-MHz wind profiler data. 8th Symp. on Meteorological Observations and Instrumentation, Anaheim, CA. 243-247.

Wilczak J M,Strauch R G,Ralph F M,*et al.* 1995. Contamination of Wind Profiler Data by Migrating Birds: Characteristics of Corrupted Data and Potential Solutions. *Journal of Atmospheric and Oceanic Technology*, **12**(3):449-467.

Wolfe D E, Welsh D C, Weber B L,*et al.* 1993. Comparisons of quality control methods for low-level wind profiler data. 8th Symp. On Meteorological Observations and Instrumentation, Anaheim, CA. 257-263.

Wuertz D B,Weber B L. 1989. Editing wind profiler measurements. NOAA Technical Report ERL 438-WRL 62, NOAA Environmental Research Laboratories, Boulder,CO,78.

Zhong S, Fast J D, Bian X. 1996. A case study of the Great Plains low-level jet using wind profiler network data and a high-resolution mesoscale mode. *Monthly Weather Review* ,**124**(5): 85-806.

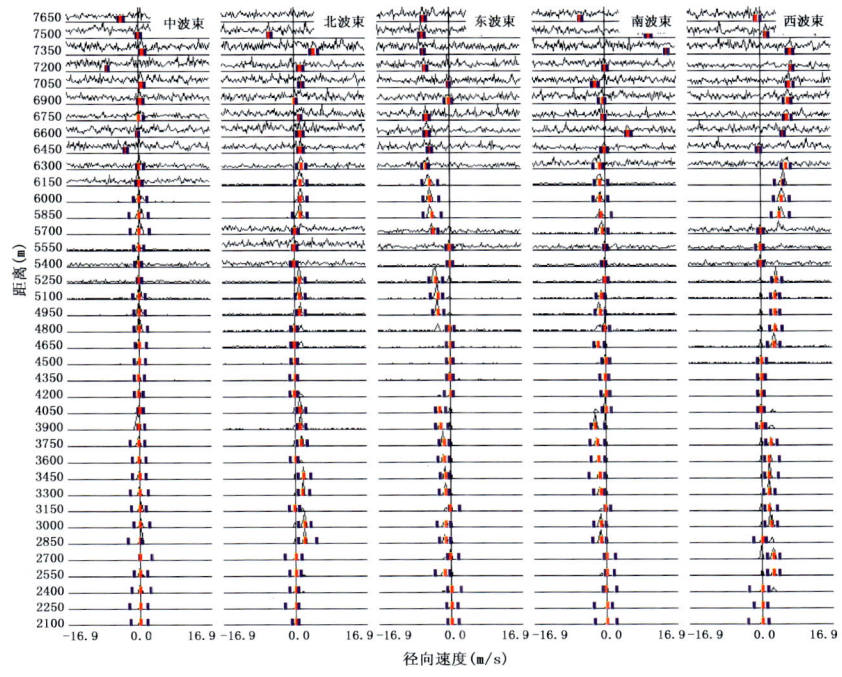

图 4.6　谱峰初步检测结果

红色短画线表示谱峰位置，两边的蓝色短画线表示谱峰包络边缘点

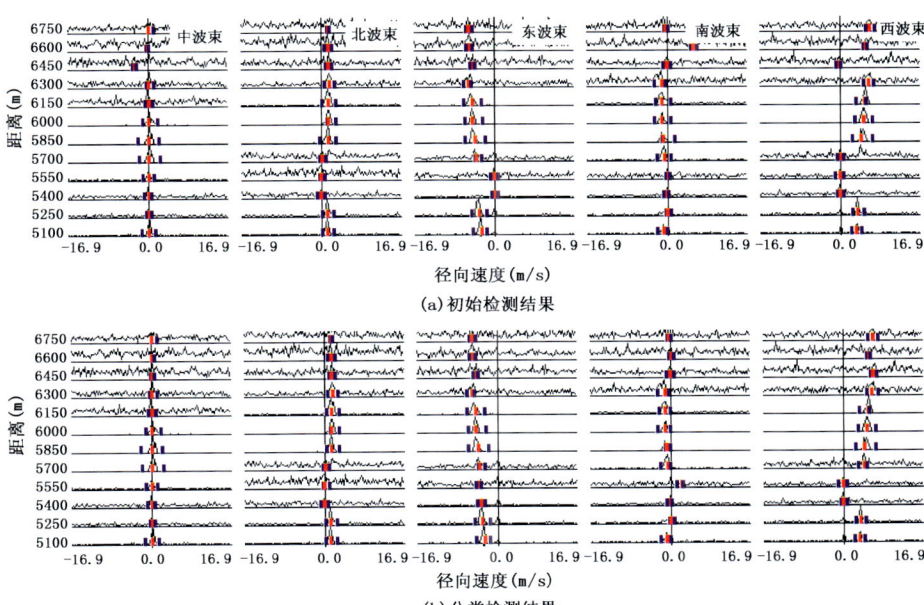

(a)初始检测结果

(b)分类检测结果

图 4.11　对地杂波分类检测后的结果

红色短画线表示谱峰位置，两边的蓝色短画线表示谱峰包络

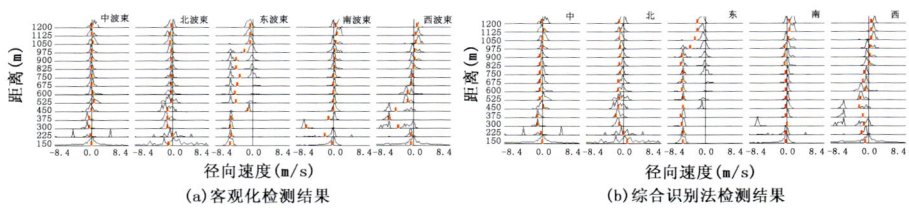

(a)客观化检测结果   (b)综合识别法检测结果

图 4.13   两种方法对风廓线低模式实测的谱检测结果比较

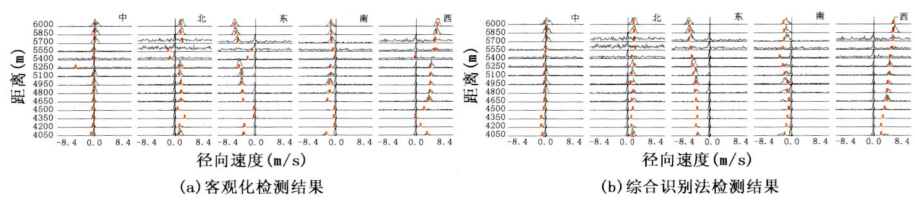

(a)客观化检测结果   (b)综合识别法检测结果

图 4.14   两种方法对风廓线中模式实测的谱检测结果比较

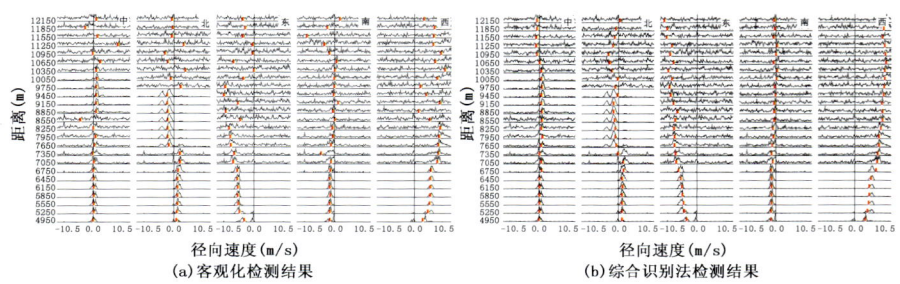

(a)客观化检测结果   (b)综合识别法检测结果

图 4.15   两种方法对风廓线高模式实测的谱检测结果比较

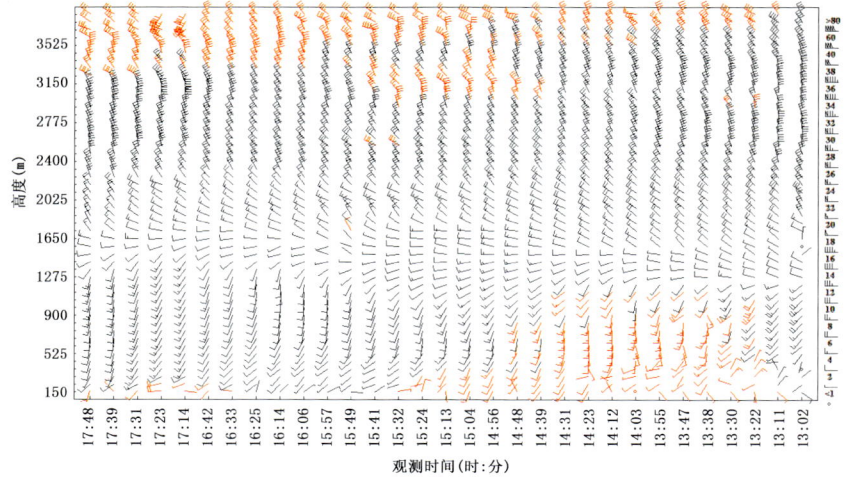

图 5.8   不管是否通过一致性检查,都用于计算时的结果

黑色为通过一致性检查的数据计算的风,红色为未通过一致性检查的数据计算的风

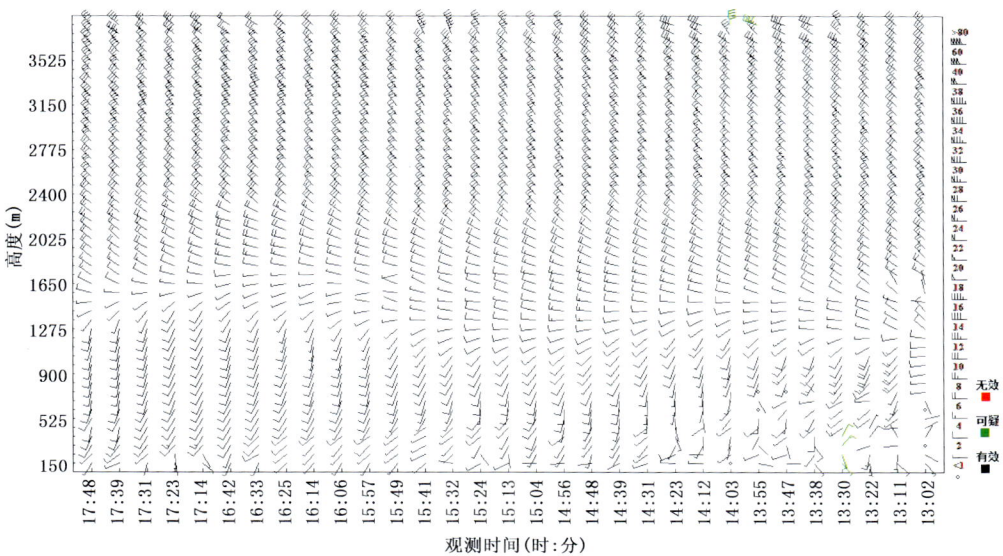

图 5.15　对五波束联合计算的风廓线进行质量控制后的结果

图中风羽的不同颜色表示进行质量控制后,判断的数据可信度的标记。黑色风羽表示数据有效,绿色风羽表示数据可疑,红色风羽表示数据无效

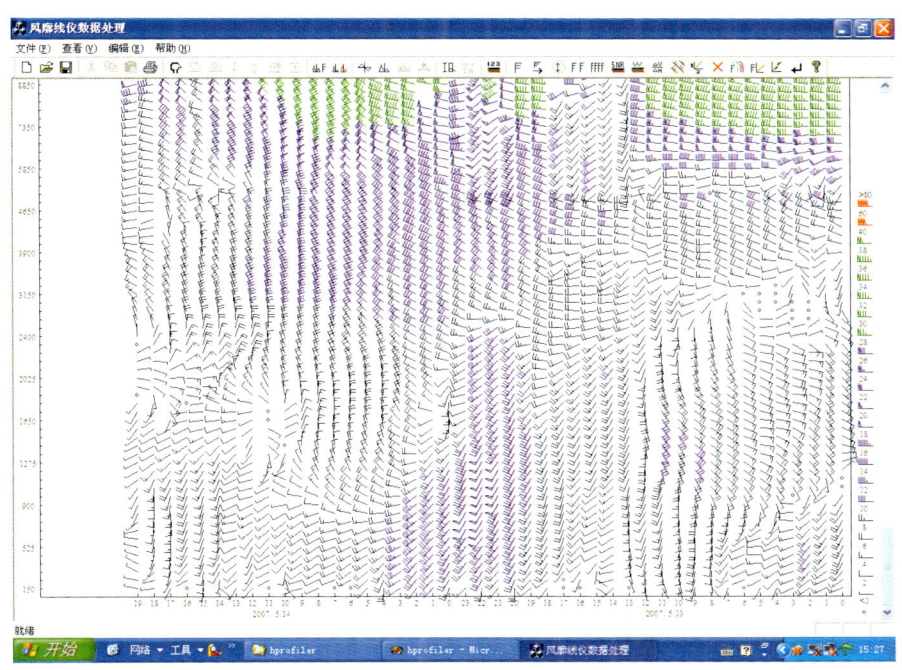

图 7.9　低空急流时风廓线随时间演变

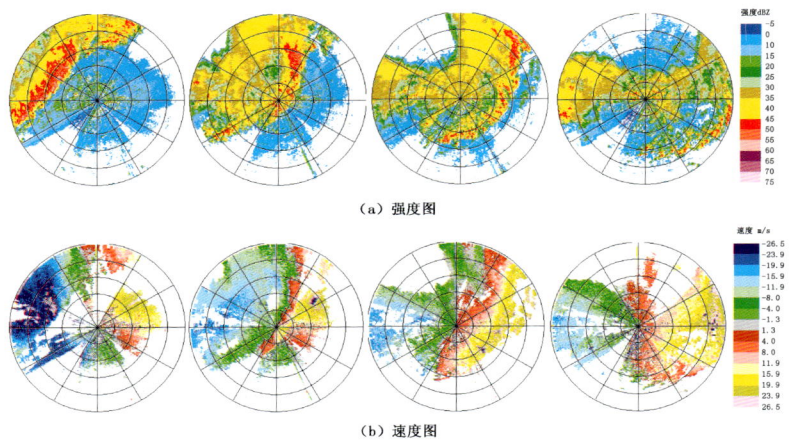

（a）强度图

（b）速度图

图 7.16　多普勒天气雷达回波演变图

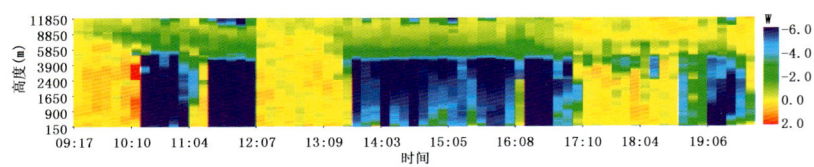

图 7.19　垂直速度廓线随时间的变化

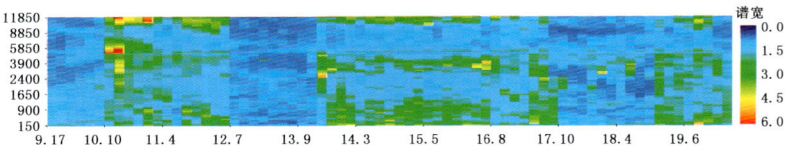

图 7.21　速度谱宽的变化

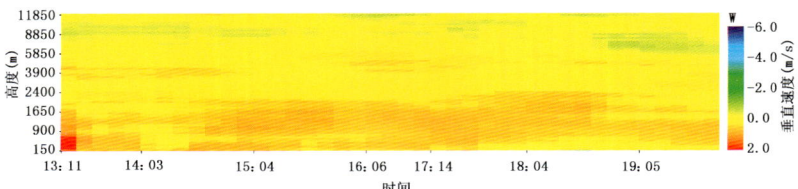

图 10.2　晴天的垂直气流变化

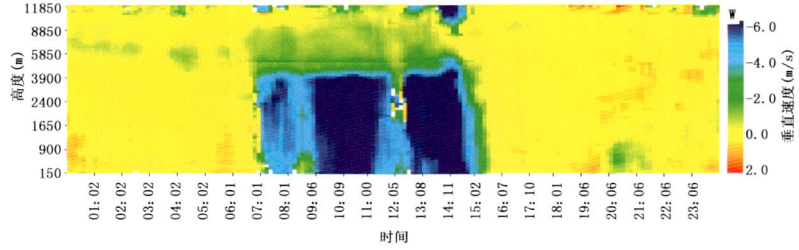

图 10.4　风廓线雷达测量的垂直速度随时间的变化